高等教育工程造价专业系列教材

GAODENG JIAOYU GONGCHENG ZAOJIA ZHUANYE XILIE JIAOCAI

建筑消防工程预（结）算

JIANZHU XIAOFANG GONGCHENG YU（JIE）SUAN

主　编／许光毅

副主编／江丹迪　史　琳

重庆大学出版社

内容提要

本书取智能建筑分部工程的火灾自动报警、通风与空调分部工程的通风(送风、排风、防排烟)、建筑给水排水及供暖分部工程的消防喷淋三大系统独立成"章",对传统的安装工程识图与施工工艺、安装工程计量与计价(或安装工程概预算)、安装工程软件应用、BIM技术基础、安装工程课程设计等课程进行重组,以适应模块化、项目化教学模式,活页式教材等教学改革的需要。本书各章的初识、识图实践、识图理论对应于安装工程识图与施工工艺课程,各章的计价定额和清单计价理论、投标预算书的编制、手工计量、招标工程量清单的编制对应于安装工程计量与计价(或安装工程概预算)课程和安装工程课程设计,各章的BIM建模实务、BIM建模实训对应于安装工程软件应用和BIM技术基础课程,既可灵活组合使用,也可按本书独立设置课程。

本书可作为应用型本科、高等职业院校工程造价专业的教学用书,也适合初学工程预(结)算编制的人员自学使用。

图书在版编目(CIP)数据

建筑消防工程预(结)算 / 许光毅主编. -- 重庆:
重庆大学出版社,2020.8(2021.4 重印)
高等教育工程造价专业系列教材
ISBN 978-7-5689-2287-6

Ⅰ.①建… Ⅱ.①许… Ⅲ.①消防—工程—建筑预算
定额—高等学校—教材 Ⅳ.①TU723.3

中国版本图书馆 CIP 数据核字(2020)第 119204 号

高等教育工程造价专业系列教材
建筑消防工程预(结)算
主 编 许光毅
副主编 江丹迪 史 琳
责任编辑:刘颖果 版式设计:刘颖果
责任校对:王 倩 责任印制:赵 晟
＊
重庆大学出版社出版发行
出版人:饶帮华
社址:重庆市沙坪坝区大学城西路 21 号
邮编:401331
电话:(023) 88617190 88617185(中小学)
传真:(023) 88617186 88617166
网址:http://www.cqup.com.cn
邮箱:fxk@ cqup.com.cn(营销中心)
全国新华书店经销
重庆市正前方彩色印刷有限公司印刷
＊
开本:787mm×1092mm 1/16 印张:19.25 字数:482千
2020 年 8 月第 1 版 2021 年 4 月第 2 次印刷
ISBN 978-7-5689-2287-6 定价:49.00 元

前　言

为响应教育部提出的"产教融合、校企合作、工学结合、知行合一"的"四合"要求,创新改革应用技术教育体系下的教学机制,针对适应"模块化集成、水平和垂直结合式教学机制"(Modular integration, horizontal and vertical integration teaching mechanism,简称"MHV 教制")的需要,满足"网络课程支持的互动教学法"(Interactive teaching methods supported by online courses,简称"I&O 教法"),以《建筑工程施工质量验收统一标准》(GB 50300—2013)和相应各分部工程对应的施工质量验收规范、《建设工程工程量清单计价规范》(GB 50500—2013)和《通用安装工程工程量计算规范》(GB 50856—2013)、《重庆市建设工程费用定额》(CQ-FYDE—2018)和《重庆市通用安装工程计价定额》(CQAZDE—2018)等标准和规范为依据编写本书。

本书依据"项目全过程集成暨逆向学习法"(Project whole process integration and reverse learning method,简称"P&R 集成式逆向教学法")的思路,以子分部或分项工程为"项目任务模块(对象)"构建为"章"。各"章"按照初识→计价→建模→识图→手算五大步骤,遵循"素不相识→似曾相识→如期而至→刻骨铭心"的认识规律,由具体至抽象,再从抽象至具体,循序渐进地学习。

"项目全过程集成暨逆向学习法"是以全过程、模块化、集成式、逆向教学法为基础,按照"分部工程或子分部工程为对象"构建区分不同专业方向、全过程集成模式下的用于课程结构的一种学习方法。它是符合初学者认识规律的一种学习方法。它针对一个明确的子分部工程或分项工程,首先通过对工程实体及项目名称的初次接触和了解,让学习者掌握一些新的概念;然后站在工程造价人员的角度,学习并掌握计价的知识和技能,快速构建起操作计价软件的能力和理解计价定额知识的能力。在此基础上,学习者通过 BIM 技术(建筑信息模型)建模知识和技能的掌握,形成"三维立体空间"的理解能力,然后再学习工程识图与施工工艺的知识,这样更利于从工程造价计量立项的角度去把握学习的切入点和要点,最后再采用"手算"方式深刻地理解并掌握"计量规则"。这是一种循序渐进的学习方法,学习者能够体会到"我的成功是我成功之母"的学习乐趣。它着眼于知识与技能的结合,着重于落实培养技能的职业技术教育理念。本书内容逻辑构成如下:

(1)初识——系统原理介绍、设备材料及图例展示、施工质量验收规范相关条文说明和简化施工图介绍。

(2)计价——先对清单计价和计价定额理论知识进行说明,然后采用提供的"招标工程量清单(示例)"相关数据,使用计价软件编制"投标预算书",以供学生操作练习。同时,让学生建立清单项目、项目特征、工程量三者关联的概念。

(3)建模——采用提供的"建模基础数据表(示例)",选择 BIM 建模软件,由教师引领学生建立 BIM 模型,让学生学会整理工程量表并理解"建模基础数据表"。

(4)识图——利用前述建模的成果,由教师引领学生识读施工图(示例),让学生掌握运用相关标准图集对主要节点大样图进行识读的技巧,明确图纸内容与计价定额项目的对应关系,学会利用相关的技术规范和图集查询相关信息。

(5)手算——选择工程量表格计算软件,利用建模的成果,采取对照方式说明手工计算原则,引导学生深入理解"工程量计算规则",掌握建模不便于表达的项目的手工计量技巧,再次采用计价软件编制"招标工程量清单",最终达成培养学生操作技能的目标。

本书推荐采用"一套施工图用于教学引导,另一套施工图用于学生练习"的教学方法。在教学过程中,教师用某高层医院(地上 12 层、地下 2 层,建筑总面积 20 931.9 m^2)施工图,引导学生开展计价与计量的学习;另采用某高层住宅楼(地下 3 层、吊层、1 层共 3 层范围)施工图,由学生为主进行实训。通过"一教一练",帮助学习者掌握知识、达成技能,具备从事工程造价工作的初步职业能力。

本书宜配套实行"I&O 教法",即以互动式教学法之"主题探讨式互动"理论为基础,运用"网络私播课"的形式作为支持,采用"学习小组"的组织方式作为保障,依托学校由教师主导的"网络课程支持的互动教学法"开展学习。学习者通过小组合作,不仅能学习知识、掌握技能,还能提高其沟通与协调能力、分析与判断能力、快速学习能力、创新工作能力、承受压力能力这 5 个基本的职业能力,并最终具备进入职场所需的综合能力。

本书宜与重庆大学出版社的"课书房教学云平台"配套使用。选用本书的学校,可获得配套的教学 PPT、教学日历、教学组织管理文件、教师参考资料等系列化"三维立体教案"。通过教材对应的"完整视频课件"的学习,可满足学生预习和复习的需要,培养学生能有效质疑的能力和快速学习能力、沟通与协调能力。学习所需的施工图和各类表格等基础文件资料均可在重庆大学出版社网站上下载,教师也可到工程造价教学交流群(QQ:238703847)下载。同时,本书强调课堂运用"主题互动式教学法"的重要性,推荐的学习程序如下图所示。

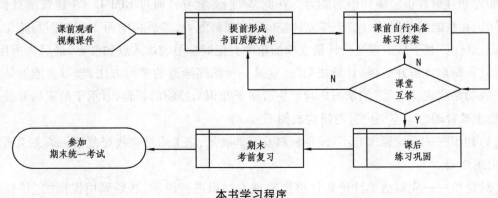

本书学习程序

　　本书强调引领学生掌握相关国家标准、规范、标准图集的识读与应用，着重培养学生从工程预（结）算的角度掌握"BIM 建模"条件下的施工图"立项与计量"技能，为学生从事工程造价职业奠定基础，进而培养造价工程师助手。

　　为适应当前建筑市场发承包模式下的"消防工程"，本书分为火灾自动报警系统、通风系统和灭火系统三大部分。三个部分合并在一起即为"消防工程造价"课程内容，同时各部分也可相对独立为一门课程。学生通过某章的学习，即可相对全面、系统地掌握编制相应子分部工程预（结）算的基本技能，具备前往施工项目部实习的知识体系。这种结构安排体现了知识与技能的对象化、模块化、快捷化、系统化的新型应用技术教育理念。

　　重庆许建业企业管理咨询有限公司的执行董事许光毅组织《建筑管道工程预（结）算》《建筑电气工程预（结）算》《建筑消防工程预（结）算》三本书的编写和审定；重庆建筑科技职业学院的郭远方、张会利、江丹迪老师，重庆科创职业学院的刘玲老师，重庆交通职业学院的杜玲玲、朱卫卫、胡璐老师，重庆大学城市科技学院的史琳老师，长江师范学院的熊平老师共同承担三本书的编写工作。本书由许光毅主编。其中，第 1 章火灾自动报警系统由许光毅编写，第 2 章通风系统由江丹迪编写，第 3 章灭火系统由史琳编写。全书由许光毅负责制订编写大纲、提供基础资料、编写各章导论和最终审核定稿。

　　编者愿意全心全意地为读者服务。但限于知识、环境条件等约束，书中错误在所难免，恳请广大同行和读者批评指正。

编　者

2020 年 4 月

目 录

第1章　火灾自动报警系统

1.1　本章导论

1.1.1　火灾自动报警系统的含义

本章所指的火灾自动报警系统,是指《建筑工程施工质量验收统一标准》(GB 50300—2013)"附录 B　建筑工程的分部工程、分项工程划分"中,智能建筑分部工程的火灾自动报警系统子分部工程之各分项工程、建筑设备监控系统子分部工程之与消防相关分项工程、系统调试和试运行分项工程。

1.1.2　本章的学习内容与目标

本章将围绕火灾自动报警系统的概念与构成、常用材料与设备、主要施工工艺及设备、火灾自动报警系统对应项目的计价定额与工程量清单计价、施工图识读、BIM 模型的建立及手工算量的技巧等一系列知识点,形成一个相对闭合的学习环节,从而全面解读火灾自动报警系统工程预(结)算文件编制的全过程。通过学习本章内容,学习者应掌握火灾自动报警系统工程预(结)算的相关知识,具备计价、识图、BIM 建模和计算工程量的技能,具有编制火灾自动报警系统工程预(结)算的能力。

1.2　初识消防工程和火灾自动报警系统

1.2.1　概　述

火灾自动报警系统是建筑消防系统工程的一部分。认识火灾自动报警系统之前,必须对消防工程的概念,以及建筑物的相关消防设施及功能有一定的理解。

1)消防工程的概念

消防工程又称为建筑消防系统工程。它包括火灾自动报警系统、消防应急照明系统、消防防烟排烟系统、消防电梯、建筑物消防设施系统、水灭火系统、气体灭火系统、泡沫(或干粉)灭火系统。

消防工程是一个相对完整的系统工程,它通常由三大部分构成:

①火灾自动报警系统等火灾预警系统,主要起预报是否有火灾事故发生的作用。

②消防应急照明系统、消防防烟排烟系统、消防电梯、建筑物消防设施系统等火灾疏散与救援和防火隔离系统,主要起确保火灾事故发生时人员具有疏散和救护的时空,且尽量阻止火灾事故区域扩大的作用。

③水灭火系统、气体灭火系统、泡沫(或干粉)灭火系统等灭火系统,主要通过降温、隔绝、灭火操作来消除火灾事故。

2)火灾自动报警系统保护对象的分类与分级

火灾自动报警系统是消防工程构成中的基本单元。它的组成受建筑防火分类与分级制度的限制。建筑物防火的分类与分级管理如下:

①《建筑设计防火规范》(GB 50016—2014,2018年版)规定,民用建筑根据其建筑高度和层数可分为单、多层民用建筑和高层民用建筑。高层民用建筑根据其建筑高度、使用功能和楼层的建筑面积可分为一类和二类。民用建筑的分类如表1.2.1所示。

表1.2.1　民用建筑的分类

名称	高层民用建筑		单、多层民用建筑
	一类	二类	
住宅建筑	建筑高度大于54 m的住宅建筑(包括设置商业服务网点的住宅建筑)	建筑高度大于27 m,但不大于54 m的住宅建筑(包括设置商业服务网点的住宅建筑)	建筑高度不大于27 m的住宅建筑(包括设置商业服务网点的住宅建筑)
公共建筑	1.建筑高度大于50 m的公共建筑; 2.建筑高度24 m以上部分任一楼层建筑面积大于1 000 m² 的商店、展览、电信、邮政、财贸金融建筑和其他多种功能组合的建筑; 3.医疗建筑、重要公共建筑、独立建造的老年人照料设施; 4.省级及以上的广播电视和防灾指挥调度建筑、网局级和省级电力调度建筑; 5.藏书超过100万册的图书馆、书库		

②《建筑设计防火规范》(GB 50016—2014,2018 年版)规定,民用建筑相应构件的燃烧性能和耐火极限不应低于相关规定。民用建筑的耐火等级分为一、二、三、四级。

③《建筑设计防火规范》(GB 50016—2014,2018 年版)规定,厂房、仓库生产的火灾危险性根据生产中使用或产生物质性质及其数量等因素划分,可分为甲、乙、丙、丁、戊类。

④《火灾自动报警系统设计规范》(GB 50116—2013)规定,住宅建筑火灾自动报警系统可根据实际应用过程中保护对象的具体情况分为 A 类、B 类、C 类、D 类 4 种。具体如下:

a.A 类系统可由火灾报警控制器、手动火灾报警按钮、家用火灾探测器、火灾声警报器、应急广播等设备组成。

b.B 类系统可由控制中心监控设备、家用火灾报警控制器、家用火灾探测器、火灾声警报器等设备组成。

c.C 类系统可由家用火灾报警控制器、家用火灾探测器、火灾声警报器等设备组成。

d.D 类系统可由独立式火灾探测报警器、火灾声警报器等设备组成。

3)防火分区、防烟分区、报警区域、探测区域的概念

理解火灾自动报警系统的组成关系,需要提前理解以下概念:

(1)防火分区

防火分区是指在建筑物内部,采用防火墙、楼板及其他防火分隔设施分隔而成,能在一定时间内防止火灾向同一建筑的其余部分蔓延的局部空间。

(2)防烟分区

防烟分区是指在建筑物平面上,采用挡烟垂壁等设施对建筑物(上部)空间的划分。通常防烟分区的面积不超 500 m²。

(3)报警区域

报警区域是将火灾报警系统的警戒范围按防火分区或楼层等划分的单元。通常一个报警区域宜由一个或同层相邻的几个防火分区组成。

(4)探测区域

探测区域是将报警区域按探测火灾的部位划分的单元。它是火灾探测器部位编号的基本单元,也是由一只或多只探测器组成的保护区域。通常一个探测区域的面积不宜超过 500 m²。《火灾自动报警系统设计规范》(GB 50116—2013)对如何划分探测区域有详细的规定。

4)火灾自动报警系统的构成

火灾自动报警系统主要由火灾探测报警系统和消防联动控制系统构成,其架构关系如图 1.2.1 所示。

5)火灾探测报警系统

(1)火灾探测报警系统的构成

火灾探测报警系统主要由触发装置、报警装置、消防电源 3 个部分构成,在触发装置与报警装置之间通常采用总线隔离器进行连接。其架构关系如图 1.2.2 所示。

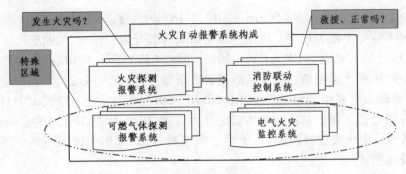

图 1.2.1　火灾自动报警系统的构成

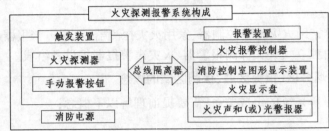

图 1.2.2　火灾探测报警系统的构成

（2）火灾探测器

①火灾探测器是触发装置之一,俗称"探头",是火灾探测报警系统的主动报警装置。它的种类较多,常见的种类如图 1.2.3 所示。

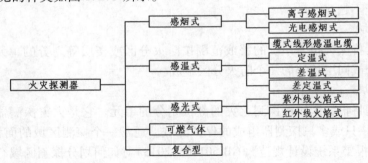

图 1.2.3　火灾探测器的常见种类

②点型火灾探测器的选择依据《火灾自动报警系统设计规范》(GB 50116—2013)的规定进行,如表 1.2.2 所示。

表1.2.2

表 1.2.2　点型火灾探测器的选择(摘要)

序号	条码	知识点	页码
1	5.2.1	房间高度≤20 m 时适合选择火焰探测器;房间高度≤12 m 时适合选择点型感烟火灾探测器;房间高度≤8 m 时适合选择点型感温火灾探测器	18
2	5.2.2	饭店、旅馆、教学楼、办公室、商场等宜选择点型感烟火灾探测器	19
3	5.2.5	厨房、锅炉房、发电机房等宜选择点型感温火灾探测器	20
4	5.2.7	火灾时有强烈的火焰辐射、可能发生液体燃烧等无阴燃阶段的火灾、需要对火焰做出快速反应,宜选择点型火焰探测器或图像型火焰探测器	20

③火灾探测器的设置依据《火灾自动报警系统设计规范》(GB 50116—2013)的相关条文进行,如表 1.2.3 所示。

表1.2.3

表 1.2.3　火灾探测器的设置(摘要)

序号	条码	知识点	页码
1	6.2.1	探测器的具体设置部位详见规范附录 D	23
2	6.2.2	探测区域的每个房间至少设置一只火灾探测器;感烟火灾探测器和感温火灾探测器的保护面积、保护半径、安装间距均应符合规定	23,24
3	6.2.3	在有梁的顶棚上设置感烟火灾探测器和感温火灾探测器应符合的规定	25
4	6.2.4	在宽度小于 3 m 的内走道顶棚上设置点型火灾探测器时应符合的规定	25
5	6.2.5	点型火灾探测器至墙壁、梁边的水平距离不应小于 0.5 m	25
6	6.2.6	点型火灾探测器周围 0.5 m 内不应有遮挡物	25
7	6.2.8	点型火灾探测器至空调送风口边的水平距离不应小于 1.5 m,并宜接近回风口安装。探测器至多孔送风顶棚风口的水平距离不应小于 0.5 m	25

(3)手动报警按钮

手动报警按钮是另一种触发装置,是火灾探测报警系统的被动报警装置。《火灾自动报警系统设计规范》(GB 50116—2013)规定:

①报警区域内每个防火分区,应至少设置一只手动报警按钮。从一个防火分区的任何位置到最邻近的一个手动报警按钮的步行距离,不宜大于 30 m。

②手动报警按钮宜设置在人流密集的通道和通道口。

③手动报警按钮应设置在明显和易于操作的部位。当采用壁挂方式安装时,其底边距地高度宜为 1.3 ~ 1.5 m,且应有明显的标志。

(4)总线隔离器

总线隔离器在火灾探测报警系统中是连接触发装置与火灾报警控制器的"桥梁",是确保火灾探测报警系统安全运行的重要设备。在《火灾自动报警系统设计规范》(GB 50116—2013)的条文中,对总线隔离器有限制性规定,如表 1.2.4 所示。

表1.2.4

表 1.2.4　总线隔离器和火灾报警控制器布置的基本规定(摘要)

序号	条码	知识点	页码
1	3.1.5	一台火灾报警控制器所连接的各类设备总数和地址总数,均不应超过3 200点,其中每一总线回路连接设备的总数不宜超过 200 点,且应留有不少于额定容量 10% 的余量。消防联动控制器的容量按照火灾报警控制器的指标减半	3

续表

序号	条码	知识点	页码
2	3.1.6	系统总线上应设置总线短路隔离器;每只总线短路隔离器连接设备的总数不应超过32点	3
3	3.1.7	每台控制器直接控制的设备不应跨越避难层	3

(5)火灾报警控制器

火灾报警控制器俗称火灾报警主机,是火灾探测报警系统的核心设备,一般需要从其类型与形式、安装方式、主要功能来理解它。

①火灾报警控制器的类型与形式。火灾报警控制器分为区域报警控制器、集中报警控制器、控制中心报警控制器3种类型,纯报警和联动报警两种形式。目前一般都采用总线制多控制回路的方式。目前大多数生产厂家供应的控制器,其一个控制回路的报警控制点都不允许超过200点;为便于今后系统扩容的需要,初次安装只占用90%以内的点位。在《火灾自动报警系统设计规范》(GB 50116—2013)的条文中,对火灾报警控制器有限制性规定,如表1.2.4所示。

②火灾报警控制器的安装方式有3种,如图1.2.4所示。

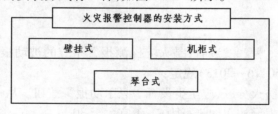

图1.2.4　火灾报警控制器的安装方式

③火灾报警控制器的六大功能。火灾报警控制器除了具有火灾报警的功能以外,还具有其他六大功能,如图1.2.5所示。

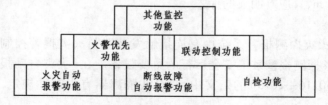

图1.2.5　火灾报警控制器的六大功能

(6)消防控制室图形显示装置

消防控制室图形显示装置是将火灾报警控制器、消防联动控制器、电气火灾监控器、可燃气体报警控制器等设备的反馈信息进行直观表达的一种设备。它设置在消防控制室内,其安装应符合火灾报警控制器的要求。

(7)区域显示器和火灾警报器的设置

区域显示器和火灾警报器的设置在《火灾自动报警系统设计规范》(GB 50116—2013)中有相应的规定,如表1.2.5所示。

表1.2.5

表 1.2.5 区域显示器和火灾警报器设置的规定(摘要)

序号	条码	知识点	页码
1	6.4.1	每个报警区域宜设置一台区域显示器(火灾显示盘)	29
2	6.4.2	区域显示器应设置在出入口等明显和便于操作的部位。当采用壁挂方式安装时,其底边距地高度宜为 1.3 ~ 1.5 m	29
3	6.5.1	火灾光警报器不宜与安全出口指示标志灯具设置在同一面墙上	29
4	6.5.2	每个报警区域内均应设置火灾警报器	29
5	6.5.3	当火灾警报器采用壁挂方式安装时,其底边距地高度应大于 2.2 m	30

6)消防联动控制系统

(1)消防联动控制系统的构成

消防联动控制系统由动作接收与显示子系统、消防联动控制子系统构成,如图 1.2.6 所示。

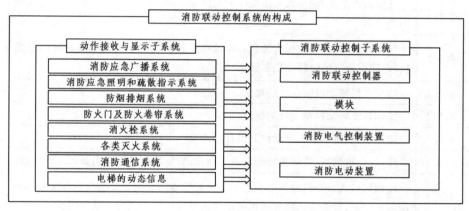

图 1.2.6 消防联动控制系统的构成

(2)消防联动控制设计

消防联动控制设计涉及的范围较广泛,主要体现在与自动喷水灭火系统、消火栓系统、气体灭火系统、泡沫灭火系统、防烟排烟系统、防火门及防火卷帘系统、电梯、火灾警报和消防应急广播系统、消防应急照明和疏散指示系统的联动设计。消防联动控制设计在《火灾自动报警系统设计规范》(GB 50116—2013)中有相应的规定,如表 1.2.6 所示。

表1.2.6

表 1.2.6 消防联动控制设计的规定(摘要)

序号	条码	知识点	页码
1	4.1.1	消防联动控制器应能按设定的控制逻辑向各相关的受控设备发出联动控制信号,并接受相关设备的联动反馈信号	8

续表

序号	条码	知识点	页码
2	4.1.2	消防联动控制器的电压控制输出应采用直流24 V	8
3	4.1.4	消防水泵、防烟和排烟风机的控制设备,除应采用联动控制方式外,还应在消防控制室设置手动直接控制装置	8
4	4.2.1	水流指示器、信号阀、压力开关、喷淋消防泵的启动和停止的动作信号应反馈至消防联动控制器	8
5	4.3.1	消火栓系统的联动控制方式,当设置消火栓按钮时,消火栓按钮的动作信号应作为报警信号及启动消火栓泵的联动触发信号,由消防联动控制器联动控制消火栓泵启动	10
6	4.3.2	消火栓系统的手动控制方式,应将消火栓泵控制箱(柜)的启动、停止按钮用专用线路直接连接至设置在消防控制室的消防联动控制器的手动控制盘,并应直接手动控制消火栓泵的启动、停止	10
7	4.4.1	气体灭火系统、泡沫灭火系统应分别由专用的气体灭火控制器、泡沫灭火控制器控制	10
8	4.4.5	气体灭火装置、泡沫灭火装置启动及喷放各阶段的联动控制及系统的反馈信号,应反馈至消防联动控制器	12
9	4.5.1	防烟系统联动控制设计的规定	13
10	4.5.2	排烟系统联动控制设计的规定	13
11	4.5.3	防烟系统、排烟系统手动控制设计的规定	13
12	4.5.4	送风口、排烟口、防烟和排烟风机等动作信号,均应反馈至消防联动控制器	14
13	4.5.5	排烟风机入口处的总管上设置的280 ℃排烟防火阀在关闭后应直接联动控制风机停止,排烟防火阀和风机的动作信号应反馈至消防联动控制器	14
14	4.6.1	防火门系统联动控制设计的规定	14
15	4.6.2	防火卷帘的升降应由防火卷帘控制器控制	14
16	4.6.3	疏散通道上设置的防火卷帘联动控制方式设计的规定	14
17	4.6.4	非疏散通道上设置的防火卷帘联动控制方式设计的规定	15
18	4.6.5	防火卷帘下降至距楼板面1.8 m处、下降到楼板面的动作信号和防火卷帘控制器直接连接的感烟、感温火灾探测器的报警信号,应反馈至消防联动控制器	15
19	4.7.1	消防联动控制器应具有发出联动控制信号强制所有电梯停于首层或电梯转换层的功能	15
20	4.7.2	(电梯)轿厢内应设置能直接与消防控制室通话的专用电话	15

续表

序号	条码	知识点	页码
21	4.8.1	火灾自动报警系统应设置火灾声光警报器,并应在确认火灾后启动建筑内的所有火灾声光警报器	15
22	4.8.5	同一建筑内设置多个火灾声警报器,火灾自动报警系统应能同时启动和停止所有火灾警报器工作	16
23	4.8.7	集中报警系统和控制中心报警系统应设置消防应急广播	16
24	4.8.8	消防应急广播系统的联动控制信号应由消防联动控制器发出。当确认火灾后,应同时向全楼进行广播	16
25	4.8.12	消防应急广播与普通广播或背景音乐广播合用时,应具有强制切入消防应急广播的功能	16
26	4.9.1	消防应急照明和疏散指示系统联动控制设计的规定	16
27	4.10.1	消防联动控制器应具有切断火灾区域及相关区域的非消防电源的功能,当需要切断正常照明时,宜在自动喷淋系统、消火栓系统动作前切断	17
28	4.10.3	消防联动控制器应具有打开疏散通道上由门禁系统控制的门和庭院电动大门的功能,并应具有打开停车场出入口栏杆的功能	17

（3）消防应急广播和消防专用电话

消防应急广播是在火灾事故发生以后,用于动员在场人员及时安全疏散的子系统。消防专用电话则是用于消防控制室与着火场所或附近场所直接通信的子系统。它们的设置在《火灾自动报警系统设计规范》（GB 50116—2013）中均有相应的规定,如表 1.2.7 所示。

表1.2.7

表 1.2.7　消防应急广播和消防专用电话设置的规定（摘要）

序号	条码	知识点	页码
1	6.6.1	消防应急广播扬声器设置的规定	30
2	6.6.2	壁挂扬声器的底边距地高度应大于2.2 m	30
3	6.7.1	消防专用电话网络应为独立的消防通信系统	30
4	6.7.2	消防控制室应设置消防专用电话总机	30
5	6.7.4	电话分机或电话插孔的设置应符合的规定;电话插孔在墙上安装时,其底边距地高度宜为1.3~1.5 m	30,31
6	6.7.5	消防控制室、消防值班室或企业消防站等处应设置可直接报警的外线电话	31

（4）消防联动控制器的形式

消防联动控制器有火警联动型控制器、多线手动控制盘、总线联动控制盘3种基本形式。

①火警联动型控制器：火灾报警控制器（联动型）的简称。它的最大容量不超过3 200点，通常每台设备不超过8个回路，联动采用"多线制"。

②多线手动控制盘：单设联动控制器的主要装置。它主要用于控制消防泵、喷淋泵、排烟风机等重要消防设备的启动和停止；通常每块控制盘有8组控制输出，每组包含一个启动输出和一个停止输出，以及一个受控设备动作应答输入。系统中最多可连接20块多线手动控制盘。

③总线联动控制盘：适用于立柜式或琴台式控制器。通过总线控制盘可以直接总线联动设备，代替（多线手动）控制器上的键盘操作方式，每块盘可控制操作50台总线设备的启动/停止，并且可以实现跨控制器的总线控制。相对于多线手动控制盘，目前总线联动控制盘的价格较贵，实际使用的工程不多。

（5）消防联动的三类信号

以消防联动控制器端为判断参照物，依据《火灾自动报警系统设计规范》（GB 50116—2013）的规定，联动信号可细分为3种，如图1.2.7所示。

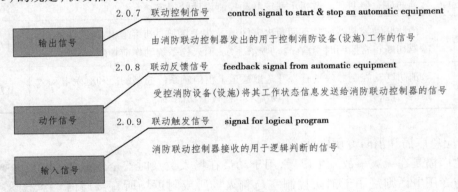

2.0.7 联动控制信号　control signal to start & stop an automatic equipment

输出信号　由消防联动控制器发出的用于控制消防设备（设施）工作的信号

2.0.8 联动反馈信号　feedback signal from automatic equipment

受控消防设备（设施）将其工作状态信息发送给消防联动控制器的信号

动作信号

2.0.9 联动触发信号　signal for logical program

输入信号　消防联动控制器接收的用于逻辑判断的信号

图1.2.7　消防联动控制的3种信号

（6）模块安装部位的禁止性规定

依据《火灾自动报警系统设计规范》（GB 50116—2013）的规定，模块的设置要求如下。

6.8　模块的设置

6.8.1　每个报警区域内的模块宜相对集中设置在本报警区域内的金属模块箱中。

6.8.2　<u>模块严禁设置在配电（控制）柜（箱）内。</u>

6.8.3　本报警区域内的模块不应控制其他报警区域的设备。

6.8.4　未集中设置的模块附近应有尺寸不小于100 mm×100 mm的标识。

7）布置管线的规定

依据《火灾自动报警系统设计规范》（GB 50116—2013）的规定，火灾自动报警及联动控制系统管线的布置要求如下。

11.2.2 火灾自动报警系统的供电线路、消防联动控制线路应采用耐火铜芯电线电缆,报警总线、消防应急广播和消防专用电话等传输线路应采用阻燃或阻燃耐火电线电缆。

11.2.3 线路暗敷设时,应采用金属管、可挠(金属)电气导管或 B₁ 级以上的刚性塑料管保护,并应敷设在不燃烧体的结构层内,且保护层厚度不宜小于 30 mm;线路明敷设时,应采用金属管、可挠(金属)电气导管或金属封闭线槽保护。矿物绝缘类不燃性电缆可直接明敷。

1.2.2 火灾自动报警系统的设备及材料

1)火灾探测报警系统的触发装置

火灾探测报警系统的触发装置主要是指各类火灾探测器和各类手动火灾报警按钮。常用的设备如表 1.2.8 所示。

表 1.2.8 火灾探测报警系统的触发装置

名称	图片	主要参数	图例
点型光电感烟火灾探测器		工作电压:DC19~28 V; 工作温度:-10~50 ℃; 保护面积:60~80 m²; 线制:二总线,无极性; 最远传输距离:1 500 m; 接线规格:ZR-RVS-2×1.5 mm²	
点型感温火灾探测器		工作电压:DC19~28 V; 工作温度:-10~50 ℃; 保护面积:20~30 m²; 线制:二总线,无极性; 最远传输距离:1 500 m; 接线规格:ZR-RVS-2×1.5 mm²	
点型感光火灾探测器		工作电压:DC19~28 V; 工作温度:-10~50 ℃; 保护面积:20~30 m²; 线制:二总线,无极性; 最远传输距离:1 500 m; 接线规格:ZR-RVS-2×1.5 mm²	

续表

名称	图片	主要参数	图例
点型复合式感烟感温火灾探测器		工作电压:DC19~28 V; 工作温度:-10~50 ℃; 保护面积:20~30 m²; 线制:二总线,无极性; 最远传输距离:1 500 m; 接线规格:ZR-RVS-2×1.5 mm²	
点型复合式感光感温火灾探测器		工作电压:DC19~28 V; 工作温度:-10~50 ℃; 保护面积:20~30 m²; 线制:二总线,无极性; 最远传输距离:1 500 m; 接线规格:ZR-RVS-2×1.5 mm²	
点型复合式感光感烟火灾探测器		工作电压:DC19~28 V; 工作温度:-10~50 ℃; 保护面积:20~30 m²; 线制:二总线,无极性; 最远传输距离:1 500 m; 接线规格:ZR-RVS-2×1.5 mm²	
可燃气体火灾探测器		工作电压:DC19~28 V; 工作温度:-10~50 ℃; 保护面积:室内7.5 m,室外15 m; 线制:二总线,无极性; 最远传输距离:1 500 m; 接线规格:ZR-RVS-2×1.5 mm²	
线型光束感烟火灾探测器		工作电压:DC19~28 V; 工作温度:-10~50 ℃; 保护距离:50 m,100 m; 线制:四线,电源线; 探测距离最远:≤100 m	发射部分 接收部分
手动火灾报警按钮		工作电压:DC19~28 V; 工作温度:-10~50 ℃; 使用环境:室内型; 线制:二总线,无极性; 外形尺寸:86 mm×86 mm×47 mm; 接线规格:ZR-RVS-2×1.5 mm²	

续表

名称	图片	主要参数	图例
手动火灾报警按钮（带电话插孔）		工作电压:DC19~28 V; 工作温度:-10~50 ℃; 使用环境:室内型; 线制:二总线,无极性; 外形尺寸:86 mm×86 mm×47 mm; 接线规格:ZR-RVS-2×1.5 mm²	
消火栓启泵按钮		工作电压:DC19~28 V; 工作温度:-10~50 ℃; 使用环境:室内型,具备防水溅功能; 线制:二总线,无极性; 可直接启泵; 最远传输距离:1 500 m; 接线规格:ZR-RVS-2×1.5 mm²	

2）消防控制室的设备

消防控制室（也称为主机房）内安装的设备主要是火灾报警控制器、消防联动控制器、消防电源等。常用的设备如表1.2.9所示。

表1.2.9　消防控制室常用的设备

名称	图片	主要参数	图例
（悬挂式）区域报警控制器		备电:DC24 V,7.5 Ah; 工作温度:-10~50 ℃; 火警继电器:1个（无源输出）,触点容量 DC30 V/2 A; 通信接口:1×RS232; 回路:1—4 回路,可带多线手动控制盘1—8 回路; 常见外形尺寸:520 mm×800 mm×140 mm	Z
（落地式）集中报警控制器		备电:DC24 V,7.5 Ah; 工作温度:-10~50 ℃; 系统容量:最大 64 个回路,20 个专线盘,8 个灭火盘,16 个总线盘; 通信接口:1×RS232; 常见外形尺寸:1 780 mm×585 mm×550 mm	C

续表

名称	图片	主要参数	图例
(琴台式)中央报警控制器		备电:DC24 V,7.5 Ah; 工作温度:-10~50 ℃; 系统容量:最大 64 个回路,20 个专线盘,8 个灭火盘,16 个总线盘; 通信接口:1×RS232; 双琴台外形尺寸:1 290 mm×1 080 mm×1 120 mm	
(琴台上安装)显示控制盘及打印机		供电主电:DC24~28 V; 工作温度:-10~50 ℃; 显示屏尺寸:5.7 in(320 mm×240 mm); 触点容量:DC30 V/2 A; 端子类别:4 类 11 个; 外形尺寸:482.6 mm×177.5 mm(标准 4U)	D
多线手动控制盘		供电主电:DC24~28 V; 工作温度:-10~50 ℃; 容量:8 组控制输出,每组包含一个启动输出和一个停止输出,以及一个受控设备动作应答输入; 线制:每路 5 根线(启动,停止,回答,电源正、负); 外形尺寸:482.6 mm×177.5 mm(标准 4U)	IC
(琴台上安装)气体灭火控制盘		供电主电:DC24~28 V; 工作温度:-10~50 ℃; 容量:控制 4 个气体灭火保护区的启动、停止; 线制:多线制,每路 4 根线(2 根信号线,电源正、负); 外形尺寸:482.6 mm×177.5 mm(标准 4U)	AFE
(琴台上安装)通用型 CD 播放盘和功率放大器		工作电压:DC24 V 和 AC220 V; 工作温度:-10~50 ℃; 功率放大器的定压输出:120 V; 外形尺寸:482.6 mm×88 mm×305 mm(2U)	FPA

续表

名称	图片	主要参数	图例
（琴台上安装） 多线制消防 电话总机		工作电压：DC24 V； 电话线电压：DC15 V； 工作温度：－10～50 ℃； 线制：2N； 容量：最大40门，最小8门； 系统布线：ZR-RVVP-2×1.5 mm²	MT
CRT 火灾 计算机图形 显示装置		也可采用火灾报警控制器上的显示屏 替代	CRT
（琴台上安装） 直流电源箱		安装方式：面板式、壁挂式； 配套：一般还需要配套备用直流供电 单元	AD

3）火灾联动控制系统的外部装置

火灾联动控制系统的外部装置主要是指由联动控制器管理的区域显示器、警报器、消防广播、消防电话和接线端子箱等。火灾联动控制系统外部装置常用的设备如表1.2.10所示。

表1.2.10　火灾联动控制系统外部装置常用的设备

名称	图片	主要参数	图例
区域显示器	**数字火灾显示盘** **J-EI6051**	工作电压：DC19～28 V； 抗电磁干扰：10 V/m； 工作温度：－10～50 ℃； 线制：PL＋、PL－、＋24 V、GND 四总 线，PL线有极性； 编码范围：001～032； 通信线（常用）：ZR-RVS-2×1.5 mm²	F1

续表

名称	图片	主要参数	图例
(琴台上安装)液晶层显接口卡		工作电压:DC19~28 V; 抗电磁干扰:10 V/m; 工作温度:-10~50 ℃; 线制:PL+、PL-、+24 V、GND 四总线,PL线有极性; 单台范围:32 个楼层显示器,一台控制器不超过 4 台; 通信线(常用):ZR-RVS-2×1.5 mm²	D
火灾声音警报器(警铃)		工作电压:DC24 V; 工作电流:≤25 mA; 工作温度:-10~50 ℃; 声压级(A 计全):80~105 dB(正前方3 m 处); 通信线(常用):ZR-RVS-2×1.5 mm²	
火灾声光警报器		工作电压:DC24 V; 工作电流:≤35 mA; 工作温度:-10~50 ℃; 声压级(A 计全):80~105 dB(正前方3 m 处); 通信线(常用):ZR-RVS-2×1.5 mm²	
消防广播音箱		输入电平:定压 100~120 V; 输出功率:3 W; 工作温度:-10~50 ℃; 有效频率范围:110~12 000 Hz; 安装形式:壁挂式、吸顶明装式、吸顶嵌入式	
消防电话插孔		工作电压:DC24 V; 工作电流:<1 A; 工作温度:-10~50 ℃; 线制:二总线,有极性; 通信线(常用):ZR-RVS-2×1.5 mm²	◎

续表

名称	图片	主要参数	图例
消防电话分机		工作电压:DC24 V; 工作电流:< 1 A; 工作温度: – 10 ~ 50 ℃; 线制:二总线,有极性; 通信线(常用):ZR-RVS-2 × 1.5 mm²	
接线端子箱		常用规格(一):20 位,360 mm × 260 mm × 70 mm; 常用规格(二):40 位,360 mm × 260 mm × 70 mm; 常用规格(三):60 位,360 mm × 520 mm × 70 mm	**FS**
模块箱		常用规格(一):4 模块,360 mm × 260 mm × 70 mm; 常用规格(二):8 模块,360 mm × 520 mm × 70 mm	**M**

4)火灾自动报警系统的模块

火灾自动报警系统的模块,主要需要区分单输入模块与多输入模块、单输出模块与多输出模块、单输入输出模块与多输入输出模块的不同。输入或输出均是以消防联动控制器端为判断参照物,信号流入控制器就是输入;反之,信号流出控制器就是输出。常用的模块如表1.2.11所示。

表 1.2.11　火灾自动报警系统常用的模块

名称	图片	主要参数	图例
总线隔离模块(单输入)		功能:对火灾报警触发信号进行分区隔离; 工作电压:DC19 ~ 28 V; 动作电流:≥200 mA; 工作温度: – 10 ~ 50 ℃; 线制:二总线,无极性; 外形尺寸:85 mm × 85 mm × 42 mm	**SI**

续表

名称	图片	主要参数	图例
编码型输入模块(单输入)	输入动作 输入模块	功能:连接水流指示器、压力开关、信号蝶阀等; 常开无源触点信号反馈设施; 线制:二总线,无极性; 最远传输距离:1 500 m; 接线规格:ZR-RVS-2×1.5 mm²	I
中继模块(多输入)	输入动作 输入模块	功能:可连接非编址探测器、声光报警器、警铃等报警设施; 线制:四总线,信号线无极性,电源线有极性; 信号线规格:ZR-RVS-2×1.5 mm²	I
输出模块(单输出)	TCMK3215A 动作 输出模块	功能:连接广播扬声器、火灾广播、背景音乐; 线制:二总线,无极性,另需要接广播线等; 最远传输距离:1 500 m; 导线规格:ZR-RVS-2×1.5 mm²	O
编码型输入/输出模块(单输入输出模块)	GST-LD-8301 输入/输出模块 输入/输出模块	功能:连接排烟阀、防火阀、送风口、(AC220 V分励脱扣器)电源切换控制箱、电梯控制箱、卷帘门控制箱等(弱电控制)电磁动作类设备; 线制:四总线,信号线无极性,电源线有极性; 最远传输距离:1 500 m; 探测总线规格:ZR-RVS-2×1.5 mm²	I/O
双切换接口盒(多输入输出模块)	JBF-151F/D 双切换接口盒 北大青鸟 WE CHANGE LIVES	功能:可实现强、弱电控制转换,它是多线手动控制盘的配套件,对应于水泵、风机等大电流的控制箱、柜; 线制:进线需要五线(一线为24 V联动电源正极,另四线分别为地、回答、停止、启动);出线分两种情况连接风机、泵控制箱(三线实现启动和信号功能,四线实现启动、停止和信号功能)	P

5)电气火灾监控系统的设备

电气火灾监控系统作为特殊区域管控的设施,常用的设备如表1.2.12所示。

表1.2.12　电气火灾监控系统常用的设备

名称	图片	主要参数	图例
电气火灾监控盘		功能:对配电箱进行监控; 工作电压:DC19~28 V; 动作电流:≥200 mA; 工作温度:−10~50 ℃	□
消防设备电源状态监控盘		功能:对消防电源进行监控; 工作电压:DC19~28 V; 动作电流:≥200 mA; 工作温度:−10~50 ℃	□
(配电箱)监控模块(单输入模块)		功能:连接电气火灾监控盘,通过监测配电箱的温度状态来判断电气火灾; 线制:二总线,信号线无极性; 信号线规格:ZR-RVS-2×1.5 mm²	T

6)二氧化碳气体报警系统的设备

二氧化碳气体报警系统作为特殊区域管控的设施,常用的设备如表1.2.13所示。

表1.2.13　二氧化碳气体报警系统常用的设备

名称	图片	主要参数	图例
二氧化碳气体报警控制器		功能:对二氧化碳气体喷射区域进行监控; 工作电压:DC19~28 V; 动作电流:≥200 mA; 工作温度:−10~50 ℃	AC

1.2.3 施工及验收标准对火灾自动报警系统的相关规定

《火灾自动报警系统施工及验收标准》(GB 50166—2019)对火灾自动报警系统的相关规定如下。

表1.2.14

1)系统施工

①对配管配线的相关规定如表1.2.14所示。

表1.2.14 对配管配线的相关规定(摘要)

序号	条码	知识点	页码
1	3.2.4	不同电压等级、不同电流类别的线路,不应布在同一管内或线槽的同一槽孔内	11
2	3.2.6	采用金属软管保护的长度不应大于2 m	11
3	3.2.8	线路中间增加"接线盒"与清单规范是相同的规定	11
4	3.2.10	吊杆直径不应小于6 mm	11
5	3.2.11	应设置吊杆部位的规定	11
6	3.2.13	管路跨越"变形缝"的技术措施	12

②对设备安装的相关规定如表1.2.15所示。

表1.2.15 对设备安装的相关规定(摘要)

序号	条码	知识点	页码
1	3.3.1	控制类设备墙上安装时,其底边距地宜为1.3~1.5 m;落地安装时,底边高出地面宜为0.1~0.2 m	12
2	3.3.3	引入控制器的电缆或导线,应留有不小于200 mm的余量	12
3	3.4.1	点型感烟或感温火灾探测器安装,距周边的距离有相应的要求	13
4	3.4.9	探测器底座连线应留有不小于150 mm的余量	14
5	3.5.1	手动火灾报警按钮墙上安装时,其底边距地宜为1.3~1.5 m	15
6	3.5.3	手动火灾报警按钮连线应留有不小于150 mm的余量	15
7	3.7.1	同一报警区域内的模块宜集中安装于模块箱中	15
8	3.7.3	模块连线应留有不小于150 mm的余量	15
9	3.8.2	火灾光警报装置距地安装1.8 m以上	16
10	3.9.1	消防电话、电话插孔、带电话插孔的手动报警按钮,其底边距地宜为1.3~1.5 m	16
11	3.11.1	消防设备的金属外壳应有接地保护	17

2）系统调试

对消防系统调试的相关规定如表1.2.16所示。

表1.2.16

表1.2.16　对消防系统调试的相关规定（摘要）

序号	条码	知识点	页码
1	4.1.1	火灾自动报警系统的调试,应在系统施工结束后进行	17
2	4.2.4	对系统中的设备分别进行单机通电检查	17
3	4.3.1	调试前应切断火灾报警控制器的所有外部连接线	17
4	4.3.3	依次将其他回路与火灾报警控制器相连接	17
5	4.4.1	逐个检查每只火灾探测器的报警功能	18
6	4.9.1	对可恢复的手动火灾报警按钮,应实际动作试验	19
7	4.9.2	对不可恢复的手动火灾报警按钮,应采用模拟动作试验	19
8	4.10.1	将消防联动控制器与火灾报警控制器、任一回路的模块与设备切断设备连线后,通电试验	20
9	4.10.5	检查消防联动控制器的"自动功能"	20
10	4.11.1	将区域显示器（火灾显示盘）与火灾报警控制器连接测试	21
11	4.14.1	在消防控制室与所有的消防电话、电话插孔之间呼叫与通话	22
12	4.14.3	检查群呼、录音等功能	22
13	4.15.1	以手动方式在消防控制室对所有广播分区进行选区广播等	22

1.2.4　初识火灾自动报警系统工程图

初学识图,我们选择"屋顶层电梯机房火灾报警系统"这个部位的工程图,来建立识图程序和项目的初步概念。识图的主要思路:首先读设备材料表,了解所用图例的含义以及本系统使用的主要设备和材料项目;然后读系统图,理解系统的工作原理和项目之间的连接关系;最后读平面图,掌握设备的布置方位和管线之间的连接关系。

1）识读火灾自动报警系统设备材料表

识读火灾自动报警系统工程图,应从读"设备材料表"入手。示例工程火灾自动报警系统的主要设备材料如表1.2.17所示。

表1.2.17　火灾自动报警系统主要设备材料表

图例	设备名称	型号规格	单位
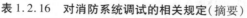	编码感烟探测器	FSP-851	个

续表

图例	设备名称	型号规格	单位
	非编码感烟探测器	SD-751	个
	编码感温探测器	FST-851	个
	非编码感温探测器	TD-751	个
	手动报警按钮	M500K	个
	带电话插孔的手动报警按钮	M500K/T	个
	编码消火栓启泵按钮	M500H	个
	火灾警报扬声器	3 W	个
	消防电话分机电话		个
M	单输入模块	FMM-1	个
C	输入输出模块	FCM-1 + FMM-1	个
JKMK	编址接口模块	FZM-1	个
SI	短路隔离器	ISO-X	个
FI	楼层显示器	LCD-100-A	个
	接线端子箱		个
	火灾报警控制器	NFS2-3030	台
	消防广播主机	250 W	套
	消防电话主机	16 门	套

图例	设备名称	型号规格	单位
	气体灭火控制设备	RP-1002PLUS	套
FL	防火漏电报警控制器		套
 ⊠	增压送风口(控制开启)		
 ◪	防烟防火阀(控制开启,280 ℃熔断关闭)		
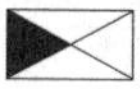 ◪	防火阀(70 ℃熔断关闭)		
RS	卷帘门控制箱		
——	DC24 V电源总线(Y)	ZRBV-2×2.5	m
——	火灾报警总线(J)	ZRRVS-2×1.5	m
- - - -	非编码报警支线(Z)	ZRRV-2×1.5	m
– – – –	消防广播线(B)	ZRRVS-2×1.5	m
– · – · –	消防电话线(H)	ZRRVS-2×1.5	m
– · – · –	消火栓直启泵线	ZRBV-4×20	m
– · – · –	多线制控制线(K)	ZRKVV-7×1.5	m
——	防火漏电报警系统总线(F)	BVN-4×1.5	m

2)识读火灾自动报警系统图

读懂火灾自动报警系统的主要设备材料后,接下来应识读火灾自动报警系统的系统图,如图1.2.8至图1.2.11所示。通过识读系统图,可以读出本示例工程采用了哪些设备和材料,以及相应的工作原理和相互之间的连接关系。

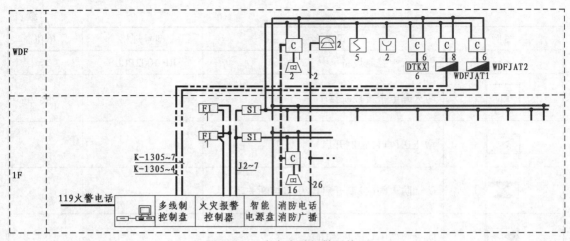

图 1.2.8　火灾自动报警系统图

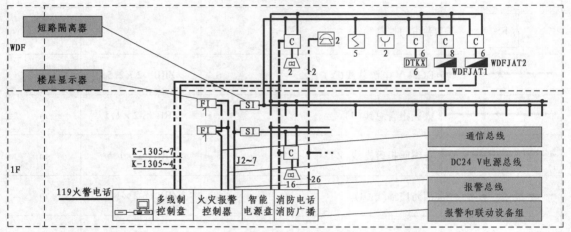

图 1.2.9　火灾自动报警系统图例含义之一

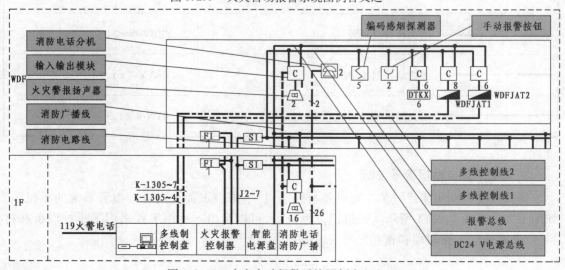

图 1.2.10　火灾自动报警系统图例含义之二

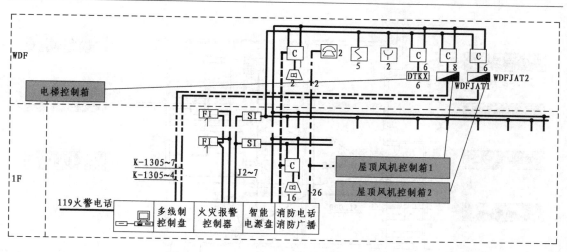

图 1.2.11　火灾自动报警系统图例含义之三

3）识读电梯机房火灾自动报警系统平面图

读懂火灾自动报警系统图，理解了其原理，再到需要识读的具体楼层（本例为屋顶层电梯机房，层高为 3.3 m，楼板厚度 100 mm）来识读设备的布置部位和管线的连接关系，如图 1.2.12 至图 1.2.14 所示。

4）电梯机房火灾自动报警系统三维立体图

电梯机房火灾自动报警系统的三维立体图如图 1.2.15 所示。

5）电梯机房火灾自动报警系统图纸的阅读信息

由前述电梯机房火灾自动报警系统相关图纸可知，图纸阅读的重点是电梯机房火灾自动报警系统的组成、材质、安装位置及安装方式等。正确阅读火灾自动报警系统设备材料表、系统图、平面图是读懂施工图的基础，图纸阅读信息要点如表 1.2.18 所示。

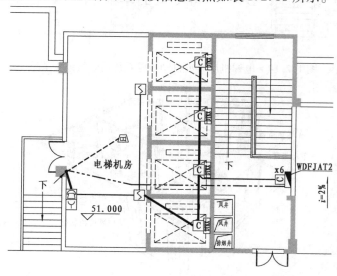

图 1.2.12　电梯机房火灾自动报警系统平面图

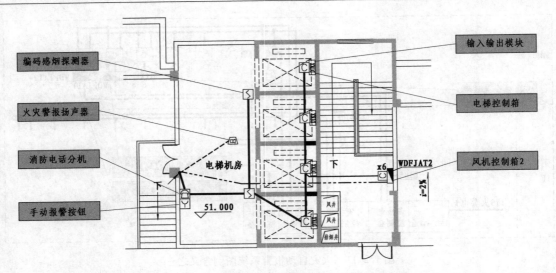

图 1.2.13　电梯机房火灾自动报警系统的设备部位

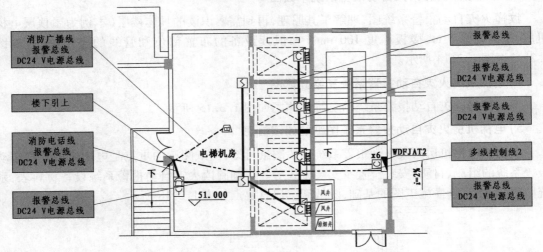

图 1.2.14　电梯机房火灾自动报警系统的管线连接关系

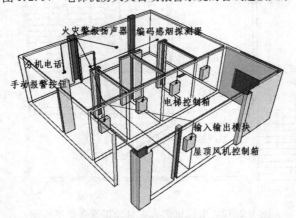

图 1.2.15　电梯机房火灾自动报警系统三维立体图

表 1.2.18　电梯机房火灾自动报警系统图纸的阅读信息

名称	型号、规格、材质	安装方式	安装高度(m)
编码感烟探测器	FSP-851	吸顶安装于建筑顶棚	楼层相对标高 3 200
手动报警按钮	M500K	明装于墙面	楼层相对标高 1 500
消防电话分机电话		明装于墙面	楼层相对标高 1 500
输入输出模块	FCM-1 + FMM-1	明装于墙面	楼层相对标高 2 400（配电箱顶部）
电梯控制箱	DTKX	明装于墙面	楼层相对标高 1 600（配电箱底部）
屋顶风机控制箱	WDFJAT2	明装于墙面	楼层相对标高 1 600（配电箱底部）
火灾警报扬声器	3 W	吸顶安装于建筑顶棚	楼层相对标高 3 200
火灾报警总线(J)	ZR-RVS2 ×1.5	穿阻燃 PVC 塑料管 φ20 暗敷设于顶棚/墙	
DC24 V 电源总线(Y)	ZR-BV2 ×2.5	穿阻燃 PVC 塑料管 φ20 暗敷设于顶棚/墙	
消防电话线(H)	ZR-RVS2 ×1.5	穿阻燃 PVC 塑料管 φ20 暗敷设于顶棚/墙	
消防广播线(B)	ZR-RVS2 ×1.5	穿阻燃 PVC 塑料管 φ20 暗敷设于顶棚/墙	
多线控制线(K)	ZR-KVV7 ×1.5	穿阻燃 PVC 塑料管 φ25 暗敷设于楼板/墙	

注:表中型号、规格、材质及安装方式主要来自设备材料表、施工及验收标准、施工图相关说明;安装高度要结合建筑图和
　　结构图进行阅读获得。

习　题

1.单项选择题

（1）在火灾自动报警系统中,(　　)是将火灾报警系统所监视的范围按防火分区或楼层布局划分的单元。

　　A.报警区域　　　　　　B.探测区域　　　　　　C.防火分区　　　　　　D.排烟分区

（2）在火灾自动报警系统中,(　　)是将报警区域按探测火灾的部位划分的单元。

　　A.报警区域　　　　　　B.探测区域　　　　　　C.防火分区　　　　　　D.排烟分区

（3）《火灾自动报警系统设计规范》(GB 50116—2013)规定,(　　)时适合选择点型感烟

火灾探测器。

    A. 房间高度≤20 m   B. 房间高度≤16 m

    C. 房间高度≤12 m   D. 房间高度≤8 m

  (4)《火灾自动报警系统设计规范》(GB 50116—2013)规定,厨房、锅炉房、发电机房等宜选择( )。

    A. 点型感温火灾探测器   B. 点型感烟火灾探测器

    C. 火焰探测器   D. 线型感温火灾探测器

  (5)《火灾自动报警系统设计规范》(GB 50116—2013)规定,点型火灾探测器至空调送风口边的水平距离( ),并宜接近回风口安装。

    A. 不应大于1.5 m   B. 不应小于1.5 m

    C. 不应大于0.5 m   D. 不应小于0.5 m

  (6)点型感温或感烟火灾探测器的安装,距墙壁或梁边的水平距离( )。

    A. 不应大于1.5 m   B. 不应小于1.5 m

    C. 不应大于0.5 m   D. 不应小于0.5 m

  (7)报警区域内每个防火分区应至少设置一只手动报警按钮。从一个防火分区的任何位置到最邻近的一个手动报警按钮的步行距离,不宜大于( )。

    A. 20 m   B. 30 m   C. 40 m   D. 50 m

  (8)火灾自动报警系统的手动报警按钮安装在墙上的高度应为( ),且应有明显的标志。

    A. 1.1～1.3 m   B. 1.2～1.5 m   C. 1.3～1.5 m   D. 1.5～1.8 m

  (9)火灾自动报警系统的火警联动型控制器常带有( )多线联动回路。

    A. 4 路   B. 6 路   C. 8 路   D. 10 路

  (10)( )在火灾探测报警系统中是连接触发装置与火灾报警控制器的"桥梁",是确保火灾探测报警系统安全运行的重要设备。

    A. 点型火灾探测器   B. 线型火灾探测器   C. 火焰探测器   D. 总线隔离器

  (11)在火灾自动报警系统中用于连接水流指示器、压力开关、信号蝶阀等信号反馈设施的模块是( )。

    A. 输出模块   B. 编码型输入/输出模块

    C. (编码)中继模块   D. 编码型输入模块

  (12)从接线盒、线槽等处接至探测器底座、控制设备、扬声器的线路,当采用金属软管保护时,其长度( )。

    A. 应大于2 m   B. 不应大于2 m   C. 应大于3 m   D. 不应大于3 m

  (13)引入控制器的电缆或电线,应留有( )。

    A. 小于200 mm 的余量   B. 小于300 mm 的余量

    C. 不小于200 mm 的余量   D. 不小于300 mm 的余量

  (14)( )以上直流供电的消防用电设备的金属外壳应有接地保护,接地线应与电气保护接地干线(PE)相连接。

    A. 50 V   B. 36 V   C. 24 V   D. 12 V

（15）对点型感温或感烟探测器的调试工作，应（　　　）检查。

A. 按报警分区分组　　　　　　　　　　B. 按不同总线隔离器分区分组

C. 按编码不同分组　　　　　　　　　　D. 逐个

2. 多项选择题

（1）《建筑设计防火规范》（GB 50016—2014,2018年版）规定，民用建筑相应构件的燃烧性能和耐火极限不应低于相关的规定。民用建筑的耐火等级分为（　　　）。

A. 特级　　　　　B. 一级　　　　　C. 二级　　　　　D. 三级　　　　　E. 四级

（2）《建筑设计防火规范》（GB 50016—2014,2018年版）规定，住宅建筑火灾自动报警系统可根据实际应用过程中保护对象的具体情况分为（　　　）。

A. A类　　　　　B. B类　　　　　C. C类　　　　　D. D类　　　　　E. E类

（3）《建筑设计防火规范》（GB 50016—2014,2018年版）规定，（　　　）当采用壁挂方式安装时，其底边距地高度宜为1.3～1.5 m，且应有明显的标志。

A. 火灾警报器　　B. 电话插孔　　C. 壁挂扬声器　　D. 区域显示器　　E. 手动报警按钮

（4）《建筑设计防火规范》（GB 50016—2014,2018年版）规定，（　　　）当采用壁挂方式安装时，其底边距地高度宜为2.2 m。

A. 火灾警报器　　B. 电话插孔　　C. 壁挂扬声器　　D. 区域显示器　　E. 手动报警按钮

（5）火灾探测报警系统构成中的触发装置是由（　　　）组成的。

A. 火灾探测器　　　　　　　　　　　B. 火灾报警控制器

C. 火灾显示盘　　　　　　　　　　　D. 火灾声和（或）光警报器

E. 手动火灾报警按钮

（6）火灾自动报警系统的火灾报警控制器有（　　　）形式。

A. 火警联动型控制器　　　　　　　　B. 区域报警控制器

C. 多线手动控制盘　　　　　　　　　D. 集中报警控制器

E. 控制中心报警控制器

（7）火灾自动报警系统的消防联动控制器有（　　　）形式。

A. 火警联动型控制器　　　　　　　　B. 区域报警控制器

C. 多线手动控制盘　　　　　　　　　D. 集中报警控制器

E. 控制中心报警控制器

（8）火灾自动报警系统的双切换接口盒是多线手动控制盘的配套件，可实现强、弱电控制转换。进线需要连接24 V联动电源正极，另外的进线分别为（　　　）。

A. 地线　　　　　B. 零线　　　　　C. 回答线　　　　　D. 停止线　　　　　E. 启动线

（9）依据《火灾自动报警系统施工及验收标准》（GB 50166—2019）的规定，以下（　　　）的连接导线均应留有不小于150 mm的余量。

A. 火灾报警控制器　　　　　　　　　B. 探测器底座

C. 手动火灾报警按钮　　　　　　　　D. 模块

E. 火灾应急广播扬声器和火灾警报装置

（10）依据《火灾自动报警系统施工及验收标准）》（GB 50166—2019）的规定,应在下列（　　　）部位设置吊点或支点。

A. 线槽始端、终端及接头处   B. 距接线盒 0.2 m 处

C. 距接线盒 0.3 m 处   D. 线槽转角或分支处

E. 直线段不大于 3 m 处

1.3 火灾自动报警系统计价定额和清单计价理论

1.3.1 火灾自动报警系统计价前应知

1)编制工程造价文件的 3 个维度

计量、计价与核价是编制工程造价文件相对独立的 3 个环节。其中,计量既可以通过 BIM 建模软件计算工程量,也可以通过手工算量方式得到工程量。计价与核价可以分为"套用定额及取费"和"确定设备材料价格"两个维度。"套用定额及取费"即为前述的计价维度,"确定设备材料价格"即为前述的核价维度。在工程量清单计价模式下,采用"清单综合单价×工程量"得到合价,并以人工费为基数乘以相关费率得到工程其他相关费用,从而最终得到工程造价,如图 1.3.1 所示。

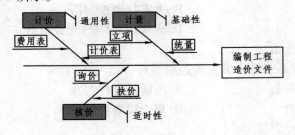

图 1.3.1 编制工程造价文件的 3 个维度

在实际业务中,计量工作由专职造价人员或施工员等承担;计价工作只能由专职造价人员承担;核价工作由专职造价人员或采购员等承担。但采购员更适合,原因是核价不是选择当时当地的市场价格,而是在综合考虑付款条件和远期价格周期波动的情况下,从投标者角度预测的趋势性价格,即设备材料的造价信息是随市场变化的动态信息,如受人工和材料的市场价格变化及政策因素等影响。因此,实时、及时的询价和抉价是正确核算工程造价的前提。

当然,一名成熟的工程造价人员必须能够熟练地掌握软件建模计量、软件计价组价和预测动态的工程造价信息。

2)重庆市 2018 费用定额

火灾自动报警系统子分部工程常用的定额有《重庆市建设工程费用定额》(CQFYDE—2018)和《重庆市通用安装工程计价定额》(CQAZDE—2018)的第九册《消防安装工程》。其中,《重庆市建设工程费用定额》(CQFYDE—2018)的主要内容如表 1.3.1 所示。

表 1.3.1　重庆市 2018 费用定额的主要内容

表现形式				费用指标
清单计价方式	建筑安装工程费	分部分项费用	综合单价 人工费	定额人工综合单价 125/工日
		措施项目费	材料费	划分一般风险费和其他风险费： ①一般风险费：是指工程施工期间因停水、停电，材料设备供应，材料代用等不可预见的一般风险因素影响正常施工而又不便计算的损失费用。 ②其他风险费：是指除一般风险费外，招标人根据《建设工程工程量清单计价规范》（GB 50500—2013）、《重庆市建设工程工程量清单计价规则》（CQJJGZ—2013）的有关规定，在招标文件中要求投标人承担的人工、材料、机械价格及工程量变化导致的风险费用
		其他项目费	施工机具使用费	
		规费	企业管理费	
			利润	
	税金		一般风险费	
一般计税和简易计税两种程序计税法	增值税一般计税法	应纳税额 = 当期销项税额 - 当期进项税额。即一般纳税人应缴纳的当期销项税额抵扣当期进项税额后的余额		
	增值税简易计税法	小规模纳税人应缴纳的按照销售额和增值税征收率计算的增值税额，不得抵扣进项税额		规费：五险一金（环境保护税按实计取）
				税率：现行指标 9%（涉及不同时期进行政策性调整）
不同专业工程不同费率				二次搬运费按实计取，经验值 15.5%
设备费归入材料费项目内				乙供方式采保费率：材料 2%，设备 0.8%
借用其他专业定额项目按"以主带次"原则				环境保护税按实计取（不在规费中）

3）出厂价、工地价、预算价的不同概念

设备和未计价材料的预算单价，是指建筑材料从其来源地运到施工工地仓库直至出库形成的综合平均单价，其内容包括材料原价、运杂费（包括运输费和运输途中保险费）、运输途中损耗费、采购及保管费。当一般纳税人采用一般计税法时，材料单价中的材料原价、运杂费等均应扣除增值税进项税额。

材料原价 = 出厂价

工地价 = 出厂价 + 运杂费 + 运输途中损耗费

预算价 =（出厂价 + 运杂费 + 运输途中损耗费）×（1 + 采购及保管费率）

运输途中损耗费 =（材料原价 + 运杂费）× 运输损耗率

采购及保管费 =（材料原价 + 运杂费）×（1 + 运输损耗率）× 采购及保管费率

根据《重庆市建设工程费用定额》（CQFYDE—2018）的规定，承包人采购材料、设备的采购及保管费率分别为：材料 2%，设备 0.8%；预拌商品混凝土及商品湿拌砂浆、水稳层、沥青混凝土等半成品取 0.6%，苗木取 0.5%。发包人提供的预拌商品混凝土及商品湿拌砂浆、水稳层、沥青混凝土等半成品不计取采购及保管费；发包人提供的其他材料到承包人指定地点，承包人计取采购及保管费的 2/3。

4)火灾自动报警系统造价分析指标

（1）传统指标体系

传统指标体系是以单位面积为基数的分析体系：

$$造价指标 = 分部工程造价/建筑面积$$

（2）专业指标体系

专业指标体系是以本专业的作用面积单价为主要技术指标的分析体系。

计算单位面积造价指标：仅以保护面积 = 作用面积。

以作用面积为基数的分析体系：

$$造价指标 = 分部工程造价/作用面积$$

（3）建立造价文件分析指标制度的作用

①近期作用：是宏观评价工程造价水平(质量)的依据。

②远期作用：积累经验。

1.3.2 火灾自动报警系统计价定额常用项目

1)《重庆市通用安装工程计价定额》(CQAZDE—2018)的组成

《重庆市通用安装工程计价定额》(CQAZDE—2018)分册的组成如图1.3.2所示。

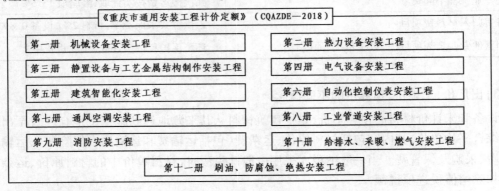

图1.3.2 《重庆市通用安装工程计价定额》分册的组成

2)第九册《消防安装工程》的组成

火灾自动报警系统属于《重庆市通用安装工程计价定额》(CQAZDE—2018)的第九册《消防安装工程》，如图1.3.3所示。

3)火灾自动报警系统涉及第九册之外的其他分册

火灾自动报警系统除涉及第九册《消防安装工程》的相关内容以外，还涉及定额其他分册的相关内容，主要涉及分册如图1.3.4所示。

4)涉及第九册《消防安装工程》的设备类常用定额项目

（1）火灾自动报警系统外部设备常用定额项目

火灾自动报警系统外部设备常用定额项目如表1.3.2所示。

表1.3.2

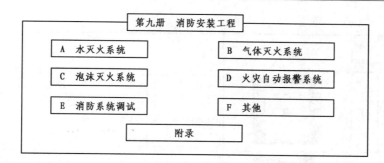

图 1.3.3　第九册《消防安装工程》的组成

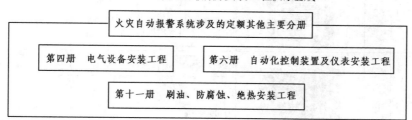

图 1.3.4　火灾自动报警系统涉及的定额其他主要分册

表 1.3.2　**火灾自动报警系统外部设备常用定额项目**

定额项目	章节编号	定额页码	图片	对应清单					说明
点型探测器安装	D.1.1	59		项目编码	项目名称	项目特征		计量单位	
				030904001	点型探测器	1. 名称 2. 规格 3. 线制 4. 类型		个	
按钮安装	D.3.1	60		项目编码	项目名称	项目特征		计量单位	无论是否带有电话插孔，均套用此定额
				030904003	按钮	1. 名称 2. 规格		个	
				030904004	消防警铃				
				030904005	声光报警器				
消防警铃安装	D.4.1	60		项目编码	项目名称	项目特征		计量单位	
				030904003	按钮	1. 名称 2. 规格		个	
				030904004	消防警铃				
				030904005	声光报警器				
声光报警器安装	D.5.1	61		项目编码	项目名称	项目特征		计量单位	
				030904003	按钮	1. 名称 2. 规格		个	
				030904004	消防警铃				
				030904005	声光报警器				

续表

定额项目	章节编号	定额页码	图片	对应清单				说明
消防报警插孔（电话）安装	D.6.1	61		项目编码	项目名称	项目特征	计量单位	不适用于直通式电话
				030904006	消防报警电话插孔（电话）	1. 名称 2. 规格 3. 安装方式	个（部）	
消防广播安装	D.7.1	62		项目编码	项目名称	项目特征	计量单位	
				030904007	消防广播（扬声器）	1. 名称 2. 功率 3. 安装方式	个	
模块安装	D.8.1	62		项目编码	项目名称	项目特征	计量单位	总线隔离模块对应"单输入"
				030904008	模块（模块箱）	1. 名称 2. 规格 3. 类型 4. 输出形式	个（台）	
模块箱安装	D.8.1	62		项目编码	项目名称	项目特征	计量单位	
				030904008	模块（模块箱）	1. 名称 2. 规格 3. 类型 4. 输出形式	个（台）	
区域报警控制箱安装	D.9.1	63		项目编码	项目名称	项目特征	计量单位	
				030904009	区域报警控制箱	1. 多线制 2. 总线制 3. 安装方式 4. 控制点数量 5. 显示器类型	台	
				030904010	联动控制箱			
联动控制箱安装	D.10.1	64		项目编码	项目名称	项目特征	计量单位	
				030904009	区域报警控制箱	1. 多线制 2. 总线制 3. 安装方式 4. 控制点数量 5. 显示器类型	台	
				030904010	联动控制箱			
远程控制箱安装	D.11.1	64		项目编码	项目名称	项目特征	计量单位	楼层显示器补充定额子目BCJ0001
				030904011	远程控制箱（柜）	1. 规格 2. 控制回路		

（2）火灾自动报警系统控制室设备常用定额项目

火灾自动报警系统控制室（或中心机房）设备常用定额项目如表1.3.3所示。

表1.3.3

表1.3.3 火灾自动报警系统控制室设备常用定额项目

定额项目	章节编号	定额页码	图片	对应清单					说明
火灾报警系统控制主机安装（落地式）	D.12.2	65		项目编码	项目名称	项目特征		计量单位	此为非联动型主机
				030904012	火灾报警系统控制主机	1. 规格、线制 2. 控制回路 3. 安装方式		台	
				030904013	联动控制主机				
联动控制主机安装（落地式）	D.13.1	66		项目编码	项目名称	项目特征		计量单位	此为单独的联动控制主机
				030904012	火灾报警系统控制主机	1. 规格、线制 2. 控制回路 3. 安装方式		台	
				030904013	联动控制主机				
消防广播主机安装	D.14.1	66		项目编码	项目名称	项目特征		计量单位	区分组合柜，或单功放、录音机、广播分配器
				030904014	消防广播及对讲电话主机（柜）	1. 规格、线制 2. 控制回路 3. 安装方式		台	
对讲电话主机安装	D.14.2	67		项目编码	项目名称	项目特征		计量单位	
				030904014	消防广播及对讲电话主机（柜）	1. 规格、线制 2. 控制回路 3. 安装方式		台	
火灾报警控制微机（CRT）安装	D.15.1	67		项目编码	项目名称	项目特征		计量单位	
				030904015	火灾报警控制微机（CRT）	1. 规格 2. 安装方式		台	
备用电源及电池主机安装	D.16.1	68		项目编码	项目名称	项目特征		计量单位	
				030904016	备用电源及电池主机（柜）	1. 规格 2. 容量 3. 安装方式		套	
报警联动一体机安装（落地式）	D.17.2	69		项目编码	项目名称	项目特征		计量单位	落地式的控制点数从256点以下至5 000点以上
				030904017	报警联动一体机	1. 规格、线制 2. 控制回路 3. 安装方式		台	

（3）火灾自动报警系统调试常用定额项目

火灾自动报警系统涉及调试类的常用定额项目如表 1.3.4 所示。

表1.3.4

表 1.3.4　火灾自动报警系统调试常用定额项目

定额项目	章节编号	定额页码	说明	对应清单				备注
				项目编码	项目名称	项目特征	计量单位	
自动报警系统调试	E.1.1	75	自动报警系统,包括各种探测器、报警器、报警按钮、报警控制器、消防广播、消防电话等组成的报警系统;按不同点数以系统计算	030905001	自动报警系统调试	1.点数 2.线制	系统	重庆市定额将广播和电话列入防火控制装置调试
水灭火控制装置调试	E.2.1	76	水灭火控制装置,自动喷洒系统按水流指示器数量以点(支路)计算;消火栓系统按消火栓启泵按钮数量以点计算;消防水炮系统按水炮数量以点计算	030905002	水灭火控制装置调试	系统形式	点	
防火控制装置调试	E.3.1	77	防火控制装置,包括电动防火门、防火卷帘门、正压送风阀、排烟阀、防火控制阀、消防电梯等防火控制装置。电动防火门、防火卷帘门、正压送风阀、排烟阀、防火控制阀调试以个计算;消防电梯以部计算	030905003	防火控制装置调试	1.名称 2.类型	个(部)	重庆市定额增加了项目
气体灭火系统装置调试	E.4.1	79	气体灭火系统调试,是由七氟丙烷、IG541、二氧化碳等组成的灭火系统,按气体灭火装置的瓶头阀以点数计算	030905004	气体灭火系统装置调试	1.试验容器规格 2.气体试喷	点	

（4）火灾自动报警系统剔堵槽、沟常用定额项目

火灾自动报警系统剔堵槽、沟常用定额项目如表 1.3.5 所示。

表1.3.5

表 1.3.5　火灾报警系统剔堵槽、沟常用定额项目

定额项目	章节编号	定额页码	图片	对应清单					说明
				项目编码	项目名称	项目特征		计量单位	
砖结构（剔堵槽、沟）	F.3.1	86		030906003	剔堵槽、沟			个/台/m	
混凝土结构（剔堵槽、沟）	F.3.2	86		项目编码	项目名称	项目特征		计量单位	
				030906003	剔堵槽、沟			个/台/m	

5）涉及第四册《电气设备安装工程》的常用定额项目

（1）配管配线常用定额项目

火灾自动报警系统配管配线常用定额项目如表 1.3.6 所示。

表1.3.6

表 1.3.6　火灾自动报警系统配管配线常用定额项目

定额项目	章节编号	定额页码	图片	对应清单				说明
				项目编码	项目名称	项目特征	计量单位	
套接紧定式镀锌钢导管（JDG）敷设	L.1.1	297		030411001	配管	1. 名称 2. 材质 3. 规格 4. 配置形式 5. 接地要求 6. 钢索材质、规格		此定额也适用于 KBG 钢导管
金属软管敷设	L.1.6	328		030411001	配管	1. 名称 2. 材质 3. 规格 4. 配置形式 5. 接地要求 6. 钢索材质、规格		此定额使用须区分不同管长
金属线槽敷设	L.2.2	333		030411002	线槽	1. 名称 2. 材质 3. 规格	m	

续表

定额项目	章节编号	定额页码	图片	对应清单					说明
钢制槽式桥架	L.3.1.1	334		项目编码	项目名称	项目特征		计量单位	
				030411003	桥架	1.名称 2.型号 3.规格 4.材质 5.类型 6.接地方式			
(管内穿线)照明线路单芯导线	L.4.1.1	341		项目编码	项目名称	项目特征		计量单位	
				030411004	配线	1.名称 2.配线形式 3.型号 4.规格 5.材质 6.配线部位 7.配线线制 8.钢索材质、规格		m	
(管内穿线)铜多芯软导线	L.4.1.3	343		项目编码	项目名称	项目特征		计量单位	
				030411004	配线	1.名称 2.配线形式 3.型号 4.规格 5.材质 6.配线部位 7.配线线制 8.钢索材质、规格		m	
(线槽配线)铜单芯导线	L.4.7.1	354		项目编码	项目名称	项目特征		计量单位	
				030411004	配线	1.名称 2.配线形式 3.型号 4.规格 5.材质 6.配线部位 7.配线线制 8.钢索材质、规格		m	

定额项目	章节编号	定额页码	图片	对应清单					说明
（线槽配线）铜多芯软导线	L.4.7.2	355		项目编码	项目名称	项目特征		计量单位	
				030411004	配线	1. 名称 2. 配线形式 3. 型号 4. 规格 5. 材质 6. 配线部位 7. 配线线制 8. 钢索材质、规格		m	
接线箱（明装）	L.5	362		项目编码	项目名称	项目特征		计量单位	
				030411005	接线箱	1. 名称 2. 材质 3. 规格 4. 安装形式		个	
				030411006	接线盒				
接线箱（暗装）	L.5	363		项目编码	项目名称	项目特征		计量单位	
				030411005	接线箱	1. 名称 2. 材质 3. 规格 4. 安装形式		个	
				030411006	接线盒				
接线盒	L.6	363		项目编码	项目名称	项目特征		计量单位	
				030411005	接线箱	1. 名称 2. 材质 3. 规格 4. 安装形式		个	
				030411006	接线盒				

（2）附属工程（支架）常用定额项目

火灾自动报警系统附属工程（支架）常用定额项目如表 1.3.7 所示。

表1.3.7

表 1.3.7　火灾自动报警系统附属工程（支架）常用定额项目

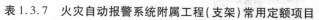

定额项目	章节编号	定额页码	图片	对应清单				说明
（桥架）支架制作与安装	N.1.2	425		项目编码	项目名称	项目特征	计量单位	电缆桥架支撑架制作与安装适用于电缆桥架立柱、托臂现场制作与安装,如果生产厂家成套供应时只计算安装费
				030413001	铁构件	1. 名称 2. 材质 3. 规格	kg	

续表

定额项目	章节编号	定额页码	图片	对应清单				说明
（支架）铁构件制作与安装	N.1.3	426		项目编码	项目名称	项目特征	计量单位	适用于本册范围内除电缆桥架支撑架以外的各种支架和铁构件的制作与安装
				030413001	铁构件	1.名称 2.材质 3.规格	kg	

（3）控制电缆和防火封堵常用定额项目

火灾自动报警系统控制电缆和防火封堵常用定额项目如表 1.3.8 所示。

表 1.3.8　火灾自动报警系统控制电缆和防火封堵常用定额项目　表1.3.8

定额项目	章节编号	定额页码	图片	对应清单				说明
控制电缆敷设	H.2.1	211		项目编码	项目名称	项目特征	计量单位	需要区分平面敷设和竖直通道敷设立项。但是，当在单段高度小于 3.6 m 竖井内时，仅按照平面电缆子目计算
				030408001	电力电缆	1.名称 2.型号 3.规格 4.材质		
				030408002	控制电缆	5.敷设方式、部位 6.电压等级(kV) 7.地形		
控制电缆头制作安装	H.6.1	235		项目编码	项目名称	项目特征	计量单位	按照一根电缆两个终端头计算
				030408007	控制电缆头	1.名称 2.型号 3.规格 4.材质、类型 5.安装方式	个	
防火包安装	H.8	237		项目编码	项目名称	项目特征	计量单位	
				030408008	防火堵洞	1.名称 2.材质 3.方式 4.部位	处	
				030408009	防火隔板		m²	
				030408010	防火涂料		kg	

续表

定额项目	章节编号	定额页码	图片	对应清单					说明
				项目编码	项目名称	项目特征		计量单位	
防火堵料安装	H.9	237		030408008	防火堵洞	1.名称 2.材质 3.方式 4.部位		处	
				030408009	防火隔板			m²	
				030408010	防火涂料			kg	
				项目编码	项目名称	项目特征		计量单位	
防火隔板	H.10.1	238		030408008	防火堵洞	1.名称 2.材质 3.方式 4.部位		处	
				030408009	防火隔板			m²	
				030408010	防火涂料			kg	
				项目编码	项目名称	项目特征		计量单位	
防火涂料	H.13.1	239		030408008	防火堵洞	1.名称 2.材质 3.方式 4.部位		处	
				030408009	防火隔板			m²	
				030408010	防火涂料			kg	

6)涉及第十一册《刷油、防腐蚀、绝热安装工程》防腐蚀常用定额项目

火灾自动报警系统铁构件(支架)防腐蚀常用定额项目如表1.3.9所示。

表1.3.9

表1.3.9 火灾自动报警系统铁构件(支架)防腐蚀常用定额项目

定额项目	章节编号	定额页码	图片	对应清单				说明
				项目编码	项目名称	项目特征	计量单位	
(手工除锈)一般钢结构	A.1.3	10		030413001	铁构件	1.名称 2.材质 3.规格	kg	清单项目包含在铁构件中
(一般钢结构)防锈漆	B.3.1.2	40		030413001	铁构件	1.名称 2.材质 3.规格	kg	清单项目包含在铁构件中
(一般钢结构)调和漆	B.3.1.6	42		030413001	铁构件	1.名称 2.材质 3.规格	kg	清单项目包含在铁构件中

1.3.3　第九册《消防安装工程》计价定额册、章、计算规则的说明

1)册说明的主要内容

《重庆市通用安装工程计价定额》(CQAZDE—2018)第九册《消防安装工程》册说明的主要内容如下。

册说明

一、第九册《消防安装工程》(以下简称"本册定额")适用于一般工业与民用建筑项目中的消防工程。

二、本册定额不包括下列内容:

1.阀门、消防水箱、套管,按第十册《给排水、采暖、燃气安装工程》相应定额子目执行。

2.各种消防泵、稳压泵安装,按第一册《机械设备安装工程》相应定额子目执行。

3.不锈钢管、铜管管道安装,按第八册《工业管道安装工程》相应定额子目执行。

4.刷油、防腐蚀、绝热工程,按第十一册《刷油、防腐蚀、绝热安装工程》相应定额子目执行。

5.电缆敷设、桥架安装、配管配线、接线盒、电动机检查接线、防雷接地装置安装,按第四册《电气设备安装工程》相应定额子目执行。

6.各种仪表的安装及带电信号的阀门、水流指示器、压力开关、驱动装置及泄漏报警开关的接线、校线,按第六册《自动化控制仪表安装工程》相应定额子目执行。

7.本定额凡涉及管沟、基坑及井类的土方开挖、回填、运输、垫层、基础、砌筑、地沟盖板预制安装、路面开挖及修复、管道混凝土支墩的项目,按《重庆市房屋建筑与装饰工程计价定额》相应定额子目执行。

三、下列费用可按系数分别计取:

1.脚手架搭拆费按人工费的5%计算,其中人工工资占35%。

2.操作高度增加费:本册定额操作高度,均按5 m以下编制;安装高度超过5 m时,超过部分工程量按定额人工费乘以下表系数。

标高(m以内)	10	30
超高系数	1.1	1.2

3.超高增加费:指高度在6层或20 m以上的工业与民用建筑物上进行安装时增加的费用,按下表计算,其中人工工资占65%。

建筑物檐高(m以内)	40	60	80	100	120	140	160	180	200
建筑层数(层)	≤12	≤18	≤24	≤30	≤36	≤42	≤48	≤54	≤60
按人工费的百分比(%)	1.83	4.56	8.21	12.78	18.25	23.73	29.20	34.68	40.15

4.在地下室内(含地下车库)、净高小于1.06 m楼层、断面小于4 m² 且大于2 m² 的隧道或洞内进行安装的工程,定额人工费乘以系数1.12。

5.在管井内、竖井内、断面小于或等于2 m² 隧道或洞内、封闭吊顶天棚内进行安装的工程,定额人工费乘以系数1.15。

6.安装与生产同时进行时,按照定额人工费的10%计算。

2)"D 火灾自动报警系统"章说明和计算规则的主要内容

《重庆市通用安装工程计价定额》(CQAZDE—2018)第九册"D 火灾自动报警系统"章说明和计算规则的主要内容如下。

说明

一、本章内容包括点型探测器、线型探测器、按钮、消防警铃、声光报警器、空气采样型探测器、消防报警电话插孔(电话)、消防广播(扬声器)、消防专用模块(模块箱)、区域报警控制箱、联动控制箱、远程控制箱(柜)、火灾报警系统控制主机、联动控制主机、消防广播及电话主机(柜)、火灾报警控制微机、备用电源及电池主机柜、报警联动控制一体机的安装工程。

二、本章适用于一般工业和民用建(构)筑物设置的火灾自动报警系统的安装。

三、本章均包括以下工作内容:

1.设备和箱、机及元件的搬运,开箱检查,清点,杂物回收,安装就位,接地,密封,箱、机内的校线、接线、压接端头、编码、测试、清洗、记录整理等。

2.本体测试。

3.探测器安装包括探头和底座的安装及本体调试。

四、本章不包括以下工作内容,发生时按《重庆市通用安装工程计价定额》相应册定额子目执行。

1.设备支架、底座、基础的制作安装。

2.构件加工、制作。

3.事故照明及疏散指示控制装置安装。

4.消防系统应用软件开发。

5.火警119直拨外线电话。

五、有关说明

1.安装定额中箱、机是按成套装置编制;柜式及琴台式按落地式安装相应定额子目执行。

2.闪灯安装,按声光报警器相应定额子目执行。

3.线型探测器安装的安装方式按环绕、正弦及直线综合考虑,安装时不分线制及保护形式均执行此定额子目。

4.按钮包括手动报警按钮、气体灭火启/停按钮、消火栓报警按钮,执行时不得因安装方式不同而调整。

5.控制模块依据其给出控制信号的数量,分为单输入、多输入,单输出、多输出,单输入单输出、多输入多输出形式,执行时不得因安装方式不同而调整。

6.区域报警控制箱安装中"点"是指区域报警控制箱所带的有地址编码的报警器件的数量。

联动控制器安装中"点"是指联动控制器所带的控制模块的数量。

火灾报警控制主机安装中"点"是指火灾报警控制主机所带的有地址编码的报警器件的数量。

联动控制主机安装中"点"是指联动控制主机所带的控制模块(接口)的数量。

报警联动一体机安装中"点"是指报警联动一体机所带的有地址编码的报警器件与控制模块(接口)的数量。

7.电气火灾监控系统有关说明:

(1)报警控制器安装,区分点数按火灾自动报警控制器安装相应定额子目执行。

(2)探测器模块安装,按输入回路数量执行多输入模块安装定额子目执行。

(3)剩余电流互感器安装,按第四册《电气设备安装工程》相应定额子目执行。

(4)温度传感器安装,按线性探测器安装定额子目执行。

工程量计算规则

一、火灾报警系统,按设计图示数量计算。

二、点型探测器,按设计图示数量以"只"计算。

三、线型探测器安装,按设计图示长度以"m"计算。

四、按钮安装,按设计图示数量以"只"计算。

五、控制模块安装,按设计图示数量以"只"计算。

六、区域报警控制箱安装,区分安装方式及"点"数的不同,按设计图示数量以"台"计算。

七、联动控制器安装,区分安装方式及"点"数的不同,按设计图示数量以"台"计算。

区分安装方式及"点"数不同,以"台"计算

八、火灾报警控制主机安装,区分安装方式及"点"数的不同,按设计图示数量以"台"计算。

九、联动控制主机安装,区分安装方式及"点"数的不同,按设计图示数量以"台"计算。

十、报警联动一体机安装,区分安装方式及"点"数的不同,按设计图示数量以"台"计算。

十一、重复显示器(楼层显示器)安装,按设计图示数量以"台"计算。

十二、远程控制箱安装,区分控制回路数,按设计图示数量以"台"计算。

十三、消防广播主机安装,按设计图示数量以"台"计算。

十四、消防通信系统中的对讲电话主机安装,区分话机数量,按设计图示数量以"台"计算。

3)"E 消防系统调试"章说明和计算规则的主要内容

《重庆市通用安装工程计价定额》(CQAZDE—2018)第九册"E 消防系统调试"章说明和计算规则的主要内容如下。

说明

一、本章内容包括自动报警系统调试、水灭火控制装置调试、防火控制装置联动调试、气体灭火系统装置调试工程。

二、本章适用于一般工业与民用建筑项目中的消防工程系统调试。

三、有关说明:

1. 系统调试是指消防报警和灭火系统安装完毕且连通,并达到国家有关消防施工验收规范、标准,进行的全系统检测、调整和试验。

2. 定额中不包括气体灭火系统调试试验时采取的安全措施,如发生应另行计算。

3. 自动报警系统装置包括各种探测器、手动报警按钮和报警控制器;灭火系统控制装置包括消火栓、自动喷水、七氟丙烷、二氧化碳等固定灭火系统的控制装置。

4. 切断非消防电源的点数以执行切除非消防电源的模块数量确定点数。

5. 气体灭火系统调试,是由七氟丙烷、IG541、二氧化碳等组成的灭火系统。

6. 电气火灾监控系统调试,按自动报警系统调试执行相应定额子目。

工程量计算规则

一、自动报警系统调试,区分不同点数,按设计图示数量以"系统"计算。

二、自动喷水灭火系统调试,按水流指示器数量以"点(支路)"计算。

三、消火栓灭火系统调试,按消火栓报警按钮数量以"点"计算。

四、消防水炮控制装置系统调试,按水炮数量以"点"计算。

五、火灾事故广播、消防通信系统调试,按消防广播喇叭及音箱、电话插孔和消防通信的电话分机,按设计图示数量分别以"只"或"部"计算。

六、防火控制装置调试,按设计图示数量以"点"计算。

七、气体灭火系统装置调试区分调试、检验和验收所消耗的试验容量总数计算。

八、电气火灾监控系统调试,区分模块点数,按设计图示数量以"系统"计算。

1.3.4 第四册《电气设备安装工程》计价定额册、章、计算规则的说明

1)册说明的主要内容

《重庆市通用安装工程计价定额》(CQAZDE—2018)第四册《电气设备安装工程》册说明的主要内容如下。

册说明

一、第四册《电气设备安装工程》(以下简称"本册定额")适用于工业与民用电压等级小于或等于10 kV变配电设备及线路安装、车间动力电气设备及电气照明器具、防雷及接地装置安装、配管配线、电气调整试验等安装工程。包括变压器、配电装置、母线、控制设备及低压电器、蓄电池、电机检查接线及调试、电缆、防雷接地装置、10 kV以下架空配电线路、配管、配线、照明器具、附属工程、起重设备电气装置等安装及电气调整试验内容。

二、本册定额除各章另有说明外,均包括下列工程内容:

施工准备、设备与器材及工器具的场内运输、开箱检查、安装、设备单体调整试验、收尾清理、配合质量检验、不同工种间交叉配合、临时移动水源与电源等工作内容。

三、本册定额不包括下列内容:

1.电压等级大于10 kV的配电、输电、用电设备及装置安装。工程应用时,应按电力行业相关定额子目执行。

2.电气设备及装置配合机械设备进行单体试运和联合试运工作内容。发电、输电、配电、用电分系统调试、整套启动调试、特殊项目测试与性能验收试验应单独按本册第P章相应定额子目执行。

(1)单体调试是指设备或装置安装完成未与系统连接时,根据设备安装施工交接验收规范,为确认其是否符合产品出厂标准和满足实际使用条件而进行的单机试运或单体调试工作。单体调试项目的界限是设备没有与系统连接,设备和系统断开时的单独调试。

(2)分系统调试是指工程的各系统在设备单机试运或单体调试合格后,为使系统达到整套启动所必须具备的条件而进行的调试工作,它是设备和系统连接在一起进行的调试,分系统调试项目的界限是设备与系统连接。

(3)整套启动调试是指工程各系统调试合格后,根据启动试运规程、规范,在工程投料试运行前以及试运行期间,对工程整套工艺运行生产以及全部安装结果的验证、检验所进行的调试,它是系统与系统连接在一起进行的调试。整套启动调试项目的界限是工程各系统间连接。

四、下列费用可按系数分别计取:

1.脚手架搭拆费(不包括第P章"电气调整试验"中的人工费,不包括装饰灯具安装工程中的人工费)按定额人工费的5%计算,其费用中人工费占35%。电压等级小于或等于10 kV架空配电线路工程、直埋敷设电缆工程、路灯工程不单独计算脚手架费用。

---

2. 操作高度增加费:安装高度距离楼面或地面大于5 m时,超过部分工程量按定额人工费乘以系数1.1计算(已经考虑了超高因素的定额项目除外,如小区路灯、投光灯、氙气灯、烟囱或水塔指示灯、装饰灯具、避雷针),电压等级小于或等于10 kV架空配电线路工程不执行本条规定。

3. 建筑物超高增加费:指在建筑物层数大于6层或建筑物高度大于20 m以上的工业与民用建筑物上进行安装时,按下表计算。建筑物超高增加的费用中,人工费占65%。

建筑物高度(m)	≤40	≤60	≤80	≤100	≤120	≤140	≤160	≤180	≤200
建筑层数(层)	≤12	≤18	≤24	≤30	≤36	≤42	≤48	≤54	≤60
按人工费的百分比(%)	1.83	4.56	8.21	12.78	18.25	23.73	29.20	34.68	40.15

4. 在地下室内(含地下车库)、净高小于1.6 m楼层、断面小于4 m² 且大于2 m² 的洞内进行安装的工程,定额人工费乘以系数1.08。

5. 在管井内、竖井内、断面小于或等于2 m² 隧道或洞内、已封闭吊顶内进行安装的工程(竖井内敷设电缆项目除外),定额人工费乘以系数1.15。

6. 安装与生产同时进行时增加的费用,按定额人工费的10%计算。

五、本册定额中安装所用螺栓是按照厂家配套供应考虑,定额中不包括安装所用螺栓的费用。如果工程实际由安装单位采购配置安装所用螺栓时,根据实际安装所用螺栓用量加3%损耗率来计算螺栓费用。现场加工制作的金属构件定额中,螺栓按照未计价材料考虑,其中包括安装用的螺栓。

2)"H电缆安装"章说明和计算规则的主要内容

《重庆市通用安装工程计价定额》(CQAZDE—2018)第四册"H电缆安装"章说明和计算规则的主要内容如下。

说明

一、本章内容包括电力电缆敷设,控制电缆敷设,电缆保护管,铺砂、盖保护板(砖),电力电缆终端头制作安装,控制电缆头制作安装,阻燃槽盒安装,电缆防火设施安装等。

二、有关说明:

1. 电缆保护管铺设定额分为地下铺设、地上铺设两个部分。入室后需要敷设电缆保护管时,按本册L章相应定额子目执行。

(1)地下铺设不分人工或机械铺设,不分铺设深度,均执行定额,不作调整。

(2)地下顶管、拉管定额不包括入口、出口施工,应根据施工措施方案另行计算。

(3)地上铺设保护管定额不分角度与方向,综合考虑了不同壁厚与长度,执行定额时不作调整。

(4)多孔梅花管安装参照塑料管相应定额子目按公称外径执行。

(5)多孔排管敷设按相应管道定额子目乘以下表系数:

排管孔数	6孔以下	12孔以下	30孔以下	48孔以下
人工系数	0.95	0.88	0.82	0.78

2. 电力电缆敷设定额包括输电电力敷设与配电电缆敷设项目,根据敷设环境按相应定额执行,定额综合了裸包电缆、铠装电缆、屏蔽电缆等电缆类型,凡是电压等级小于或等于10 kV电力电缆和控制电缆敷设,不分结构形式和型号,均按相应的电缆截面和芯数定额执行。

（1）输电电力电缆敷设环境分为直埋式、电缆沟（隧）道内、排管内、街码金具上。输电电力电缆起点为电源点或变（配）电站，终点为用户端配电站。

（2）配电电力电缆敷设环境分为室内、竖井通道内。配电电力电缆起点为用户端配电站，终点为用电设备。室内敷设电力电缆定额综合考虑了用户区内室外电缆沟、室内电缆沟、室内桥架、室内支架、室内线槽、室内管道等不同环境敷设，执行定额时不作调整。

（3）预制分支电缆、控制电缆敷设定额综合考虑了不同的敷设环境，执行定额时不作调整。

（4）本定额编制的矿物绝缘电缆适用于刚性矿物绝缘电缆，柔性矿物绝缘电力电缆根据电缆敷设环境与电缆截面，按相应的电力电缆敷设定额执行。

（5）竖井通道内敷设电缆定额适用于高度大于3.6 m的竖井，且采用电缆卡子固定明敷在竖井井壁的电缆敷设方式。在单段高度小于3.6 m的竖井内敷设电缆时，应按室内敷设电缆相应定额执行。

（6）电缆敷设定额中综合考虑了电缆布放费用，当电缆布放穿过大于20 m的垂直高度时，需要计算电缆布放增加费。电缆布放增加费按照垂直电缆长度计算工程量，按竖井通道内敷设电缆相应子目的定额人工和机械乘以系数0.3计算。

（7）预制分支电缆敷设定额中，包括电缆吊具（吊具主材按实计算）、每个长度小于或等于10 m分支电缆安装；不包括分支电缆的终端头制作安装，应根据设计图示数量与规格按相应的电缆接头定额子目执行。每个长度大于10 m以上的分支电缆长度，应根据超出的数量与规格及敷设的环境按相应的电缆敷设定额子目执行。

3.电缆在一般山地、丘陵地区敷设时，其定额人工乘以系数1.3。该地段施工所需的额外材料（如固定桩、夹具等），应根据施工组织设计另行计算。

4.电力电缆敷设定额是按照三芯（包括三芯连地）编制的，电缆每增加一芯，相应定额增加15%，单芯电力电缆敷设按照同截面电缆敷设定额乘以系数0.7，两芯电缆按照三芯电缆定额执行。截面积400 m² 以上至800 m² 的单芯电力电缆敷设，按照400 m² 电力电缆敷设定额乘以系数1.35。截面积800 m² 以上至1 600 m² 的单芯电力电缆敷设，按照400 m² 电力电缆敷设定额乘以系数1.85。

5.电缆敷设需要钢索及拉紧装置安装时，按本册相应定额子目执行。

6.电缆头制作安装定额中包括镀锡裸铜线、扎索管、接线端子、压接管、螺栓等消耗性材料。定额不包括终端盒、中间盒、保护盒、插接式成品头、铅套管主材及支架安装。

7.双屏蔽电缆头制作安装按相应定额人工乘以系数1.05执行。若接线端子为异形端子，需要单独加工时，应另行计算加工费。

8.电缆防火设施安装不分规格、材质，执行定额时安装费不作调整。

9.电缆敷设定额中不包括支架制作与安装，工程实际发生时，按本册相应定额子目执行。

10.铝合金电缆敷设根据规格按相应的铝芯电缆敷设定额执行。

11.电缆沟盖板采用金属盖板时，根据设计图纸分工按相应定额子目执行。属于电气安装专业设计范围的电缆沟金属盖板制作与安装，按本册第N章相应定额乘以系数0.6执行。

工程量计算规则

一、直埋电缆沟槽挖填根据电缆敷设路径，按设计要求计算沟槽开挖工程量。当设计无具体规定时，按照下表规定计算。沟槽开挖长度按照电缆敷设路径长度计算。

项目	电缆根数	
	1~2	每增一根
每米沟场挖方量(m²)	0.45	0.153

注:1.两根以内的电缆沟,系按上口宽度600 mm、下口宽度400 mm、深度900 mm计算的常规土方量(深度按规范的最低标准)。

2.每增加一根电缆,其宽度增加170 mm。

3.以上土方量系按埋深从自然地坪起算,如涉及埋深超过900 mm时,多挖的土方量应另行计算。

4.挖淤泥、流砂,按照本表数量乘以系数1.5。

二、电缆沟揭、盖、移动盖板根据施工组织设计,以揭一次与盖一次或者移出一次与移回一次为计算基础,按照实际揭与盖或移出与移回的次数乘以其长度计算。

三、电缆保护管铺设根据电缆敷设路径,应区别不同敷设方式、敷设位置、管材材质、规格,按照设计图示长度计算。计算电缆保护管长度时,设计无规定者按以下规定增加保护管长度:

(1)横穿马路时,按照路基宽度两端各增加2 m。

(2)保护管需要出地面时,弯头管口距地面增加2 m。

(3)穿过建(构)筑物外墙时,从基础外缘起增加1 m。

(4)穿过沟(隧)道时,从沟(隧)道壁外缘起增加1 m。

四、电缆保护管地下敷设,其土石方量施工有设计图纸的,按施工图纸计算;无施工图纸的,沟深按照0.9 m计算,沟宽按最外边的保护管边缘每边各增加0.3 m工作面计算。

五、电缆敷设根据电缆敷设环境与规格,按照设计图示长度计算。

1.竖井通道内敷设电缆长度按照电缆敷设在竖井通道的垂直高度计算。

2.预制分支电缆敷设长度按照敷设主电缆长度计算。

3.计算电缆敷设长度时,应考虑因波形敷设、弛度、电缆绕梁(柱)所增加的长度,以及电缆与设备连接、电缆接头等必要的预留长度。预留长度按照设计规定计算,设计无规定时按照下表规定计算。

序号	项目	预留长度(附加)	说明
1	电缆敷设弛度、波形弯度、交叉	2.5%,按电缆全长计算	
2	电缆进入建筑物	2.0 m	规范规定最小值
3	电缆进入沟内或吊架时引上(下)预留	1.5 m	规范规定最小值
4	变电所进线、出线	1.5 m	规范规定最小值
5	电力电缆终端头	1.5 m	检修余量最小值
6	电缆中间接头盒	两端各留2.0 m	检修余量最小值
7	电缆进控制、保护屏及模拟盘等	宽+高	按盘面尺寸
8	高压开关柜及低压配电盘、箱	2.0 m	盘下进出线
9	电缆至电动机	0.5 m	从电机接线盒起算
10	厂用变压器	3.0 m	从地坪起算

续表

序号	项目	预留长度(附加)	说明
11	电缆绕过梁柱等增加长度	按实计算	按被绕物的断面情况计算增加长度
12	电梯电缆与电缆架固定点	每处0.5 m	规范最小值

注:1.电缆附加及预留的长度是电缆敷设长度的组成部分,应计入电缆长度工程量内。

　　2.表中"电缆敷设的附加长度"不适用于矿物绝缘电缆预留长度,矿物绝缘电缆预留长度按厂家定制长度和规格参数执行。

六、电缆头制作与安装,根据电压等级与电缆头形式及电缆截面,按照设计图示单根电缆接头数量以"个"计算。

1.电力电缆与控制电缆均按照一根电缆有两个终端头计算。

2.电力电缆中间头按照设计规定计算;设计未规定的以单根长度400 m为标准,每增加400 m计算一个中间头,增加长度小于400 m时计算一个中间头。

七、电缆防火设施安装根据防火设施的类型及材料,按照设计用量分别以不同计量单位计算工程量。

3)"L配管、配线工程"章说明和计算规则的主要内容

《重庆市通用安装工程计价定额》(CQAZDE—2018)第四册"L配管、配线工程"章说明和计算规则的主要内容如下。

说明

一、本章内容包括套接紧定式镀锌钢导管(JDG)、镀锌钢管、防爆钢管、可挠金属套管、塑料管、金属软管、线槽、桥架、管内穿线、绝缘子配线、线槽配线、塑料护套线明敷设、绝缘导线明敷设、车间配线、母线拉紧装置及钢索拉紧装置制作安装,接线箱安装,接线盒安装等。

二、有关说明:

1.配管定额中钢管材质是按照镀锌钢管考虑的,定额不包括采用焊接钢管刷油漆、刷防火漆或防火涂料、管外壁防腐保护以及接线箱、接线盒、支架制作与安装,工程实际发生时,按相应定额子目执行。

2.工程采用镀锌电线管时,执行镀锌钢管定额计算安装费,镀锌电线管主材费按照镀锌钢管用量另行计算。

3.工程采用扣压式薄壁钢导管(KBG)时,按套接紧定式镀锌钢导管(JDG)定额子目执行。

4.定额中的电工硬质塑料绝缘套管,管材为直管,管子连接采用专用接头连接;电工半硬质塑料绝缘套管为阻燃聚乙烯软管,管材成盘供应,管子连接采用专用接头粘接。

5.定额中可挠金属套管是指普利卡金属管(PULLKA)。可挠金属套管规格见下表。

可挠金属套管规格表

规格	10°	12°	15°	17°	24°	30°	38°	50°	63°	76°	83°	101°
内径(mm)	9.2	11.4	14.1	16.6	23.8	29.3	37.1	49.1	62.6	76.0	81.0	100.2
外径(mm)	13.3	16.1	19.0	21.5	28.8	34.9	42.9	54.9	69.1	82.9	88.1	107.3

6. 配管定额是按照各专业间配合施工考虑的,定额中不包括凿槽、刨沟、凿孔(洞)及恢复等费用。

7. 室外埋设配线管的土石方施工,按相应定额子目执行。

8. 吊顶天棚板内敷设电气配管,根据管材材质,按"砖、混凝土结构明敷"相关定额子目执行。

9. 桥架安装定额包括组对、焊接、桥架开孔、隔板与盖板安装、接地、附件安装、修理等,不包括桥架支撑架安装,定额综合考虑了螺栓、焊接和膨胀螺栓三种固定方式,实际安装与定额不同时不作调整。

(1)梯式桥架安装定额是按照不带盖考虑的,若梯式桥架带盖,则执行相应的槽式桥架定额。

(2)钢制桥架主结构设计厚度大于 3 mm 时,执行相应安装定额,人工、机械乘以系数 1.20。

(3)不锈钢桥架安装执行相应的钢制桥架定额,乘以系数 1.10。

(4)电缆桥架安装定额是按照厂家供应成品安装编制的,若现场需要制作桥架时,应按第 N 章相应定额子目执行。

10. 管内穿线定额包括扫管、穿线、焊接包头;绝缘子配线定额包括埋螺钉、钉木楞、埋穿墙管、安装绝缘子、配线、焊接包头;线槽配线定额包括清扫线槽、布线、焊接包头;导线明敷设定额包括埋穿墙管、安装瓷通、安装街码、上卡子、配线、焊接包头。

11. 照明线路中导线截面积大于 6 mm² 时,按动力线路穿线相关定额子目执行。

12. 车间配线定额包括支架安装、绝缘子安装、母线平直与连接及架设、刷分相漆,不包括母线伸缩器制作与安装。

13. 接线箱、接线盒安装定额适用于电压等级小于或等于 380 V 电压等级用电系统。定额不包括接线箱、接线盒本体费用。暗装接线箱、接线盒定额中槽孔按照事先预留考虑,定额不包括人工打槽孔的费用。

14. 灯具、开关、插座、按钮等预留线,已分别综合在相应项目内,不另行计算。

工程量计算规则

一、配管敷设根据配管材质与直径,区别敷设位置、敷设方式,按设计图示长度计算。计算长度时,不计算安装损耗量,不扣除管路中间的接线箱、接线盒、灯头盒、开关盒、插座盒、管件等所占长度。

二、金属软管敷设根据金属软管直径,按设计图示长度计算。计算长度时,不计算安装损耗量。

三、线槽敷设根据线槽材质及规格,按设计图示长度计算。计算长度时,不计算安装损耗量,不扣除管路中间的接线箱、接线盒、灯头盒、开关盒、插座盒、管件等所占长度。

四、电缆桥架安装根据桥架材质与规格,按设计图示长度计算。

五、组合式桥架安装按设计图示数量以"片"计算;复合支架安装按设计图示数量以"副"计算。

六、管内穿线根据导线材质与截面积,区别照明线与动力线,按设计图示长度计算;管内穿多芯软导线根据软导线芯数与单芯软导线截面积,按设计图示长度计算。管内穿线的线路分支接头线长度已综合考虑在定额中,不得另行计算。

七、绝缘子配线根据导线截面积,区别绝缘子形式、绝缘子配线位置,按设计图示长度计算。当绝缘子暗配时,计算引下线工程量,其长度从线路支持点计算至天棚下缘距离。

八、线槽配线根据导线截面积按设计图示长度计算。

九、塑料护套线明敷设根据导线芯数与单芯导线截面积,区别导线敷设位置,按设计图示长度计算。

十、绝缘导线明敷设根据导线截面积,按设计图示长度计算。

十一、车间带形母线安装根据母线材质与截面积,区别母线安装位置,按设计图示长度计算。

十二、车间配线钢索架设区别圆钢、钢索直径,按设计图示长度计算,不扣除拉紧装置所占长度。

十三、车间配线母线与钢索拉紧装置制作与安装,根据母线截面积、索具螺栓直径,按设计图示数量以"套"计算。

十四、接线箱安装根据安装形式及接线箱半周长,按设计图示数量以"个"计算。

十五、接线盒安装根据安装形式及接线盒类型,按设计图示数量以"个"计算。

十六、盘、柜、箱、板配线根据导线截面积,按设计图示配线长度计算。配线进入盘、柜、箱、板时,每根线的预留长度按照设计规定计算,设计无规定时按照下表规定计算。

配线进入盘、柜、箱、板的预留线长度表

序号	项目	预留长度	说明
1	各种开关箱、柜、板	高+宽	盘面尺寸
2	单独安装(无箱、盘)的铁壳开关、闸刀开关、启动器、母线槽进出线盒等	0.3 m	以安装对象中心算起
3	由地面管子出口引至动力接线箱	1 m	以管口计算
4	电源与管内导线连接(管内穿线与软、硬母线接头)	1.5 m	以管口计算
5	出户线	1.5 m	以管口计算

4)"N附属工程"章说明和计算规则的主要内容

《重庆市通用安装工程计价定额》(CQAZDE—2018)第四册"N附属工程"章说明和计算规则的主要内容如下。

说明

一、本章内容包括基础槽钢或角钢、电缆桥架支撑架、铁构件、金属箱与盒、金属围网、金属网门、穿墙板的制作与安装等。

二、有关说明:

1.电缆桥架支撑架制作与安装适用于电缆桥架的立柱、托臂现场制作与安装,如果生产厂家成套供货,只计算安装费。

2.铁构件制作与安装定额适用于本册范围内除电缆桥架支撑架以外的各种支架、构件的制作与安装。

3.铁构件制作定额不包括镀锌、镀锡、镀铬、喷塑、除锈、刷油等其他金属防护费用,工程实际发生时,按相应定额子目另行计算。

4.轻型铁构件是指铁构件的主体结构厚度小于或等于3 mm的铁构件,单件质量大于100 kg的铁构件安装,按《静置设备与工艺金属结构制作安装工程》相应定额子目执行。

5.穿墙板制作与安装定额综合考虑了板的规格与安装高度,执行定额时不作调整。定额中不包括电木板、环氧树脂板的主材,应按照安装用量加损耗量另行计算主材费。

6.金属围网、网门制作与安装定额包括网或门的边柱、立柱制作与安装。

7.管道包封、人(手)孔砌筑及防水按照其他专业定额相应定额子目执行。

8.凿槽、打洞按照第九册《消防安装工程》中的相应定额子目执行。

工程量计算规则

一、基础槽钢、角钢制作与安装,根据设备布置,按设计图示长度计算。

二、电缆桥架支撑架制作与安装,按设计图示安装成品质量以"t"计算;铁构件的制作与安装,按设计图示质量以"kg"计算。计算质量时,计算制作螺栓及连接件质量,不计算制作与安装损耗量、焊条质量。

三、金属箱、盒制作,按设计图示成品质量以"kg"计算。计算质量时,计算制作螺栓及连接件质量,不计算制作损耗量、焊条质量。

四、穿墙板制作与安装,根据工艺布置和穿墙板材质,按设计图示数量以"块"计算。

五、围网、网门制作与安装,根据工艺布置,按设计图示数量以"m²"计算。计算面积时,围网长度按照中心线计算,围网高度按照实际高度计算,不计算围网底至地面的高度。

1.3.5 火灾自动报警系统清单计价理论

1)火灾自动报警系统清单计价规范

火灾自动报警系统清单计价采用的是《通用安装工程工程量计算规范》(GB 50856—2013)附录J"消防工程"、附录D"电气设备安装工程"、附录M"刷油、防腐蚀、绝热工程"等相关清单项目。

2)火灾自动报警系统设备的清单项目

《通用安装工程工程量计算规范》(GB 50856—2013)中,火灾自动报警系统设备工程量清单项目设置、项目特征描述的内容、计量单位及工程量计算规则,应按表1.3.10的规定执行,表中内容摘自该规范第126和127页。

表 1.3.10   **火灾自动报警系统设备的清单项目**（编码 030904）

项目编码	项目名称	项目特征	计量单位	工程量计算规则	工作内容
030904009	区域报警控制箱	1. 多线制 2. 总线制 3. 安装方式 4. 控制点数量 5. 显示器类型	台	按设计图示数量计算	1. 本体安装 2. 校接线、摇测绝缘电阻 3. 排线、绑扎、导线标识 4. 显示器安装 5. 调试
030904010	联动控制箱				
030904011	远程控制箱（柜）	1. 规格 2. 控制回路			
030904012	火灾报警系统控制主机	1. 规格、线制 2. 控制回路 3. 安装方式			1. 安装 2. 校接线 3. 调试
030904013	联动控制主机				
030904014	消防广播及对讲电话主机（柜）				
030904015	火灾报警控制微机（CRT）	1. 规格 2. 安装方式			1. 安装 2. 调试
030904016	备用电源及电池主机（柜）	1. 名称 2. 容量 3. 安装方式	套		1. 安装 2. 调试
030904017	报警联动一体机	1. 规格、线制 2. 控制回路 3. 安装方式	台		1. 安装 2. 校接线 3. 调试

注:1. 消防报警系统配管、配线、接线盒均应按本规范附录 D 电气设备安装工程相关项目编码列项。

2. 消防广播及对讲电话主机包括功放、录音机、分配器、控制柜等设备。

3. 点型探测器包括火焰、烟感、温感、红外光束、可燃气体探测器等。

3）火灾自动报警系统探测器和模块等的清单项目

《通用安装工程工程量计算规范》（GB 50856—2013）中,火灾自动报警系统探测器和模块等工程量清单项目设置、项目特征描述的内容、计量单位及工程量计算规则,应按表1.3.11的规定执行,表中内容摘自该规范第 125 和 126 页。

表 1.3.11　火灾自动报警系统探测器和模块等的清单项目(编码:030904)

项目编码	项目名称	项目特征	计量单位	工程量计算规则	工作内容
030904001	点型探测器	1. 名称 2. 规格 3. 线制 4. 类型	个	按设计图示数量计算	1. 底座安装 2. 探头安装 3. 校接线 4. 编码 5. 探测器测试
030904002	线型探测器	1. 名称 2. 规格 3. 安装方式	m	按设计图示长度计算	1. 探测器安装 2. 接口模块安装 3. 报警终端安装 4. 校接线
030904003	按钮	1. 名称 2. 规格	个	按设计图示数量计算	1. 安装 2. 校接线 3. 编码 4. 调试
030904004	消防警铃				
030904005	声光报警器				
030904006	消防报警 电话插孔 (电话)	1. 名称 2. 规格 3. 安装方式	个 (部)		
030904007	消防广播 (扬声器)	1. 名称 2. 功率 3. 安装方式	个		
030904008	模块 (模块箱)	1. 名称 2. 规格 3. 类型 4. 输出形式	个 (台)		

4)火灾自动报警系统消防系统调试的清单项目

《通用安装工程工程量计算规范》(GB 50856—2013)中,火灾自动报警系统消防系统调试工程量清单项目设置、项目特征描述的内容、计量单位及工程量计算规则,应按表 1.3.12 的规定执行,表中内容摘自该规范第 127 页。

表 1.3.12　火灾自动报警系统消防系统调试的清单项目(编码:030905)

项目编码	项目名称	项目特征	计量单位	工程量计算规则	工作内容
030905001	自动振警 系统调试	1. 点数 2. 线制	系统	按系统计算	系统调试
030905002	水灭火控制 装置调试	系统形式	点	按控制装置的点数计算	调试
030905003	防火控制 装置测试	1. 名称 2. 类型	个 (部)	按设计图示数量计算	

续表

项目编码	项目名称	项目特征	计量单位	工程量计算规则	工作内容
030905004	气体灭火系统装置调试	1. 试验容器规格 2. 气体试喷	点	按调试、检验和验收所消耗的试验容器总数计算	1. 模拟喷气试验 2. 备用灭火器贮存容器切换操作试验 3. 气体试喷

注:1. 自动报警系统,包括各种探测器、报警器、报警按钮、报警控制器、消防广播、消防电话等组成的报警系统;按不同点数以系统计算。

2. 水灭火控制装置,自动喷洒系统按水流指示器数量以点(支路)计算;消火栓系统按消火栓启泵按钮数量以点计算;消防水炮系统按水炮数量以点计算。

3. 防火控制装置,包括电动防火门、防火卷帘门、正压送风阀、排烟阀、防火控制阀、消防电梯等防火控制装置。电动防火门、防火卷帘门、正压送风阀、排烟阀、防火控制阀等调试以个计算;消防电梯以部计算。

4. 气体灭火系统调试,是由七氟丙烷、IG541、二氧化碳等组成的灭火系统,按气体灭火系统装置的瓶头阀以点计算。

5)附录 J"消防工程"相关问题及说明

《通用安装工程工程量计算规范》(GB 50856—2013)中,附录 J"消防工程"相关问题及说明如下。

J.6 相关问题及说明

J.6.1 管道界限的划分:

1. 喷淋系统水灭火管道:室内外界限应以建筑物外墙皮 1.5 m 为界,入口处设阀门者应以阀门为界;设在高层建筑物内的消防泵间管道应以泵间外墙皮为界。

2. 消火栓管道:给水管道室内外界限划分应以外墙皮 1.5 m 为界,入口处设阀门者应以阀门为界。

3. 与市政给水管道的界限:以与市政给水管道碰头点(井)为界。

J.6.2 消防管道如需进行探伤,应按本规范附录 H 工业管道工程相关项目编码列项。

J.6.3 消防管道上的阀门、管道及设备支架、套管制作安装,应按本规范附录 K 给排水、采暖、燃气工程相关项目编码列项。

J.6.4 本章管道及设备除锈、刷油、保温除注明者外,均应按本规范附录 M 刷油、防腐蚀、绝热工程相关项目编码列项。

J.6.5 消防工程措施项目,应按本规范附录 N 措施项目相关项目编码列项。

6)火灾自动报警系统管线的清单项目

《通用安装工程工程量计算规范》(GB 50856—2013)中,火灾自动报警系统管线工程量清单项目设置、项目特征描述的内容、计量单位及工程量计算规则,应按表 1.3.13 和表 1.3.15 的规定执行,表中内容摘自该规范第 63 至 70 页。

表 1.3.13　火灾自动报警系统管线的清单项目(编码:030411)

项目编码	项目名称	项目特征	计量单位	工程量计算规则	工作内容
030411001	配管	1. 名称 2. 材质 3. 规格 4. 配置形式 5. 接地要求 6. 钢索材质、规格	m	按设计图示尺寸以长度计算	1. 电线管路敷设 2. 钢索架设(拉紧装置安装) 3. 预留沟槽 4. 接地
030411002	线槽	1. 名称 2. 材质 3. 规格			1. 本体安装 2. 补刷(喷)油漆
030411003	桥架	1. 名称 2. 型号 3. 规格 4. 材质 5. 类型 6. 接地方式			1. 本体安装 2. 接地
030411004	配线	1. 名称 2. 配线形式 3. 型号 4. 规格 5. 材质 6. 配线部位 7. 配线线制 8. 钢索材质、规格	m	按设计图示尺寸以单线长度计算(含预留长度)	1. 配线 2. 钢索架设(拉紧装置安装) 3. 支持体(夹板、绝缘子、槽板等)安装
030411005	接线箱	1. 名称 2. 材质 3. 规格 4. 安装形式	个	按设计图示数量计算	本体安装
030411006	接线盒				

注:1. 配管、线槽安装不扣除管路中间的接线箱(盒)、灯头盒、开关盒所占长度。
　　2. 配管名称指电线管、钢管、防爆管、塑料管、软管、波纹管等。
　　3. 配管配置形式指明配、暗配、吊顶内、钢结构支架、钢索配管、埋地敷设、水下敷设、砌筑沟内敷设等。
　　4. 配线名称指管内穿线、瓷夹板配线、塑料夹板配线、绝缘子配线、槽板配线、塑料护套配线、线槽配线、车间带形母线等。
　　5. 配线形式指照明线路,动力线路,木结构,顶棚内,砖、混凝土结构,沿支架、钢索、屋架、梁、柱、墙,以及跨屋架、梁、柱。
　　6. 配线保护管遇到下列情况之一时,应增设管路接线盒和拉线盒:(1)管长度每超过 30 m,无弯曲;(2)管长度每超过 20 m,有 1 个弯曲;(3)管长度每超过 15 m,有 2 个弯曲;(4)管长度每超过 8 m,有 3 个弯曲。垂直敷设的电线保护管遇到下列情况之一时,应增设固定导线用的拉线盒:(1)管内导线截面为 50 mm² 及以下,长度每超过 30 m;(2)管内导线截面为 70~95 mm²,长度每超过 20 m;(3)管内导线截面为 120~240 mm²,长度每超过 18 m。在配管清单项目计量时,设计无要求时上述规定可以作为计量接线盒、拉线盒的依据。
　　7. 配管安装中不包括凿槽、刨沟,应按本规范附录 D.13 相关项目编码列项。
　　8. 配线进入箱、柜、板的预留长度见表 D.15.7-8(见表 1.3.14)。

表 1.3.14 盘、箱、柜的外部进出线预留长度

单位:m/根

序号	项目	预留长度	说明
1	各种箱、柜、盘、板、盒	高+宽	盘面尺寸
2	单独安装的铁壳开关、自动开关、刀开关、启动器、箱式电阻器、变阻器	0.5	从安装对象中心算起
3	继电器、控制开关、信号灯、按钮、熔断器等小电器	0.3	从安装对象中心算起
4	分支接头	0.2	分支线预留

表 1.3.15 附属工程

项目编码	项目名称	项目特征	计量单位	工程量计算规则	工作内容
030413001	铁构件	1. 名称 2. 材质 3. 规格	kg	按设计图示尺寸以质量计算	1. 制作 2. 安装 3. 补刷(喷)油漆
030413002	凿(压)槽	1. 名称 2. 规格 3. 类型 4. 填充(恢复)方式 5. 混凝土标准	m	按设计图示尺寸以长度计算	1. 开槽 2. 恢复处理
030413003	打洞(孔)	1. 名称 2. 规格 3. 类型 4. 填充(恢复)方式 5. 混凝土标准	个	按设计图示数量计算	1. 开孔、洞 2. 恢复处理
030408001	电力电缆	1. 名称 2. 型号 3. 规格 4. 材质 5. 敷设方式、部位 6. 电压等级(kV) 7. 地形	m	按设计图示尺寸以长度计算(含预留长度及附加长度)	1. 电缆敷设 2. 揭(盖)盖板
030408002	控制电缆				
030408003	电缆保护管	1. 名称 2. 材质 3. 规格 4. 敷设方式			保护管敷设
030408004	电缆槽盒	1. 名称 2. 材质 3. 规格 4. 型号		按设计图示尺寸以长度计算	槽盒安装
030408005	铺砂、盖保护板(砖)	1. 种类 2. 规格			1. 铺砂 2. 盖板(砖)

续表

项目编码	项目名称	项目特征	计量单位	工程量计算规则	工作内容
030408006	电力电缆头	1. 名称 2. 型号 3. 规格 4. 材质、类型 5. 安装部位 6. 电压等级(kV)	个	按设计图示数量计算	1. 电力电缆头制作 2. 电力电缆头安装 3. 接地
030408007	控制电缆头	1. 名称 2. 型号 3. 规格 4. 材质、类型 5. 安装方式			
030408008	防火堵洞	1. 名称 2. 材质 3. 方式 4. 部位	处	按设计图示数量计算	安装
030408009	防火隔板		m²	按设计图示尺寸以面积计算	
030408010	防火涂料		kg	按设计图示尺寸以质量计算	
030408011	电缆分支箱	1. 名称 2. 型号 3. 规格 4. 基础形式、材质、规格	台	按设计图示数量计算	1. 本体安装 2. 基础制作、安装

注:1. 铁构件适用于电气工程的各种支架、铁构件的制作安装。
　　2. 电缆穿刺线夹按电缆头编码列项。
　　3. 电缆井、电缆排管、顶管,应按现行国家标准《市政工程工程量计算规范》GB 50857 相关项目编码列项。
　　4. 电缆敷设预留长度及附加长度见表 D.15.7-5(见表 1.3.16)。

表 1.3.16　电缆敷设预留及附加长度

序号	项目	预留(附加)长度	说明
1	电缆敷设弛度、波形弯度、交叉	2.5%	按电缆全长计算
2	电缆进入建筑物	2.0 m	规范规定最小值
3	电缆进入沟内或吊架时引上(下)预留	1.5 m	规范规定最小值
4	变电所进线、出线	1.5 m	规范规定最小值
5	电力电缆终端头	1.5 m	检修余量最小值

续表

序号	项目	预留（附加）长度	说明
6	电缆中间接头盒	两端各留 2.0 m	检修余量最小值
7	电缆进控制、保护屏及模拟盘、配电箱等	高 + 宽	按盘面尺寸
8	高压开关柜及低压配电盘、箱	2.0 m	盘下进出线
9	电缆至电动机	0.5 m	从电动机接线盒算起
10	厂用变压器	3.0 m	从地坪算起
11	电缆绕过梁柱等增加长度	按实计算	按被绕物的断面情况计算增加长度
12	电梯电缆与电缆架固定点	每处 0.5 m	规范规定最小值

习　题

1. 单项选择题

（1）火灾自动报警系统未计价材料的预算单价，采用一般计税法时采用的是（　　）。

A. 工地价　　　　　　B. 不含税工地价　　　　　C. 不含税预算价　　　　　D. 含税预算价

（2）《重庆市通用安装工程计价定额》（CQAZDE—2018）第九册《消防安装工程》规定，带有电话插孔的手动报警按钮，其适用的定额是（　　）。

A. D.6.1 消防报警插孔（电话）安装　　　　　B. D.3.1 按钮安装

C. D.5.1 声光报警器安装　　　　　D. D.8.1 模块（模块箱）安装

（3）《重庆市通用安装工程计价定额》（CQAZDE—2018）第九册《消防安装工程》规定，消防直通电话的定额选择（　　）。

A. D.6.1 消防报警插孔（电话）安装　　　　　B. D.3.1 按钮安装

C. 通信设备安装工程分册的相应定额　　　　　D. 建筑智能化安装分册的相应定额

（4）《重庆市通用安装工程计价定额》（CQAZDE—2018）第九册《消防安装工程》规定，总线隔离模块的定额选择（　　）控制模块安装。

A. 单输入　　　　　　B. 多输入　　　　　　C. 单输出　　　　　　D. 多输出

（5）《重庆市通用安装工程计价定额》（CQAZDE—2018）第九册《消防安装工程》规定，楼层显示器的定额选择（　　）。

A. 区域报警控制箱安装　　　　　B. 联动控制箱安装

C. 远程控制箱安装　　　　　D. 重复显示器

（6）《重庆市通用安装工程计价定额》（CQAZDE—2018）第九册《消防安装工程》规定，自动报警系统调试这个项目包括（　　）。

A. 水流指示器　　B. 消防广播和消防电话等　　C. 消火栓启泵按钮　　D. 排烟阀

（7）《重庆市通用安装工程计价定额》（CQAZDE—2018）第九册《消防安装工程》规定，水灭火控制装置调试这个项目包括( )。

  A. 各种探测器和报警器   B. 消防广播和消防电话等

  C. 消火栓启泵按钮   D. 防火卷帘门

  (8)《重庆市通用安装工程计价定额》(CQAZDE—2018)第九册《消防安装工程》规定,防火控制装置调试这个项目包括( )。

  A. 各种探测器和报警器   B. 消防广播和消防电话等

  C. 消火栓启泵按钮   D. 消防电梯

  (9)《重庆市通用安装工程计价定额》(CQAZDE—2018)第九册《消防安装工程》规定,电气暗敷设管路涉及砖墙上剔槽的项目,其定额选择( )。

  A. 第四册涉及剔堵槽、沟的典型项目   B. 第九册涉及剔堵槽、沟的典型项目

  C. 第十册涉及剔堵槽、沟的典型项目   D. 第十一册涉及剔堵槽、沟的典型项目

  (10)《重庆市通用安装工程计价定额》(CQAZDE—2018)第四册《电气设备安装工程》规定,控制电缆需要区分平面敷设和竖直通道敷设立项;但是当在单段高度小于( )m竖井内时,仅按照平面电缆子目计算。

  A. 8.6   B. 5.6   C. 5.0   D. 3.6

2. 多项选择题

  (1)火灾自动报警系统作为消防工程的一部分,其定额选择会涉及( )。

  A. 消防系统调试定额   B. 火灾自动报警系统设备安装定额

  C. 电气管线的安装定额   D. 防腐绝热的相关定额

  E. 电气调试的定额

  (2)《重庆市通用安装工程计价定额》(CQAZDE—2018)第九册《消防安装工程》规定,消防控制室的主机设备类型有( )。

  A. 区域报警控制箱安装   B. 火灾自动报警系统控制主机(落地式)

  C. 联动控制主机安装(落地式)   D. 报警联动一体机安装(落地式)

  E. 火灾报警控制器

  (3)《重庆市通用安装工程计价定额》(CQAZDE—2018)第四册《电气设备安装工程》规定,电气支架制作与安装的工作内容包括( )。

  A. 手工除轻锈   B. 下料和钻孔

  C. 防锈漆和调和漆   D. 焊接

  E. 接地

  (4)《重庆市通用安装工程计价定额》(CQAZDE—2018)第四册《电气设备安装工程》规定,防火封堵应按照( )项目套用定额。

  A. H.7 阻燃槽盒安装   B. H.8 防火包

  C. H.9 防火堵料安装   D. H.10.1 防火隔板

  E. H.13.1 防火涂料

  (5)《重庆市通用安装工程计价定额》(CQAZDE—2018)第九册《消防安装工程》规定,以下( )按照《重庆市通用安装工程计价定额》(CQAZDE—2018)第四册《电气设备安装工程》中相应项目执行。

A.电缆敷设　　　　　　　　　　　B.水流指示器和压力开关的接线、校线

C.桥架安装　　　　　　　　　　　D.配管配线

E.电动机检查接线

（6）《重庆市通用安装工程计价定额》（CQAZDE—2018）第九册《消防安装工程》规定，以下（　　）不包含在"D 火灾自动报警系统"工作内容中。

A.火灾报警控制器安装　　　　　　B.设备支架、底座、基础的制作安装

C.消防系统应用软件开发　　　　　D.火警 119 直播外线电话

E.火灾应急广播扬声器和火灾警报装置安装

（7）以下（　　）项目是按照《重庆市通用安装工程计价定额》（CQAZDE—2018）第九册《消防安装工程》相应定额子目执行。

A.铁构件制作安装　　　　　　　　B.凿槽

C.电缆桥架支撑架　　　　　　　　D.打洞

E.穿墙板制作与安装

1.4　火灾自动报警系统投标预算书编制

　　本书所称的投标预算书，是指符合编制招标控制价质量标准的"投标基础性预算书"。它是实际投标业务中"决标价"的基础文件。投标预算书的编制由建立预算文件体系和编制投标预算书两大环节构成。清单计价方式使用的主要文件类型是招标工程量清单和投标预算书（或招标控制价），它们均是建立在"预算文件体系"上的。

1.4.1　建立预算文件体系

　　以建设某医院一期工程（一个建设项目）为例，采用已知"招标工程量清单"（见本书配套教学资源包），建立预算文件体系。

1）建立预算文件体系

（1）预算文件体系的概念

　　预算文件体系是指预算文件按照基本建设项目划分的规则，从建设项目起至子分部工程止的构成关系，如表 1.4.1 所示。

表 1.4.1　预算文件体系

项目划分	软件新建工程命名	图示
建设项目	某医院一期工程	

续表

项目划分	软件新建工程命名	图　示
单项工程	某高层医院	
单位工程	建筑安装工程	
分部工程	消防工程	
子分部工程	火灾自动报警系统	

（2）建立预算文件夹

建立预算文件夹是指从建设项目起至完善工程信息止的相应操作流程。首先需要在计算机桌面新建一个相应的投标预算文件夹,具体操作如表1.4.2所示。

表1.4.2　建立预算文件夹

步骤	工作	图标	工具→命令	说明
1	打开软件	Glodon广达 云计价平台 GCCP5.0	广联达计价软件→云计价平台 GCCP5.0	
2	登录	离线使用	登录方式→离线使用	
3	新建招投标项目	新建｜ 新建概算项目 新建招投标项目	新建→新建招投标项目(重庆)	点重庆
4	新建投标项目	投 新建投标项目	新建投标项目→建设项目名称:某医院一期工程	
5	新建单项工程	新建单项工程	新建单项工程→单项工程名称:某高层医院 + 消防工程(√)	

步骤	工作	图标	工具→命令	说明
6	修改单位工程	**工程名称** □ 某医院一期工程 　□ 某高层医院 　　└ 消防工程	修改当前工程→单位工程名称:建筑安装工程	点空白处
7	完善信息	请输入工程信息及特征 □ 某医院一期工程 　□ 某高层医院 　　建筑安装工程	工程信息及特征(全部填写)	
8	编制说明	造价分析　项目信息　取费设置　人材 □ 项目信息　　《　预览 □ 造价一览 □ 编制说明	编制说明→编辑→预览	
9	保存文件	💾 ↩	保存→桌面文件夹/文件名:消防工程(火灾自动报警系统投标)	
10	建立分部工程与子分部工程	**类别**　　　**名称** 　　　　整个项目 部　　消防工程 部　　火灾自动报警系统 项　　自动提示:请输入清单简称	分部工程→子分部工程→消防工程→火灾自动报警系统	

2)广联达计价软件的使用方式

①方式一:离线使用,这是初学者常用的一种方式,选择"离线使用"按钮进入,如图1.4.1所示。

图 1.4.1　离线使用

②方式二:在线使用,其优势体现在可以使用云平台在线资源,选择"登录"按钮进入,如图1.4.2所示。

③新建项目:应依据工作任务的需要确定是建立招标项目或是投标项目,如图1.4.3所示。

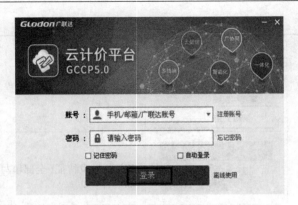

图 1.4.2　在线使用

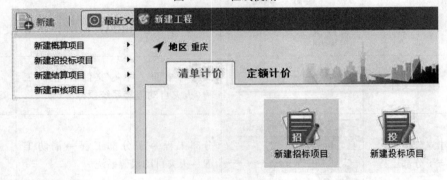

图 1.4.3　新建项目

1.4.2　编制投标预算书

在已经建立的预算文件体系上,以某高层医院(单项工程)为例,采用已知的"招标工程量"清单(见本书配套教学资源包)编制投标预算书(或招标控制价)。

1)投标预算书编制的假设条件

①本工程是一栋 12 层楼的高层建筑,项目所在地是市区;

②承包合同约定人工按市场价 100 元/工日调整;

③设备材料采用承包商全部供应方式,所有的设备均暂不计价,模块箱按 500 元/个(含税市场价)暂估,进项税率按 13% 计算,折算系数为 $1/(1+13\%) \approx 0.885$,其他未计价材料暂不计价;

④暂列金额为 300 000 元(含消防工程检测费),总承包服务费率按 11.32% 选取;

⑤计税方式采用增值税一般计税法。

2)导入工程量数据

导入工程量数据是编制投标预算书的基础工作,具体操作如表 1.4.3 所示。

表 1.4.3　导入工程量数据

步骤	工作	图标	工具→命令	说明
1	选择导入		导入→导入 Excel 文件	
2	导入 Excel 招标文件		导入 Excel 招标文件→打开招标工程量 Excel 文件	
3	识别行		导入 Excel 招标文件→识别行	
4	清空导入		导入 Excel 招标文件→清空导入→导入→结束导入	
5	解除锁定		分部分项→锁定清单（解除）	图像形如已经锁上
6	习惯性保存		分部分项→保存	

3）套用计价定额

套用计价定额是编制投标预算书的基本工作之一,具体操作如表 1.4.4 所示。

表 1.4.4　套用计价定额

步骤	工作	图标	工具→命令	说明
1	复制名称	控制电缆: 阻燃塑料铜芯控制电缆 ZRKVV-7*1.5	分部分项→Ctrl + C↙	
2	选择定额	030408002001　项　定	分部分项→鼠标双击（定）工具栏符号（…）	
3	修改材料	编辑［名称］ 阻燃塑料铜芯控制电缆ZRKVV-7*1.5	未计价材料→编辑［名称］/Ctrl + V↙	
4	逐项重复以上操作步骤			
5	逐项检查工程量表达式	QDL	分部分项→工程量表达式→（定）QDL	此软件必须执行的程序

续表

步骤	工作	图标	工具→命令	说明
6	补充人材机	补充 云存档 清单 子目 **人材机**	补充→人材机→类别→插入	区分设备与未计价材料
7	不同计量单位的换算	单位 工程量表达式 含量 处 13 t QDL*0.005 0.005	分部分项→含量/0.005	换算系数:0.005t/处
8	操作高度增加项目人工调整	标准换算	分部分项→(超高项目)标准换算→人工→(调整)系数	
9	竖井或地下层项目调整系数	标准换算	分部分项→调价→换算内容"√"	项目必须单列

4)各项费用计取

各项费用计取既包括计价定额规定的综合系数,也包括费用定额规定的取费,具体操作如表1.4.5所示。

表1.4.5　各项费用计取

步骤	工作	图标	工具→命令	说明
1	计取安装费用	锁定清单 安装费用 ▾ 计取安装费用	措施项目→安装费用→计取安装费用	
2	统一设置安装费用	统一设置安装费用	措施项目→统一设置安装费用→脚手架搭拆费+建筑物超高增加费"√"	
3	暂列金额	其他项目 暂列金额	其他项目→暂列金额	录入
4	总承包服务费	其他项目 暂列金额 专业工程暂估价 计日工费用 总承包服务费	其他项目→总承包服务费	选择

5）人材机调价

人材机调价主要是针对人工单价调整和计取设备单价、未计价材料单价，具体操作如表1.4.6所示。

表1.4.6　人材机调价

步骤	工作	图标	工具→命令	说明
1	调整人工	所有人材机 人工表	人材机汇总→人工表→市场价	
2	计入设备预算价	所有人材机 人工表 材料表 机械表 设备表	人材机汇总→设备表→出厂价→采保费率	
3	计入主材预算价	所有人材机 人工表 材料表 机械表 设备表 主材表	人材机汇总→主材表→出厂价→采保费率	
4	含税价调整1	调整市场价系数	人材机汇总→调整市场价系数	
5	含税价调整2	设置系数 该功能针对所有选中行进行调整 市场价调整系数：0.885	设置系数→市场价调整系数	现行增值税率13%，折算系数为0.885
6	插入二次搬运费栏	插入	费用汇总→5、安全文明施工费→插入：6、二次搬运费	
7	设置二次搬运费	分部分项人工费+技术措施项目人工费	费用汇总→6、二次搬运费/取费基础/分部分项人工费+技术措施项目人工费/费率15.5%	推荐系数：15.5%
8	计入组织措施项目费	分部分项人工费+技术措施项目人工费	费用汇总→4、组织措施项目费/取费基础/组织措施项目合计+二次搬运费	

6)导出报表

(1)选择报表的依据

依据《重庆市建设工程费用定额》(CQFYDE—2018)的规定选择相应的表格,如图1.4.4所示。

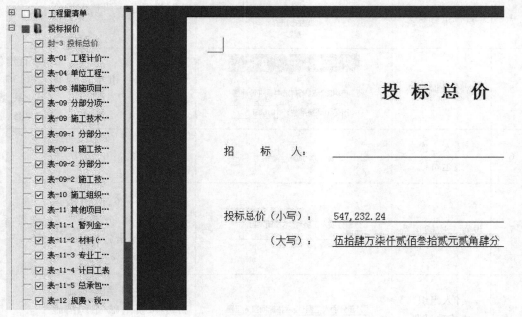

重庆市建设工程费用定额

CQFYDE—2018

第五章　工程量清单计价表格

3.招标控制价、投标报价、竣工结算编制应符合下列规定:

(1)使用表格:

1)招标控制价:封-2、表-01、表-02、表-03、表-04、表-08、表-09、表-09-1(3)或表-09-2(4)、表-10、表-11、表-11-1~表-11-5、表-12、表-19、表-20或表-21。

2)投标报价:封-3、表-01、表-02、表-03、表-04、表-08、表-09、表-09-1(3)或表-09-2(4)、表-10、表-11、表-11-1~表-11-5、表-12、表-19、表-20或表-21。

图1.4.4　选择报表的依据

(2)选择报表的种类

招标文件中为投标人提供了一系列报表格式,因此常选择投标人角度的表格,如图1.4.5所示。安装工程造价文件不选择表-09-1和表-20。

图1.4.5　选择报表的种类

(3)导出报表

报表导出到投标预算文件夹,如图1.4.6所示。

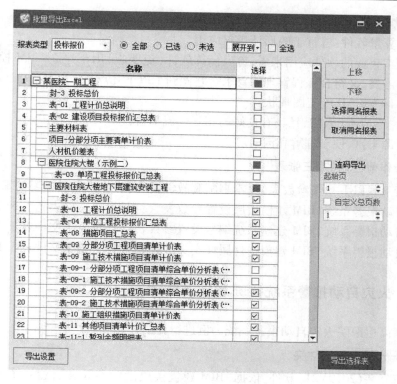

图 1.4.6　导出报表

实训任务

独立完成本书配套的某高层住宅楼施工图吊层范围的火灾自动报警系统投标预算书的编制。

1.5 **火灾自动报警系统** BIM **建模实务**

1.5.1 **火灾自动报警系统** BIM **建模前应知**

1) 以 CAD 为基础建立 BIM 模型

本书为适应当前实际应用的环境,选择了以 CAD 为基础建立 BIM 模型的方式。随着我国技术发展的需要,特别是设计方普遍采用 BIM 系列软件进行模型设计后,工程造价也将相应地改变,通过建立 BIM 模型来实现计量工作环节的"立项 + 算量"。因此,以 CAD 为基础建立 BIM 模型只是一个过渡阶段。

2) BIM(建筑信息模型)建模的常用软件

按照使用目的的不同,目前常用的 3 种 BIM 建模软件如下:

①鲁班预算软件:着重于施工阶段建模与应用;

②Revit 软件:着重于设计阶段建模与应用;

③广联达算量软件:着重于图形计量与应用。

从当前施工企业的软件应用来看,鲁班预算软件(免费版)用于建立"BIM 模型",既能满足工程造价的需要,又符合工程管理的要求。它做到了以下几点:

①适应设计方 CAD 施工图现状;

②初学者"零成本"入门,且具有良好的相互交流平台;

③学习资源丰富,便于理解和沟通。

3)建模操作前已知的"三张表"

建模前请下载以下三张参数表(见本书配套教学资源包)作为后续学习的基础:

①火灾自动报警系统"BIM 建模楼层设置参数表"(详见电子文件表 3.1.5.1);

②火灾自动报警系统"BIM 建模系统编号设置参数表"(详见电子文件表 3.1.5.2);

③火灾自动报警系统"BIM 建模构件属性定义参数表"(详见电子文件表 3.1.5.3)。

1.5.2 火灾自动报警系统鲁班 BIM 建模

下面以某高层医院火灾自动报警系统为例进行介绍。

1)新建子分部工程文件夹

打开鲁班安装(2019V21)软件,依据"BIM 建模楼层设置参数表",建立子分部工程文件夹,确定相关专业,这是建模的第一步。本节的专业选择是"弱电",具体操作如表 1.5.1 所示。

表 1.5.1 新建子分部工程文件夹

步骤	工作	图标	工具→命令	说明
1	打开软件	鲁班安装2019V21 鲁班笔记 鲁班大学	鲁班安装 2019V21	教材编写版本为鲁班安装2019V21
2	新建工程	新建工程	新建工程	
3	命名与保存	文件名(N):火灾自动报警系统 保存类型(T):安装算量(*.lba)	文件名:火灾自动报警系统鲁班 BIM 模型	保存在桌面上
4	选择模板	用户模板 模板列表 安装用户模板	用户模板→模板列表→安装用户模板	

续表

步骤	工作	图标	工具→命令	说明
5	工程设置	**工程概况** 属性名称　　属性值 工程名称 地址(省)	工程名称:某高层医院火灾自动报警系统	
6	模式设置	**模式设置** 设置选择项 算量模式　●清单	清单→2013 清单库→重庆市2018 定额	
7	楼层设置	**楼层设置** 名称　层高(mm) 0　　1000	楼层设置→增加	地下层采用符号: -
8	专业设置	**弱电** 1 层 **设备**	专业选择→弱电	

2)选择基点

①同一单项工程选择同一个基点。某高层医院是以⑥轴和Ｄ轴相交消防电梯井内壁转角处为基点,如图 1.5.1 所示。

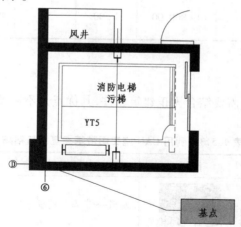

风井

消防电梯
污梯

YT5

基点

图 1.5.1　以电梯井内壁转角处为基点

②本工程第一次需要放置 CAD 图纸的楼层,如表 1.5.2 所示。

表 1.5.2　第一次需要放置 CAD 图纸的楼层

序号	施工图参数				模型参数			备注
	楼层表述	绝对标高(m)	相对标高(mm)	层高(mm)	楼层表述	标高(mm)	层高(mm)	
1	负 2 层火警平面图	258.10	−8 700.00	4 800	−2	−8 700.00	4 800	
2	负 1 层火警平面图	262.90	−3 900.00	3 900	−1	−3 900.00	3 900	
3	1 层火警平面图	266.80	0.00	4 500	1	0.00	4 500	
4	2 层火警平面图	266.80	4 500.00	4 500	2	4 500.00	4 500	
5	3 层火警平面图	275.80	13 500.00	3 900	4	13 500.00	3 900	
6	4~7 层火警平面图	279.70	17 400.00	3 600	5	17 400.00	3 600	
7	8 层火警平面图	294.10	31 800.00	3 600	9	31 800.00	3 600	
8	11 层火警平面图	304.90	42 600.00	3 600	12	42 600.00	3 600	
9	屋顶层火警平面图	312.10	49 800.00	4 500	14	49 800.00	4 500	

3)导入 CAD 施工图

①方法一:采用此方法需要结合天正建筑软件,其优点是不需要事先对施工图进行处理,具体操作如表 1.5.3 所示。

表 1.5.3　利用 CAD 施工图带基点复制与粘贴

步骤	工作	图标	工具→命令	说明
1	带基点复制	编辑(E)	编辑→带基点复制	天正建筑软件
2	确定基点	指定基点:	命令栏(提示):指定基点	天正建筑软件
3	选择对象	选择对象:	命令栏(提示):选择对象	天正建筑软件
4	对应楼层粘贴		单击鼠标右键工具条→粘贴	鲁班安装软件

续表

步骤	工作	图标	工具→命令	说明
5	指定基点	**指定插入点: 0,0,0**	命令栏(提示):指定插入点:0,0,0	鲁班安装软件
6	按照以上循环			

②方法二:在实务中,如果设计方将多专业或多楼栋绘制在同一个施工图文件中,则必须将需要的施工图另存为一个单独的子分部工程文件,然后才能按照表 1.5.4 所示程序进行操作。

表 1.5.4　采用 CAD 导入命令

步骤	工作	图标	工具→命令	说明
1	调入施工图	调入CAD	CAD 转化→调入 CAD	在基础层任意选择插入点
2	多层复制	CAD复制	工程→CAD 复制	
3	分层布置施工图	多层复制CAD 楼层信息 序号 对应楼层 1 0	楼层信息→选择图形	
4	确定基点	**指定基点:**	命令栏(提示):指定基点	
5	选择对象	**选择对象:**	命令栏(提示):选择对象	

4)系统编号管理

系统编号是建模过程中一个非常重要的参数,也是今后模型使用时分类提取汇总数据的基础。依据"BIM 建模系统编号设置参数表",设立系统编号的具体操作如表 1.5.5 所示。

表 1.5.5　系统编号管理

步骤	工作	图标	工具→命令	说明
1	工具	化(D) 工具(T) BIM出图 查看桥架 捕捉设置 快捷键	工具→系统编号	
2	系统编号	系统编号	系统编号→系统编号管理	

续表

步骤	工作	图标	工具→命令	说明
3	一级编码	系统编号管理 专业分类 系统编号: 给排水 系统编号 电气 S1 暖通 T1 消防 G1 弱电	系统编号管理→一级编码	单击鼠标右键工具条,增加"平级节点"
4	二级编码	系统编号管理 专业分类 系统编号: 给排水 系统编号 电气 □S1 暖通 S1 消防 T1 弱电	一级编码→二级编码	单击鼠标右键工具条,增加"子级节点",再增加"平级节点"

5)转化设备属性定义(转化类构件属性定义)

初学时,无论采用何方式进行构件的属性定义,均应依据"BIM建模构件属性定义参数表"进行具体的操作。

（1）在首层进行第一次设备转化

对于点状设备,常使用CAD转化的方式,在建立模型的同时完成其构件属性定义,具体操作如表1.5.6所示。

表1.5.6　设备转化

步骤	工作	图标	工具→命令	说明
1	转化	CAD转化(D)	CAD转化→转化设备	
2	转化设备	转化设备	转化设备→批量转化设备	
3	批量转化设备	批量转化设备 图例选择	批量转化设备→构件设置	构件设置:设备→消防报警
4	提取二维	提取二维	提取二维→选择构件→指定插入点	
5	选择三维	选择三维	选择三维→选择图形	
6	更正名称	感温探测器[1]	更正名称→在构件属性定义表中选择	复制+粘贴法

步骤	工作	图标	工具→命令	说明
7	标高设置	标高设置 F(顶)	标高设置(依据安装部位)	
8	增加设备	增加	增加→后续转化设备	
9	按照步骤4至步骤8循环			
10	转化范围	转化范围 全部楼层	转化范围→全部楼层(或当前楼层)	部分未转化的,也可以选择当前
11	转化	转化	转化→记事本	列表中需要检查成功与否

（2）从最低一层起检查并进行第二次设备转化及标高调整

因为实际施工图中CAD绘制的诸多因素,会导致不同楼层的相同设备或不同设备未能充分或全部进行转化,所以需要有规律地从最低一层起进行"设备是否转化"和"设备是否全部转化"的详细检查;还需要针对相同设备在不同楼层具有的不同标高,进行对应楼层关系的调整。具体操作如表1.5.7所示。

表1.5.7　检查并进行第二次设备转化及标高调整

步骤	工作	图标	工具→命令	说明
1	转换楼层	弱电 -2层	专业→楼层	从最低一层起
2	检查		是否已经成功转化	
3	补充转化设备	批量转化设备 图例选择	按照表1.5.6步骤4起操作	相同的构件,在名称后加后缀[]
4	转化范围	转化范围 选择当前	转化范围→选择当前	
5	高度调整	h 高度调整	编辑→高度调整	取消"高度随属性调整"选项
6	相同增加	复制	编辑→复制	

（3）已转换设备的属性定义

对于已成功转换的设备（构件），需要到属性定义工具中进行参数的设置，具体操作如表1.5.8所示。

表1.5.8 已转换设备（构件）的属性定义

步骤	工作	图标	工具→命令	说明
1	属性定义	属性(I)	属性→属性定义	
2	选择构件	属性定义 设备 箱柜	属性定义→设备/类别/构件	
3	修改参数	属性 值	属性→值	
4	删除原构件		选择构件后单击鼠标右键选择删除命令	原有的构件（删除）

6）构件的属性定义（非转化类构件属性定义）

（1）控制室设备的属性定义

因为施工图上一般没有表达控制室的设备，所以通常无法从CAD转换，需要在属性定义中添加相应的设备，具体操作如表1.5.9所示。

表1.5.9 控制室设备的属性定义

步骤	工作	图标	工具→命令	说明
1	属性定义	属性(I)	属性→属性定义	
2	箱柜中添加	属性定义 设备 箱柜	属性定义→箱柜→控制台	
3	重新命名或添加		单击鼠标右键→重命名	
4	修改参数	属性 值	属性→值→落地安装高度100	

（2）管线和附件等属性定义

对于设备之间连接的管线，其构件一般无法便捷地采用转化方式实现。通常需要先进行构件的属性定义（也就是清单的立项工作），同时删除不用的构件，具体操作如表1.5.10所示。

表 1.5.10 管线和附件等构件的属性定义

步骤	工作	图标	工具→命令	说明
1	属性定义	属性(D)	属性→属性定义	
2	线槽（桥架）	属性定义 设备 箱柜 穿管引线 线槽桥架 构件列表 规则设置 桥架	线槽桥架→桥架	线槽也需要用桥架
3	控制电缆	属性定义 设备 箱柜 穿管引线 线槽桥架 构件列表 规则设置 电缆	线槽桥架→电缆	此专业无法生成电缆头
4	配管	属性定义 设备 箱柜 穿管引线 构件列表 配管	穿管引线→配管	
5	配线	属性定义 设备 箱柜 穿管引线 构件列表 配线	穿管引线→配线	
6	配管配线	属性定义 设备 箱柜 穿管引线 构件列表 配管配线	穿管引线→配管配线	
7	接线盒	属性定义 设备 箱柜 穿管引线 线槽桥架 附件 构件列表 规则设置 接线盒	附件→接线盒	
8	防火封堵	属性定义 设备 箱柜 穿管引线 线槽桥架 附件 构件列表 规则设置 套管	附件→套管	代用
9	支架	属性定义 设备 箱柜 穿管引线 线槽桥架 附件 零星构件 构件列表 规则设置 支架	零星构件→支架	
10	沟槽	属性定义 设备 箱柜 穿管引线 构件列表 配管	穿管引线→配管/砖墙沟槽	代用

7)各楼层平面设备和管线连接的布置

(1)控制室的设备及线槽布置

控制室设备布置宜参照标准图集《火灾自动报警系统设计规范图示》(14X505—1)第21页,如图1.5.2所示。

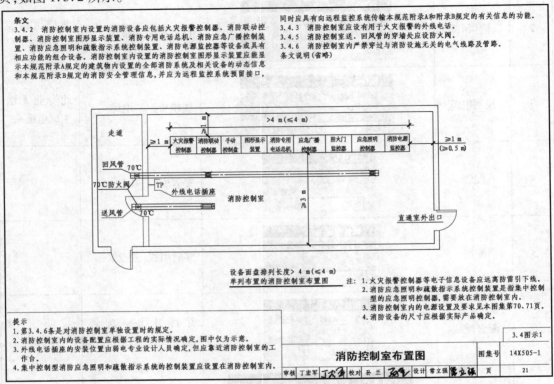

图 1.5.2　消防控制室布置图

控制室设备及线槽布置的具体操作如表1.5.11所示。

表 1.5.11　控制室设备及线槽布置

步骤	工作	图标	工具→命令	说明
1	箱柜布置	箱柜 1　任意布箱柜	箱柜→任意布箱柜/控制台	系统:J
2	旋转		单击鼠标右键→旋转	
3	移动	移动	编辑→移动	
4	水平线槽	桥架线槽 3　水平桥架 →0	桥架线槽→水平桥架	中途变更标高可直接生成竖向桥架
5	跨层线槽	桥架线槽 3　水平桥架 →0　垂直桥架 ←1	桥架线槽→垂直桥架	工程相对标高

（2）平面管线的布置

火灾自动报警系统的平面管线是指从某平面层的各设备至模块箱之间的火灾探测、火灾探测＋电源、楼层显示器、广播线和电话线的管线。本例中，需要分层进行平面（相似）布置的平面详见表 1.5.2。下面以负 1 层为例进行说明，具体操作如表 1.5.12 所示。

表 1.5.12　平面管线的布置

步骤	工作	图标	工具→命令	说明
1	探测管线布置准备	穿管引线 2　任意布管线　选择布管线	穿管引线→选择布管线	系统编码:J1B＋配管配线:PVC管φ20＋ZRRVS-2×1.5
2	敷设方式	敷设方式与标高　敷设方式:ACC(3000)-吊顶暗敷	敷设方式→ACC(3000)-吊顶暗敷	
3	管线敷设起点	选择第一个对象	命令栏提示:选择第一个对象	模块箱
4	管线敷设中间	选择下一对象	命令栏提示:选择下一个对象	探测器
5	管线敷设终点	选择下一对象	单击鼠标右键确认	探测器
6	（带电源）探测管线敷设准备	穿管引线 2　任意布管线　选择布管线	穿管引线→选择布管线	系统编码:J1B＋配管配线:PVC管φ20＋ZRRVS-2×1.5＋ZRBV-2×2.5
7	管线敷设起点	选择第一个对象	命令栏提示:选择第一个对象	模块箱
8	管线敷设中间	选择下一对象	命令栏提示:选择下一个对象	探测器
9	管线敷设终点	选择下一对象	单击鼠标右键确认	模块
10	其他（纯）探测管线布置		参照本表步骤 1 至步骤 5	
11	线路转折	选择第一个点(D)	命令栏提示:选择第一个点(D)/录入字母 D	
12	VIP 休息室区域接线盒	附件 5　布置接线盒	命令栏提示:指定插入点	楼层标高:6 900

续表

步骤	工作	图标	工具→命令	说明
13	VIP休息室区域特别布置	敷设方式与标高 敷设方式: ACC(3000)-吊顶暗敷	参照步骤1至步骤5(改变系统编号,自定义标高6 900)	系统编号:J2
14	广播管线布置		参照本表步骤1至步骤5	系统编码:B+配管配线:PVC管φ20+ZRRVS-2×1.5
15	楼层显示管线布置		参照本表步骤6至步骤9	系统编码:F1+配管配线:PVC管φ20+ZRRVS-2×1.5+ZRBV-2×2.5
16	电话管线布置		参照本表步骤1至步骤5	系统编码:H1或H2+配管配线:PVC管φ20+ZRRVS-2×1.5

（3）其他楼层平面管线布置的特殊处理

除以上示例的负1层外,其他各楼层平面管线布置时需要进行特殊处理,具体操作如表1.5.13所示。

表1.5.13　其他楼层平面管线布置的特殊处理

步骤	工作	图标	工具→命令	说明
1	地下2层	附件5 布置接线盒	在垂直线槽处增加转换的接线盒	系统编号:J1B/J1Z
2	1层	附件5 布置接线盒	各分支处增加转换的接线盒	系统编号:J2
3	2层	穿管引线2 任意布管线 选择布管线	注意设计失误未连接处	系统编号:J2

续表

步骤	工作	图标	工具→命令	说明
4	3层	附件5 布置接线盒	各分支处增加转换的接线盒	系统编号:J3
5	4层	附件5 布置接线盒	各分支处增加转换的接线盒	系统编号:J3
6	8层	附件5 布置接线盒	各分支处增加转换的接线盒	系统编号:J5
7	11层	附件5 布置接线盒	各分支处增加转换的接线盒	系统编号:J7
8	屋顶层	附件5 布置接线盒	增加屋顶处的接线盒,建立竖向管线关系	系统编号:J7

8)标准楼层的复制粘贴

依据"BIM 建模楼层设置参数表"可知,布置完平面标准层 1、平面标准层 2、平面标准层 3,再按照表 1.5.13 修改已建立的楼层平面模型后,其他楼层平面管线均可采用整体复制粘贴的方法布置,具体操作如表 1.5.14 所示。

表 1.5.14　标准楼层平面管线整体复制粘贴的方法

步骤	工作	图标	工具→命令	说明
1	关闭构件和图层	构件显示	显示控制→系统编号→构件列表→构件类型	
2	增加模型 6,7,8 层平面	命令:_copybase 指定基点:0,0,0	单击鼠标右键→带基点复制→转换楼层→粘贴	注意:必须关闭"显示跨层构件"
3	增加模型 10,11 层平面	选择对象:	单击鼠标右键→带基点复制→转换楼层→粘贴	注意:必须关闭"显示跨层构件"

续表

步骤	工作	图标	工具→命令	说明
4	增加模型 13层平面	命令: _pasteclip 指定插入点: 0,0,0	单击鼠标右键→带基点复制→转换楼层→粘贴	注意:必须关闭"显示跨层构件"

注:如果认为原 CAD 楼层容易混淆,也可以采用关闭模型→删除复制 CAD 平面图→再次导入对应楼层 CAD 平面图的方法处理。

9) 系统干线的布置

火灾自动报警系统干线是指从控制室至各楼层模块箱(实践中没有严格区分模块箱与接线端子箱)之间火灾探测、火灾探测 + 电源、楼层显示器、广播线和电话线的线路。本例中,安装在模块箱中的有短路隔离器 ISO-X 模块,以及连接火灾警报扬声器的输入输出模块 FCM-1 + FMM-1。系统干线布置的具体操作如表 1.5.15 所示。

表 1.5.15　系统干线的布置

步骤	工作	图标	工具→命令	说明
1	跨层配线	跨配引线 ↙6	桥架线槽→跨配引线	
2	跨层桥架	命令: rkpyx 选择跨层桥架	命令栏提示:选择跨层桥架	
3	控制室(引入)水平桥架	命令: rkpyx 选择跨层桥架 选择需引入电缆的桥架	命令栏提示:选择需引入电缆的桥架	区分1层及以下或2层及以上
4	对应主机点	指定桥架上一点	命令栏提示:指定桥架上一点	控制室水平桥架
5	报警主机	选择设备[指定下一点(D)]	命令栏提示:选择设备	报警主机
6	选择楼层	跨层配线引线 配线引线信息 楼层|系统编号|配线引线信息 -1|电缆引入桥架端 点此选择引出端	命令栏提示:可切换楼层→楼层→点此选择引出端	地下1层
7	跨层桥架(引出)	选择需引出电缆的桥架	命令栏提示:选择需引出电缆的桥架	地下1层
8	指定引出标高	指定桥架引出点的标高	命令栏提示:指定桥架引出点的标高	配电箱安装高度:1 500 mm

续表

步骤	工作	图标	工具→命令	说明
9	选择设备	选择设备[指定下一点(D)]	命令栏提示:选择设备	接线端子箱
10	系统编号		跨层配线引线→系统编号:J1B	系统:J1B
11	选择配线(配管)		跨层配线引线→已选构件(配线)/配管信息(配管)	
12	参照以上步骤6至步骤11循环		从地下1层向1层以上引线时,可按照(跨层桥架)高度/3 500 mm 执行(忽略实际应为1 500 mm)	全部:J/Y/F1/B/H
13	链接线路	跨配引线 ↙6	桥架线槽→跨配引线	参照以上步骤
14	顶层接线盒	附件 5 布置接线盒	增加顶层处的接线盒,建立竖向管线关系	参照链接线路步骤
15	顶层引上管线	穿管引线 2 一任意布管线 选择布管线	穿管引线→选择布管线	参照以上步骤
16	地下2层垂直管线	跨配引线 ↙6	桥架线槽→跨配引线	参照以上步骤

10)消火栓启泵管线的布置

消火栓启泵管线布置的具体操作如表 1.5.16 所示。

表 1.5.16　消火栓启泵管线的布置

步骤	工作	图标	工具→命令	说明
1	地下2层启泵接线盒	附件 5 布置接线盒	增加管线分支处和引上处接线盒	⑩轴/Ⓒ轴处引上
2	地下2层引上管线	I垂直管线 ↓3	穿管引线→垂直管线	
3	地下2层启泵连接	穿管引线 2 一任意布管线 选择布管线	穿管引线→选择布管线	

续表

步骤	工作	图标	工具→命令	说明
4	地下1层 启泵接线盒	附件5 布置接线盒	增加管线分支和引上处接线盒	
5	地下1层 引上管线	垂直管线 ↓3	穿管引线→垂直管线	
6	2层启泵接线盒	附件5 布置接线盒	增加管线分支和引上处接线盒	
7	2层引上管线	垂直管线 ↓3	选择:工程相对标高	
8	3层启泵接线盒	附件5 布置接线盒	增加管线分支和引上处接线盒	
9	3层引上管线	垂直管线 ↓3	选择:工程相对标高	

11) 多线联动管线的布置

多线联动管线是指从消防控制室多线控制盘至各配电箱之间的管线。从控制室(地下1层)入手,先布置到地下2层的联动管线,然后到地下1层的,再到电梯机房层的。多线联动管线布置的具体操作如表1.5.17所示。

表1.5.17 多线联动管线的布置

步骤	工作	图标	工具→命令	说明
1	跨层配线	跨配引线 ↙6	桥架线槽→跨配引线	目标:地下2层配电箱
2	跨层桥架	命令:_rkpyx 选择跨层桥架	命令栏提示:选择跨层桥架	
3	控制室(引入) 水平桥架	命令:_rkpyx 选择跨层桥架 选择需引入电缆的桥架	命令栏提示:选择需引入电缆的桥架	
4	对应主机点	指定桥架上一点	命令栏提示:指定桥架上一点	
5	联动主机	选择设备[指定下一点(D)]	命令栏提示:选择设备	

续表

步骤	工作	图标	工具→命令	说明
6	选择楼层	跨层配线引线 配线引线信息 楼层 系统编号 配线引线信息 -1　　　 电缆引入桥架端 　　　　 点此选择引出端	命令栏提示:可切换楼层→楼层→点此选择引出端	
7	跨层桥架(引出)	选择需引出电缆的桥架	命令栏提示:选择需引出电缆的桥架	
8	指定引出标高	指定桥架引出点的标高	命令栏提示:指定桥架引出点的标高	
9	选择(工艺)接线盒	选择设备[指定下一点(D)]	命令栏提示:选择设备	
10	系统编号		跨层配线引线→至地下2层联动系统的编号	
11	选择配线(配管)		跨层配线引线→已选构件(配线)/配管信息(配管)	
12	设备层平面管线布置	穿管引线 2 任意布管线 选择布管线	穿管引线→选择布管线	此处:地下2层
13	地下1层联动接线盒	附件 5 布置接线盒	地下1层平面桥架引出点	目标:地下1层配电箱
14	主机引至接线盒	配线引线 4	桥架线槽→配线引线	目标:地下1层配电箱
15	选择引入端	选择需引入电缆的桥架	控制室联动主机水平桥架	
16	对应主机点	指定桥架上一点	命令栏提示:指定桥架上一点	
17	联动主机	选择设备[指定下一点(D)]	命令栏提示:选择设备	
18	选择引出端	选择需引出电缆的桥架	与工艺接线盒对应的水平桥架	
19	对应接线盒处	指定桥架上一点	命令栏提示:指定桥架上一点	
20	连接接线盒	选择设备[指定下一点(D)]	命令栏提示:选择设备	

续表

步骤	工作	图标	工具→命令	说明
21	选择配线(配管)		桥架配线引线→已选构件(配线)/配管信息(配管)	
22	平面管线布置	穿管引线 2 ↓—任意布管线 ↓⊙选择布管线	穿管引线→选择布管线	
23	顶层联动接线盒	附件 5 ╂布置接线盒 —	顶层跨层桥架旁引出二点	目标:电梯机房
24	参照步骤11之前循环去往顶层			目标:电梯机房
25	顶层多线布置	☰多线布置 ↑2	穿管引线→多线布置	目标:电梯机房
26	选择配线(配管)		多线布置→管线/系统编号/敷设方式/水平偏移距离	目标:电梯机房
27	标高设置		标高设置→顶层层高	目标:电梯机房
28	电梯层配管线	穿管引线 2 ↓—任意布管线 ↓⊙选择布管线	穿管引线→选择布管线	敷设方式:FC

12)支架等其他布置

金属线槽的支架、防火封堵、管线沟槽等其他构件的布置,因本工程由二次装修设计吊顶,此例未考虑从顶棚下垂至吊顶之间的管线,具体操作如表 1.5.18 所示。

表 1.5.18　支架等其他布置

步骤	工作	图标	工具→命令	说明
1	水平线槽支架	零星构件 6 ◁任意支架 →0	零星构件→任意支架	地下 1 层

续表

步骤	工作	图标	工具→命令	说明
2	垂直线槽支架	零星构件 6 任意支架 →0	零星构件→任意支架	地下 1 层
3	垂直线槽支架	零星构件 6 任意支架 →0	零星构件→任意支架	1 层
4	增加模型 2、3 层垂直支架 1	命令:_copybase 指定基点:0,0,0	单击鼠标右键→带基点复制	
5	增加模型 2、3 层垂直支架 2	选择对象:	鼠标(仅)选择支架构件	
6	增加模型 2、3 层垂直支架 3	命令:_pasteclip 指定插入点: 0,0,0	单击鼠标右键→粘贴	
7	垂直线槽支架	零星构件 6 任意支架 →0	零星构件→任意支架	3 层
8	增加 4 层及以上垂直支架		参照步骤 4 至步骤 6	
9	防火封堵	竖直套管 ↗4	附件→竖直套管	地下 1 层
10	增加 1 层及以上防火封堵		参照步骤 5 至步骤 7	
11	墙面沟槽	垂直管线 ↓3	穿管引线→垂直管线/导管(墙面沟槽)	本例仅示例地下 1 层区域

13)汇总计算与形成工程量表

(1)汇总计算和形成系统表并导出

以上建模步骤完成以后,宜对照施工图再次进行检查,确认无误后即可进行工程量计算,形成系统表并导出工程量报表,具体操作如表 1.5.19 所示。

表 1.5.19　汇总计算和形成系统表并导出

步骤	工作	图标	工具→命令	说明
1	工程量计算	！ 工程量计算	工程量→工程量计算	

续表

步骤	工作	图标	工具→命令	说明
2	全部计算	选择全部	工程量计算→选择全部/取消0层→计算	0层不参与计算
3	打开报表	打开报表	计算监视器→打开报表	
4	条件统计	条件统计	条件统计→1层及以上(或地下层/或管井内)	
5	输出	输出	功能→输出	
6	另存为Excel表		Office→另存为"系统计算书-火灾自动报警系统1层及以上或地下层或管井内"	保存在桌面

（2）工程量表的整理及形成

通过建模获得的工程量是不全面、不规范的,不可以直接使用,还必须按照《通用安装工程工程量计算规范》(GB 50856—2013)和《重庆市通用安装工程计价定额》(CQAZDE—2018)对工程预(结)算编制立项与工程量计算的要求,对其进行整理,具体操作如表1.5.20所示。

表1.5.20　工程量表的整理及形成

步骤	工作	图标	工具→命令	说明
1	另建工程量表	火灾自动报警系统工程量表(示例二) 火灾自动报警系统计算书1层及以上(示… 火灾自动报警系统计算书地下层(示例二…	另存为工程量表	区分地下层和地下层
2	更改表名	查找和选择▾	查找→替换	
3	合并数据区分部位		将两份表复制粘贴为工程量表并备注地下层的项目	
4	合并相同项	=10+G14	各项的首栏数量列→计算式法	数量合计到第一行
5	区别配线的敷设方式		项目特征→布线方式→线槽配线	

步骤	工作	图标	工具→命令	说明
6	修正名称		修改不宜在软件中准确命名名称的项目	
7	增加模块项目		总线隔离模块和广播模块	
8	增加底盒项目		对应探测器、模块和按钮增加相应的底盒	
9	增加调试项目		增加调试项目:自动报警系统调试/水灭火控制装置调试/防火控制装置调试	
10	增加控制电缆头项目		增加控制电缆头项目:工程量手工计算	弱电专业的特殊处理
11	隐藏不计项目		单击鼠标右键→隐藏(相同项)	
12	重新编排序号		隐藏与编排序号宜同步进行	

1.5.3　火灾自动报警系统广联达 BIM 建模

下面以某高层医院火灾自动报警系统为例进行介绍。

1)工程设置(模块)的应用

(1)新建子分部工程文件夹

新建子分部工程文件夹是指启动软件至楼层设置的过程。依据"BIM 建模楼层设置参数表",打开软件进行楼层设置,具体操作如表 1.5.21 所示。

表 1.5.21　新建子分部工程文件夹

步骤	工作	图标	工具→命令	说明
1	打开软件	广联达BIM安装计量GQI...	广联达 BIM 安装算量 GQI2019	教材编写版本
2	新建	新建	工程→新建	
3	新建工程	新建工程	新建工程→工程专业→消防	经典模式
4	楼层设置	楼层设置	工程设置→楼层设置	

续表

步骤	工作	图标	工具→命令	说明
5	插入楼层	插入楼层	插入楼层→1层以上(或地下层)	定位0插入地下层
6	保存文件夹	💾	工程设置→保存	保存在桌面

(2)选择定位点

同一单项工程选择同一个定位点(也称为基点)进行图纸管理。某高层医院工程是以⑥轴和①轴相交消防电梯井内壁转角处为定位点,如图1.5.1所示。

(3)图纸管理

图纸管理是指将CAD平面图放置于相应楼层的过程,具体操作如表1.5.22所示。

表1.5.22　图纸管理

步骤	工作	图标	工具→命令	说明
1	添加图纸	图纸管理 添加	工程设置→模型管理→图纸管理→添加	基础层
2	定位	定位	图纸管理→定位→选择定位点	
3	手动分割	手动分割	图纸管理→手动分割→鼠标左键选择,右键确认	识别图名/楼层选择
4	重复		按照步骤2至步骤3循环	连续完成
5	转换楼层	选择 第-1层	工程设置→选择	

2)绘图输入(模块)的应用

(1)构件定义

构件定义是依据"BIM建模系统编号设置参数表"和"BIM建模构件属性定义参数表",通过新建构件命令进行,具体操作如表1.5.23所示。

表 1.5.23　构件定义

步骤	工作	图标	工具→命令	说明
1	新建器具	新建	构件列表→消防器具→新建/类型/标高/系统类型	只连单立管
2	复制器具	复制	构件列表→消防器具→复制/类型/标高/系统类型	
3	新建箱柜	新建	构件列表→配电箱柜（消）→新建/类型/标高/系统类型	
4	复制箱柜	复制	构件列表→配电箱柜（消）→复制/类型/标高/系统类型	
5	新建桥架	新建	构件列表→电缆导管→新建桥架/系统类型/起点标高/终点标高	替代线槽
6	复制桥架	复制	构件列表→电缆导管→复制/系统类型/起点标高/终点标高	
7	新建电线	新建	构件列表→电线导管→新建电线/系统类型/导线规格型号/起点标高/终点标高	
8	复制电线	复制	构件列表→电线导管→复制/系统类型/导线规格型号/起点标高/终点标高	
9	综合管线	新建	构件列表→综合管线→新建一管共线/系统类型/导管材质与规格/敷设方式/线缆规格型号/起点标高/终点标高	
10	复制综合管线	复制	构件列表→综合管线→复制/系统类型/导管材质与规格/敷设方式/线缆规格型号/起点标高/终点标高	
11	新建接线盒	新建	构件列表→零星构件→新建接线盒/类型/系统类型/标高	
12	复制接线盒	复制	构件列表→零星构件→复制/类型/系统类型/标高	

续表

步骤	工作	图标	工具→命令	说明
13	新建防火堵洞	新建	构件列表→零星构件→新建预留孔洞/类型/系统类型/标高	代用
14	新建防火隔板	新建	构件列表→零星构件→新建套管/类型/系统类型/标高	代用
15	新建垂直支架	新建	构件列表→零星构件→新建套管/类型/系统类型/标高	代用
16	新建水平支架	新建	构件列表→零星构件→新建套管/类型/系统类型/标高	代用
17	新建凿槽	新建	构件列表→电线导管→新建其他/系统类型/导管规格型号/起点标高/终点标高	代用
18	复制凿槽	复制	构件列表→电线导管→复制/系统类型/导管规格型号/起点标高/终点标高	代用

　　为适应重庆市 2018 计价定额地下层系数调整的需要,构件定义完成后,通过"工程另存为"将地上层和地下层作为两个"独立的单位工程"建模。

　　(2)点式器具(设备)提量

　　对于 CAD 施工图已有的消防器具和箱柜等点式设备,可通过"提量"进行建模,具体操作如表 1.5.24 所示。

表 1.5.24　识别点式设备

步骤	工作	图标	工具→命令	说明
1	选择类型	消防器具(消)(Y)	导航栏→消防→消防器具	
2	消防器具提量	设备提量	绘制→识别→设备提量	
3	重复		按照步骤 2 选择不同器具	
4	选择类型	配电箱柜(消)(P)	导航栏→消防→配电箱柜	
5	配电箱柜提量	设备提量	绘制→识别→设备提量	

步骤	工作	图标	工具→命令	说明
6	布置设备	配电箱柜(消)(P)	导航栏→消防→配电箱柜	消防控制室
7	设备定位	点	绘制→绘图→点	
8	调整标高		属性编辑器→属性值→标高栏调整	
9	检查（点位）	CAD图亮度	绘制→CAD图亮度（调整）	建议亮度：30%
10	计算量	计算式	绘制→检查/显示→计算式	

（3）平面管线（"绘制"）连接

从各层的"模块箱"启动，进行设备之间管线的连接，具体操作如表1.5.25所示。

表 1.5.25　平面管线（"绘制"）连接

步骤	工作	图标	工具→命令	说明
1	报警管线提量	报警管线提量	绘制→识别→报警管线提量	综合管线
2	其他管线提量	单回路	绘制→识别→单回路	
3	补绘平面管线	直线	绘制→绘图→直线	电线导管
4	补绘竖直管线	布置立管	绘制→绘图→布置立管	
5	插入接线盒	点	绘制→绘图→点	
6	计算量	计算式	绘制→检查/显示→计算式	

（4）复制至其他层

对于具有相同布置关系的标准层,可将已完成的图元复制到另一个标准层,具体操作如表 1.5.26 所示。

表 1.5.26　复制到其他层

步骤	工作	图标	工具→命令	说明
1	批量选择	批量选择	绘制→选择→批量选择	
2	复制至其他层	复制到其它层	绘制→通用编辑→复制到其他层	

（5）机房线槽及线槽配线的布置

机房线槽及线槽配线布置的具体操作如表 1.5.27 所示。

表 1.5.27　机房线槽及线槽配线的布置

步骤	工作	图标	工具→命令	说明
1	识别桥架	识别桥架	绘制→识别→识别桥架	电缆导管
2	布置桥架	直线	绘制→绘图→直线	选择正交
3	桥架和导管配线	设置起点	绘制→识别→设置起点→选择起点	电线导管
4	计算量	计算式	绘制→检查/显示→计算式	

（6）竖向干线和控制电缆的布置

竖向干线和控制电缆布置的具体操作如表 1.5.28 所示。

表 1.5.28　竖向干线和控制电缆的布置

步骤	工作	图标	工具→命令	说明
1	布置竖向桥架	布置立管	绘制→绘图→布置立管	电缆导管
2	桥架配线	桥架配线	绘制→识别→桥架配线	
3	布置水平干线	直线	绘制→绘图→直线	

续表

步骤	工作	图标	工具→命令	说明
4	插入接线盒	┼ 点	绘制→绘图→点	
5	布置垂直电缆	布置立管	绘制→绘图→布置立管	电缆导管
6	布置水平电缆	单回路	绘制→识别→单回路	

（7）支架和凿槽的布置

支架和凿槽布置的具体操作如表1.5.29所示。

表1.5.29　支架和凿槽的布置

步骤	工作	图标	工具→命令	说明
1	支架布置	┼ 点	绘制→绘图→点	
2	凿槽布置	布置立管	绘制→绘图→布置立管	

3）汇总计算工程量与报表导出

汇总计算工程量与报表导出的具体操作如表1.5.30所示。

表1.5.30　汇总计算工程量与报表导出

步骤	工作	图标	工具→命令	说明
1	汇总计算	Σ 汇总计算	工程量→汇总计算→分类工程量	不选择基础层
2	套做法	套做法	工程量→套做法→自动套用清单→匹配项目特征	
3	报表	报表预览	工程量→报表→报表预览→工程量清单报表	

续表

步骤	工作	图标	工具→命令	说明
4	Excel 表导出	导出数据	工程量→报表→报表预览→工程量清单报表→导出数据	导出到 Excel 文件

4)工程量表的整理及形成

通过建模获得的工程量是不全面、不规范的,不可以直接使用,还必须按照《通用安装工程工程量计算规范》(GB 50856—2013)和《重庆市通用安装工程计价定额》(CQAZDE—2018)对工程预(结)算编制立项与工程量计算的要求,对其进行整理,具体操作参照表 1.5.20 进行。

实训任务

独立完成本书配套的某高层住宅楼施工图吊层范围的火灾自动报警系统 BIM 建模实训。

1.6　火灾自动报警系统识图实践

识读火灾自动报警系统施工图,需要配合本例工程的建筑施工图和结构施工图进行。识图实践的目的是让学生在已经进行建模算量的基础上,加深对识读施工图程序及要点的掌握,以能否理解火灾自动报警系统 BIM 模型的三张参数表及编制方法为目标,达到读懂施工图的目的。

下面以某高层医院施工图(CAD 图见本书配套教学资源包)为例进行识读。

1.6.1　目录及设计说明识读

1)识读图纸目录的基本信息

从火灾自动报警系统的图纸目录(图 1.6.1)中,可以了解本工程建筑总层数为 14 层,其中地上有 12 层,地下有 2 层;4~7 层为建筑的标准层;屋顶层仍然有火灾自动报警系统的内容。

除了识读本专业的施工图外,还需要结合建筑图纸来获得层高等数据,如图 1.6.2 至图 1.6.5 所示,其中 2 层的层高达 9 000 mm 且有夹层。多功能厅的建筑立(剖)面具有自己的特点,如图 1.6.6 所示。

识读建筑平面图的设计总说明,可以获得装修的特殊信息。需特别关注天棚的做法,明确哪些部位设置了"吊顶"。

通过以上识读,有助于理解"BIM 建模楼层设置参数表"的信息,详见本书配套教学资源包中的电子文件表 3.1.5.1。

序号	图幅	图纸编号	图纸名称	备注
44	A1	DS-HJ-01	火灾自动报警及消防联动控制系统图	火警
45	A0	DS-HJ-02	负2层火警平面图	
46	A0	DS-HJ-03	负1层火警平面图	
47	A0	DS-HJ-04	1层火警平面图	
48	A0	DS-HJ-05	2层火警平面图	
49	A1＋	DS-HJ-06	3层火警平面图	
50	A1＋	DS-HJ-07	4~7层火警平面图	
51	A1＋	DS-HJ-08	8层火警平面图	
52	A1	DS-HJ-09	9层火警平面图	
53	A1	DS-HJ-10	10层火警平面图	
54	A1	DS-HJ-11	11层火警平面图	
55	A1	DS-HJ-12	12层火警平面图	
56	A1	DS-HJ-13	屋顶层火警平面图	

图1.6.1 火灾自动报警系统的图纸目录

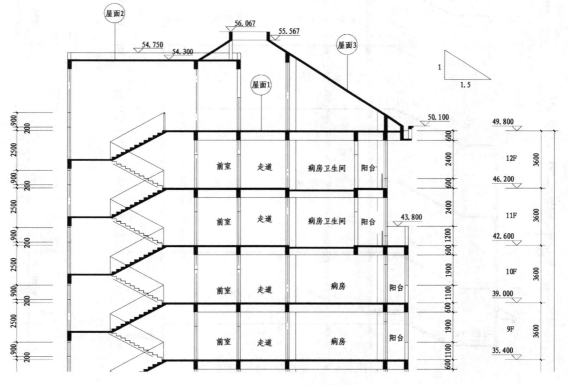

图1.6.2 建筑立(剖)面图之一

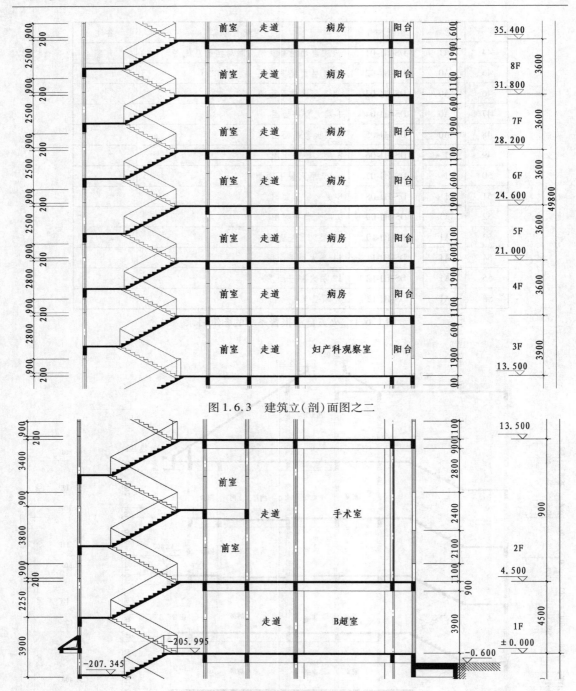

图 1.6.3 建筑立(剖)面图之二

图 1.6.4 建筑立(剖)面图之三

2)读施工图设计总说明

①读工程概况,了解建筑各功能区域的总体概况,如图 1.6.7 所示。

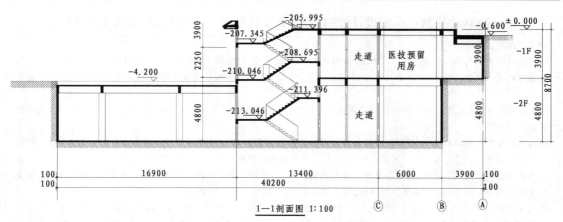

图 1.6.5 建筑立(剖)面图之四

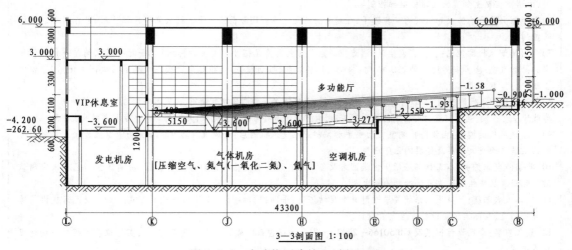

图 1.6.6 多功能厅建筑立(剖)面图

1. 工程概况

　　本工程为住院大楼,总建筑面积为 20 931.9 m²,地下 2 层,地上 12 层,建筑高度为 49.50 m,属一类高层建筑,其中负 2 层为设备房、辅助用房和车库;负 1 层为检验科、放射科、学术报告厅;1 层为药房、病理实验室、B超室等;2 层为手术室;3 至 10 层为普通病房;11 至 12 层为豪华病房。

图 1.6.7　工程概况

②读火灾自动报警系统的设计说明,理解其工作原理和系统构成,如图 1.6.8 所示。

10.3　火灾自动报警系统

1)本工程采用集中报警系统。

2)探测器选择:车库场所设置差定温感温探测器;柴油发电机房、配变电所设置烟温组合探测器;其他场所设置感烟探测器。

3)探测器与灯具的水平净距应大于 0.2 m;与送风口边的净距应大于 1.5 m;与多孔送风顶棚孔口或条形送风口的水平净距应大于 0.5 m;与嵌入式扬声器的净距应大于 0.1 m;与自动喷水头的净距应大于 0.3 m;与墙或其他遮挡物的距离应大于 0.5 m。

4)在车库、疏散楼梯前室、电梯前室、主要出入口等场所设置带电话插孔的手动报警按钮,手动报警按钮底边距地 1.4 m。

5)在消火栓箱内设消火栓报警按钮,接线盒设在消火栓的开门侧。

6)在各楼层设　火灾显示盘,显示火灾报警楼层。

图 1.6.8　火灾自动报警系统的设计说明

③读消防联动控制系统的设计说明,理解其工作原理和系统构成,如图1.6.9所示。

10.4　消防联动控制系统

1)消防联动控制内容包括消火栓灭火系统、自动喷淋系统、防排烟系统、防火卷帘控制、电梯回首控制、应急照明强启、非消防电源强切等。联动设施(消火栓按钮、正压送风口)安装位置详水施及通施有关图,施工时请注意配合预埋盒及管线。

2)重要的消防用电设备均能在消防控制室内进行监控(在消防控制室设有多线联动控制盘),其运行信号引至消防控制室。

3)消火栓泵既可由消火栓按钮直接控制,也可由消防控制室内消防联动控制柜发出指令启动,并可由设置在消防控制室内的手动控制装置直接启动。水泵启动后,运行信号返回消防控制室及消火栓箱按钮处。

4)喷淋泵既可由湿式报警阀、水流指示器信号逻辑联动,也可由消防控制室内消防联动控制柜手动启动,并可由设置在消防控制室内的手动控制装置直接启动,水泵启动后,运行信号返回消防控制室。

5)电梯控制:火灾发生时,根据火灾情况及区域,由消防控制室指挥电梯按消防程序运行;对全部或任意一台电梯进行对讲,说明改变程序的原因;除消防电梯保持运行外,其余电梯均强制返回一层并开门。火灾指令开关采用钥匙型开关,由消防控制室负责火灾时的电梯控制。

6)用于防火分隔的防火卷帘门为一步落下,在通道上的防火卷帘门分两步落下。防火卷帘门动作后,动作信号返回消防控制室。

7)专用排烟风机的控制:当火灾发生时,消防控制室根据火灾情况打开相关层的排烟阀(平时关闭),同时连锁启动相应的排烟风机;当火灾温度达到280 ℃时,排烟阀熔丝熔断,排烟阀关闭,排烟风机吸入口处的防火阀关闭后,连锁停止相应的排烟风机。

8)排风兼排烟风机的控制:本工程设排风兼排烟风机,正常情况下为通风换气使用,火灾时则作为排烟风机使用。正常时为就地手动控制,当火灾发生时由消防控制室控制,消防控制室具有控制优先权,其控制方式与专用排烟风机相同。

9)正压送风机的控制:由消防控制室自动或手动控制正压送风机的启停,风机启动时根据其功能位置连锁开启其相关的正压送风阀或火灾层及邻层的正压送风口。

10)非消防电源控制:本工程部分低压出线回路及各末端非消防电源箱内设有分励脱扣器,由消防控制室在火灾确认后断开着火层或相关防火分区的非消防电源。

11)气体灭火系统:气体灭火系统要求同时具有自动控制、手动控制和应急操作三种控制方式。本次设计只提供气体灭火控制盘,具体控制由设备厂家负责设计。

12)设备安装:参照设计图纸及GB 50166—2007《火灾自动报警系统施工及验收规范》安装,实际位置可根据现场情况作适当调整。

图1.6.9　消防联动控制系统的设计说明

④读火警紧急广播系统的设计说明,理解其工作原理和系统构成,如图1.6.10所示。

10.5　火警紧急广播系统

1)本工程设一套火灾应急广播系统和平时背景音乐广播兼用系统,平时播放背景音乐只是在消防火警状态下强制切换至火灾报警。

2)报警信号经延时确认后,由消防中心接通火警广播,指挥疏散。

3)火灾应急广播备用扩音机的容量,考虑火灾时同时广播的火灾应急广播扬声器最大容量的1.5倍。

图1.6.10　火警紧急广播系统的设计说明

⑤读消防专用电话系统的设计说明,理解其工作原理和系统构成,如图1.6.11所示。

10.6　消防专用电话系统

1)本工程设置一套消防通信系统,经对讲电话分机或对讲电话插孔可与消防控制室实现对讲,消防专用电话网络为独立的消防通信网络。

2)下列部位设置消防专用电话分机:变电所、消防水泵房、发电机房、消防电梯轿厢。

3)在消防控制室内设置直接报警的外线电话。

图1.6.11　消防专用电话系统的设计说明

⑥读火警系统布线和其他,理解管线布置的要求,如图 1.6.12 所示。

10.7 火警系统布线

　　消防用电设备的配电线路应满足火灾时连续供电的需要,暗敷设时,应穿管并应敷设在不燃烧体结构内且保护层厚度不应小于 30 mm;明敷设时,应穿有防火保护的金属管或有防火保护的封闭式金属线槽;向同一负荷供电的两回路电源电缆不宜敷设在同一层桥架上,需装在同一层桥架上时,应用金属隔板隔开。

10.8 其他

1)系统的成套设备,包括报警控制器、联动控制台、应急广播、消防专用电话总机及电源设备等均由该承包商成套供货,并负责安装、调试。

2)报警回路数配置由建设方确定产品后 由厂家确定,火灾自动报警系统的每回路地址编码总数应留 15% ~20% 的余量。

图 1.6.12 火警系统布线的要求

⑦读防火剩余电流动作报警系统的设计说明,理解其工作原理和系统构成,如图 1.6.13 所示。

10.9 防火剩余电流动作报警系统

1)本工程在主要照明配电箱中设置防火漏电报警器。

2)防火漏电报警系统主机放在消防控制室内。

3)系统的成套设备,包括防火漏电报警器、剩余电流探测器、负载电流探测器等均由该承包商成套供货,并负责安装、调试。

图 1.6.13 防火剩余电流动作报警系统的设计说明

1.6.2 识读火灾自动报警系统主要设备材料表

识读火灾自动报警系统的主要设备材料表,有助于理解"BIM 建模构件属性定义参数表"(详见本书配套教学资源包中的电子文件表 3.1.5.3)的信息。

1)火灾自动报警和消防联动等系统的设备及图例信息

火灾自动报警、消防联动、火警紧急广播、消防专用电话、防火漏电报警各系统的设备及图例信息如图 1.6.14 所示。

主要设备材料表

图例	设备名称	型号规格	单位	数量	备注
S	编码感烟探测器	FSP-851	个	805	
S N	非编码感烟探测器	SD-751	个	20	
编码感温探测器	编码感温探测器	FST-851	个	15	
N	非编码感温探测器	TD-751	个	64	
Y	手动报警按钮	M500K	个	7	
YO	带电话插孔的手动报警按钮	M500K/T	个	46	
Y	编制消火栓启泵按钮	M500H	个	96	
◁◁	火灾警报扬声器	3 W	个	42	
◠	消防电话分机电话		个	5	
M	单输入模块	FMM-1	个	34	
C	输入输出模块	FCM-1 + FMM-1	个	115	1 个输出 +1 个输入
JKMK	编址接口模块	FZM-1	个	10	

续表

图例	设备名称	型号规格	单位	数量	备注
SI	短路隔离器	ISO-X	个	14	
FI	楼层显示器	LCD-100-A	个	14	
⊞	接线端子箱		个	14	
	火灾报警控制器	NFS2-3030	台	1	带联动
	消防广播主机	250 W	套	1	
	消防电话主机	16 门	套	1	多线制
	气体灭火控制设备	RP-1002PLUS	套	3	
FL	防火漏电报警控制器		套	1	

图 1.6.14　主要设备材料表之一

2)被联动设施及图例信息

水专业、通风专业、建筑专业等被联动设施及图例信息如图 1.6.15 所示。

◻	水流指示器			水专业提供
⋈	信号阀			水专业提供
P	压力开关			水专业提供
⊠	防火阀(280 ℃熔断关闭)			通风专业提供
⊠	增压送风口(控制开启)			通风专业提供
⊠	防烟防火阀 (控制开启,280 ℃熔断关闭)			通风专业提供
⊠	防火阀(70 ℃熔断关闭)			通风专业提供
RS	卷帘门控制箱			建筑专业提供

图 1.6.15　主要设备材料表之二

3)管线图例信息

报警、联动、广播、电话等连接管线及图例信息如图 1.6.16 所示。

——	DC24V 电源总线(Y)	ZRBV-2 ×2.5	m	
——	火灾报警总线(J)	ZRRVS-2 ×2.5	m	
--------	非编码报警支线(Z)	ZRRV-2 ×1.5	m	
— — —	消防广播线(B)	ZRRVS-2 ×1.5	m	
—·—·—	消防电话线(H)	ZRRVS-2 ×1.5	m	
—·—·—	消火栓直启泵线	ZRBV-4 ×2.0	m	
—··—··—	多线制控制线(K)	ZRKVV-7 ×1.5	m	
—···—	防火漏电报警系统总线(F)	BVN-4 ×1.5	m	

图 1.6.16　主要设备材料表之三

1.6.3　识读火灾自动报警系统图

火灾自动报警及联动控制系统的系统图,一般可按照地下层、地上层、屋顶层 3 个不同区域进行识读,这样有助于理解"BIM 建模系统编号设置参数表"(详见本书配套教学资源包中的电子文件表 3.1.5.2)的信息。

1)地下层的火灾自动报警及联动控制系统原理

地下层包含了火灾自动报警、消防联动控制、火警紧急广播、消防专用电话 4 个系统,具体如图 1.6.17 所示。

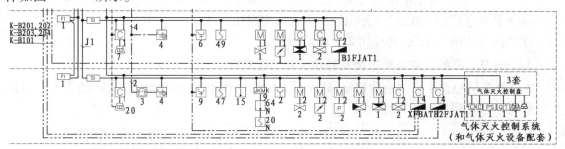

图 1.6.17　地下层的火灾自动报警及联动控制系统原理

①火灾自动报警系统:地下 1 层和地下 2 层均使用的是 J1 回路,各层均设有总线隔离器和楼层显示器,以及带电话插孔的手动报警按钮、编码消火栓启泵按钮、编码感烟探测器、单输入模块带信号阀或水流指示器、输入输出模块带增压送风口或风机控制箱;地下 1 层独有输入输出模块带防烟防火阀;地下 2 层独有编码感温探测器、编码接口模块带非编码感温探测器和非编码感烟探测器、手动报警按钮、单输入模块带压力开关、输入输出模块带(70℃熔断关闭)防火阀和(280℃熔断关闭)防火阀、输入输出模块带消防水泵控制箱、气体灭火控制系统。

②消防联动控制:地下 1 层对应 1 个编号为 K-B101 的风机联动控制回路;地下 2 层对应 2 个编号分别为 K-B201 和 K-B202 的消防水泵联动控制回路,以及 2 个编号分别为 K-B203 和 K-B204 的风机联动控制回路。

③火警紧急广播系统:输入输出模块带火灾警报扬声器。

④消防专用电话系统:均使用 2 个电话回路;地下 2 层独有消防专用电话分机电话。

2)1 层和 2 层的火灾自动报警及联动控制系统原理

1 层和 2 层包含了火灾自动报警、防火剩余电流动作报警、火警紧急广播、消防专用电话 4 个系统,具体如图 1.6.18 所示。

①火灾自动报警系统:1 层和 2 层均使用的是 J2 回路,各层均设有总线隔离器和楼层显示器,以及带电话插孔的手动报警按钮、编码消火栓启泵按钮、编码感烟探测器、单输入模块带信号阀或水流指示器、输入输出模块带增压送风口或防烟防火阀;1 层独有输入输出模块带卷帘门控制箱;2 层独有手动报警按钮。

②防火剩余电流动作报警系统:输入输出模块带防火漏电报警控制器。

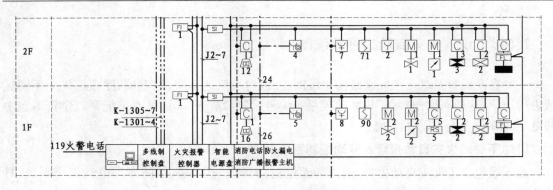

图 1.6.18　1 层和 2 层的火灾自动报警及联动控制系统原理

③火警紧急广播系统:输入输出模块带火灾警报扬声器。

④消防专用电话系统:均使用 2 个电话回路。

3)3 层至 7 层的火灾自动报警及联动控制系统原理

3 层至 7 层包含了火灾自动报警、防火剩余电流动作报警、火警紧急广播、消防专用电话4 个系统,具体如图 1.6.19 所示。

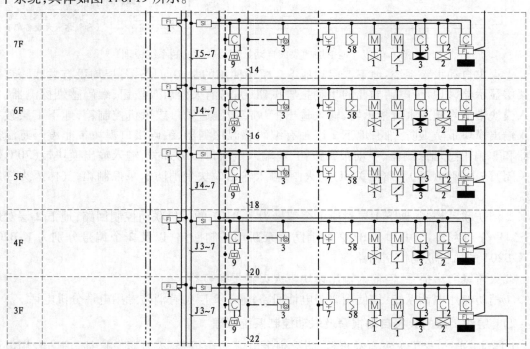

图 1.6.19　3 层至 7 层的火灾自动报警及联动控制系统原理

①火灾自动报警系统:从 3 层起每两层共用 1 个回路,其回路编号分别为 J3、J4、J5,各层均设有总线隔离器和楼层显示器,以及带电话插孔的手动报警按钮、编码消火栓启泵按钮、编码感烟探测器、单输入模块带信号阀或水流指示器、输入输出模块带增压送风口或防烟防火阀。

②防火剩余电流动作报警系统:输入输出模块带防火漏电报警控制器。

③火警紧急广播系统:输入输出模块带火灾警报扬声器。

④消防专用电话系统:均使用2个电话回路。

4)8 层至 10 层的火灾自动报警及联动控制系统原理

8 层至 10 层包含了火灾自动报警、防火剩余电流动作报警、火警紧急广播、消防专用电话 4 个系统,具体如图 1.6.20 所示。

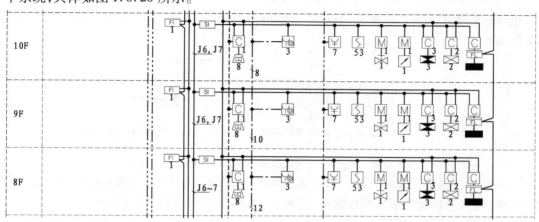

图 1.6.20　8 层至 10 层的火灾自动报警及联动控制系统原理

①火灾自动报警系统:8 层与第 7 层共用回路编号为 J5,9 层和 10 层共用回路编号为 J6,各层均设有总线隔离器和楼层显示器,以及带电话插孔的手动报警按钮、编码消火栓启泵按钮、编码感烟探测器(数量少于 3 层至 7 层)、单输入模块带信号阀或水流指示器、输入输出模块带增压送风口或防烟防火阀。

②防火剩余电流动作报警系统:输入输出模块带防火漏电报警控制器。

③火警紧急广播系统:输入输出模块带火灾警报扬声器。

④消防专用电话系统:均使用2个电话回路。

5)11 层至 12 层的火灾自动报警及联动控制系统原理

11 层至 12 层包含了火灾自动报警、防火剩余电流动作报警、火警紧急广播、消防专用电话 4 个系统,具体如图 1.6.21 所示。

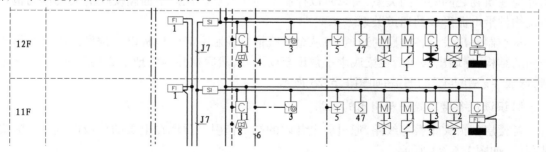

图 1.6.21　11 层至 12 层的火灾自动报警及联动控制系统原理

①火灾自动报警系统:11 层和 12 层共用回路编号为 J7,各层均设有总线隔离器和楼层显示器,以及带电话插孔的手动报警按钮、编码消火栓启泵按钮、编码感烟探测器(数量少于 8

层至10层)、单输入模块带信号阀或水流指示器、输入输出模块带增压送风口或防烟防火阀。

②防火剩余电流动作报警系统:输入输出模块带防火漏电报警控制器。

③火警紧急广播系统:输入输出模块带火灾警报扬声器。

④消防专用电话系统:均使用2个电话回路。

6)电梯层的火灾自动报警及联动控制系统原理

电梯层包含了火灾自动报警、消防联动控制、火警紧急广播、消防专用电话4个系统,具体如图1.6.22所示。

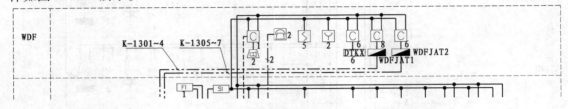

图1.6.22　电梯层的火灾自动报警及联动控制系统原理

①火灾自动报警系统:电梯层是12层回路的分支,编号为J7,设有编码感烟探测器、手动报警按钮、输入输出模块带电梯控制箱、输入输出模块带2台屋顶风机控制箱。

②消防联动控制:对应4个回路编号为K-1301~4的屋顶风机控制箱(编码WDFJAT1)联动控制回路,和对应3个回路编号为K-1305~7的屋顶风机控制箱(编码WDFJAT2)联动控制回路。

③火警紧急广播系统:输入输出模块带火灾警报扬声器。

④消防专用电话系统:使用2个电话回路对应消防专用电话分机电话。

1.6.4　识读火灾自动报警系统平面图

1)识读从控制室出发至各楼层的通道

经核对建筑平面图和火灾自动报警平面图,确认消防控制室在地下1层的⑦—⑧/Ⓔ—Ⓗ轴区域(证明系统图设计有误)。因为识读平面图的主要目的是判断火灾自动报警系统的构件与建筑物之间的空间关系,所以宜以控制室为切入点。识读平面图反映的火灾自动报警系统构件沿电流形成的通道关系。

从控制室出发至各楼层的通道,可从金属线槽自控制室静电地板以下敷设到内墙面形成竖向的结构,穿墙出房间后在梁底水平敷设至弱电井,然后在井内将地下2层和地上12层串通,形成"线槽配线"的通道,如图1.6.23所示。

2)识读从各楼层端子箱引出的回路

各楼层的火灾报警等线路,通过弱电井内的端子箱引上预埋在上层的楼板内至各自的安装部位,如图1.6.24所示。

3)识读探测器的回路

探测器分为编码接口模块的感温探测器和编码感烟探测器两类,如图1.6.25所示。

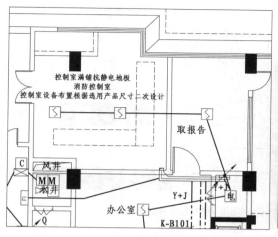
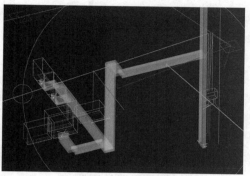

图1.6.23 控制室内金属线槽至弱电井的平面图与三维图对比

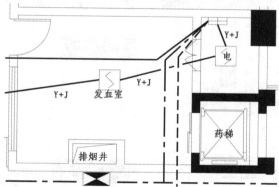
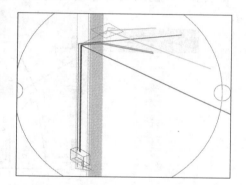

图1.6.24 弱电井内端子箱引出管线的平面图与三维图对比

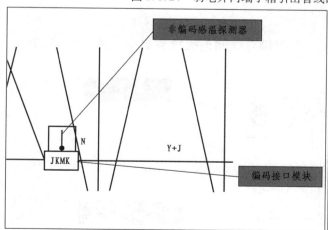
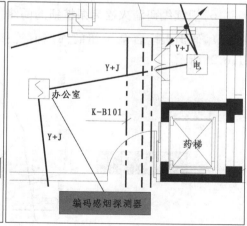

图1.6.25 两类探测器布置的平面图

4)识读带电话插孔手动报警按钮的回路

带电话插孔手动报警按钮的回路有连接火灾报警总线和消防电话线两种线路,如图

1.6.26所示。

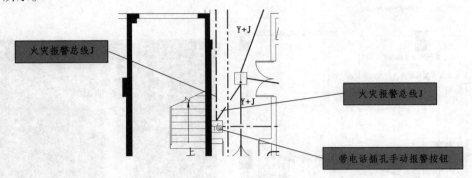

图 1.6.26　带电话插孔手动报警按钮的平面图

5)识读楼层显示器的回路

楼层显示器的回路有连接火灾报警总线和 DC24 V 电源总线两种线路,如图 1.6.27 所示。

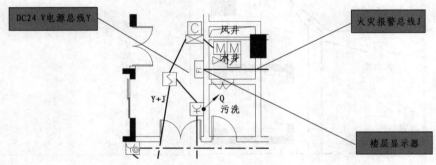

图 1.6.27　楼层显示器的平面图

6)识读编码消火栓启泵按钮的回路

编码消火栓启泵按钮的回路有连接火灾报警总线和消火栓直启泵线两种线路,如图 1.6.28所示。

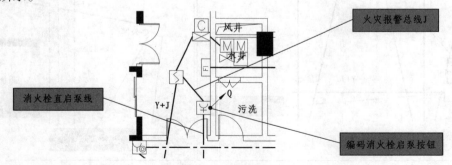

图 1.6.28　编码消火栓启泵按钮的平面图

7)识读输入输出模块和单输入模块的回路

输入输出模块和单输入模块的回路有连接火灾报警总线和 DC24 V 电源总线两种线路,

如图 1.6.29 所示。

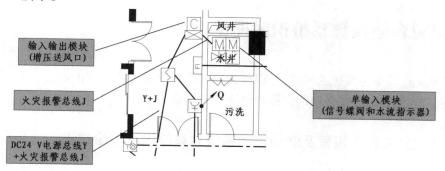

图 1.6.29　输入输出模块和单输入模块的平面图

8）识读火灾警报扬声器的回路和端子箱内布置

火灾警报扬声器的回路有连接火灾报警总线、DC24 V 电源总线、消防广播线 3 种线路，如图 1.6.30 所示。

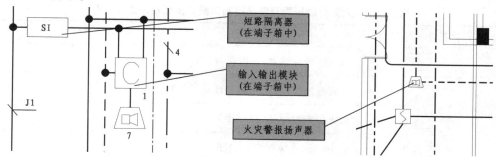

图 1.6.30　火灾警报扬声器和端子箱内布置的平面图

9）识读联动设备控制箱的回路

联动设备控制箱的回路有连接火灾报警总线和 DC24 V 电源总线，以及联动线 3 种线路，如图 1.6.31 所示。

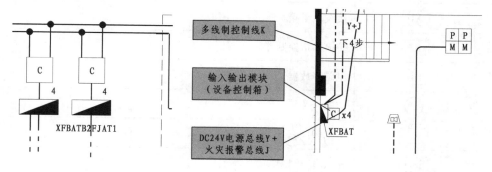

图 1.6.31　联动设备控制箱的平面图

识图实践

识读本书配套的某高层住宅楼施工图的火灾自动报警系统，并整理出 BIM 建模"三张表"。

1.7 火灾自动报警系统识图理论

理解火灾自动报警系统的构成,是识读火灾自动报警系统施工图的前提。下面结合相关标准图集,对火灾自动报警系统的识图理论进行系统学习。

1.7.1 火灾自动报警及联动控制系统独有的识图理论知识

火灾自动报警及联动控制系统独有的理论知识,可从国家标准图集《火灾自动报警系统设计规范图示》(14X505-1)中学习。

1)火灾自动报警系统的图形和文字符号

标准图集推荐采用的图形和文字符号及含义,如表1.7.1所示。

表1.7.1 火灾自动报警及联动控制系统常用图形和文字符号

序号	图形和文字符号	名称
1		火灾报警控制器,一般符号
2	A	火灾报警控制器(不具有联动控制功能)
3	AL	火灾报警控制器(联动型)
4	C	集中(型)火灾报警控制器
5	Z	区域(型)火灾报警控制器
6	S	可燃气体报警控制器
7	H	家用火灾报警控制器
8	XD	接线端子箱
9	RS	防火卷帘控制器
10	RD	电磁释放器
11	⊔	门磁开关
12	EC	电动闭门器
13	I/O	输入/输出模块
14	I	输入模块
15	O	输出模块

续表

序号	图形和文字符号	名称
16	M	模块箱
17	SI	总线短路隔离器
18	D	区域显示器(火灾显示盘)
19		手动火灾报警按钮
20		消火栓按钮
21		消防电话插孔
22		带消防电话插孔的手动火灾报警按钮
23		水流指示器
24	P	压力开关
25	F	流量开关
26		点型感烟火灾探测器
27		点型感温火灾探测器
28		家用点型感烟火灾探测器
29		可燃气体探测器
30		点型红外火焰探测器
31		图像型火灾探测器
32		独立式感烟火灾探测报警器
33		独立式感温火灾探测报警器
34	$I_\triangle$	剩余电流式电气火灾监控探测器
35	T	测温式电气火灾监控探测器
36	$I_\triangle$ T	剩余电流及测温式电气火灾监控探测器
37	AFD	具有探测故障电弧功能的电气火灾监控探测器(故障电弧探测器)
38	$I_\triangle$ T	独立式电气火灾监控探测器(剩余电流及测温式)
39	$I_\triangle$	独立式电气火灾监控探测器(剩余电流式)
40	T	独立式电气火灾监控探测器(测温式)

续表

序号	图形和文字符号	名称
41		线型感温火灾探测器
42		火灾光警报器
43		火灾声光警报器
44		扬声器,一般符号
45		消防电话分机
46	E	安全出口指示灯
47	← ⇄ →	疏散方向指示灯
48		自带电源的应急照明灯
49	L	液位传感器
50		信号阀(带监视信号的检修阀)
51	M	电磁阀
52	M	电动阀
53	70 ℃	常开防火阀(70 ℃熔断关闭)
54	280 ℃	常开排烟防火阀(280 ℃熔断关闭)
55	280 ℃	常闭排烟防火阀(电控开启,280 ℃熔断关闭)
56	S S	通信线(包括 S1 ~ S5,见本图集第 72 页)
57	S1 S1	报警信号总线
58	S2 S2	联动信号总线
59	D D	50 V 以下的电源线路

序号	图形和文字符号	名称
60	F / F	消防电话线路
61	BC / BC	广播线路或音频线路
62	C / C	直接控制线路

2)火灾自动报警系统框图

火灾自动报警系统框图是说明其构成的依据,总体概况如图1.7.1所示。

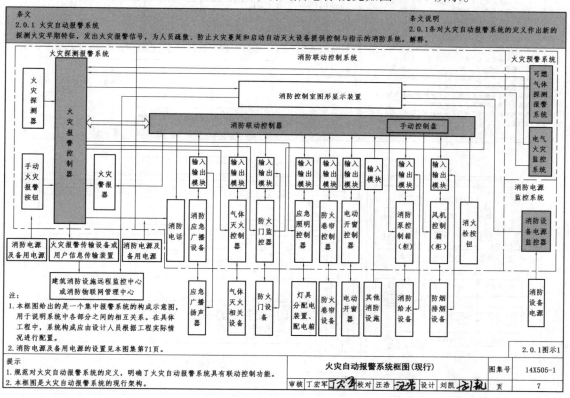

图 1.7.1 火灾自动报警系统框图

3)火灾自动报警系统总线隔离器的设置

火灾自动报警系统总线隔离器的设置有树形结构(图1.7.2)和环形结构两种方案(图1.7.3)。

4)消防控制室布置图

消防控制室布置分为单列布置、双列布置、与安防监控室合用3种情况,如图1.7.4和图1.7.5所示。

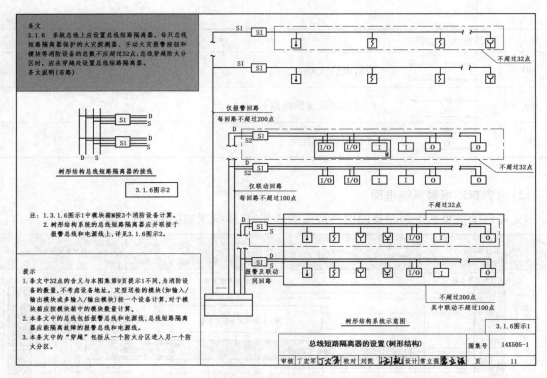

图 1.7.2　火灾自动报警系统的总线隔离器(树形结构)

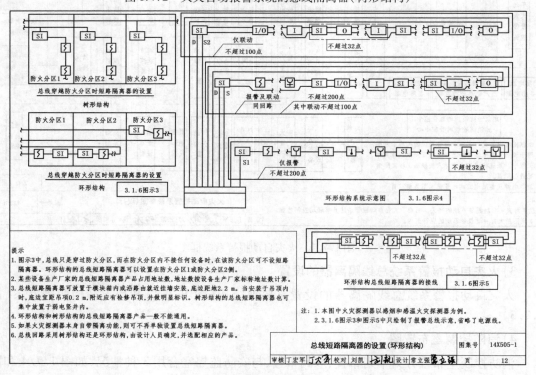

图 1.7.3　火灾自动报警系统的总线隔离器(环形结构)

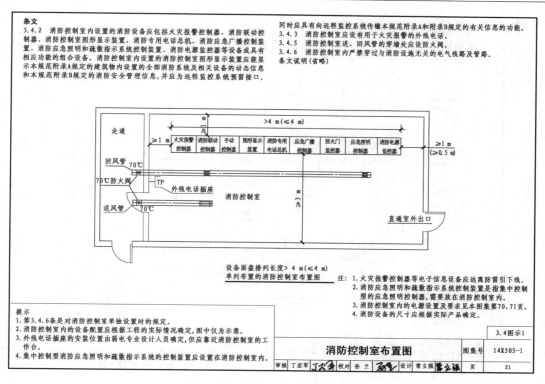

图 1.7.4　单列布置的消防控制室

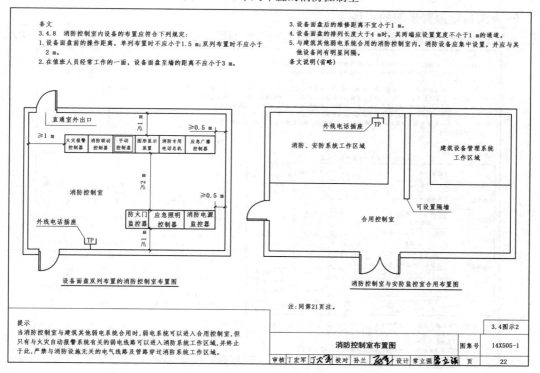

图 1.7.5　双列布置、与安监合用的消防控制室

5)火灾自动报警系统供电电源

火灾自动报警系统供电电源主要是采用蓄电池或 UPS 电源装置方式,如图 1.7.6 所示。

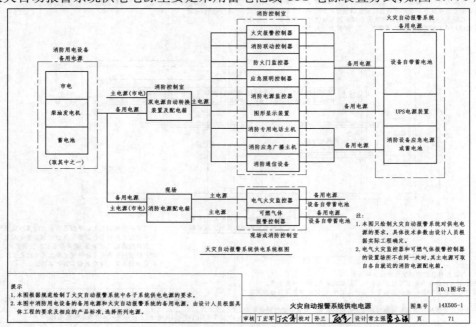

图 1.7.6　火灾自动报警系统供电电源

6)火灾自动报警系统的布线

火灾自动报警系统布线与一般的电气线路相比,对防火的要求更加严格,如图 1.7.7 所示。

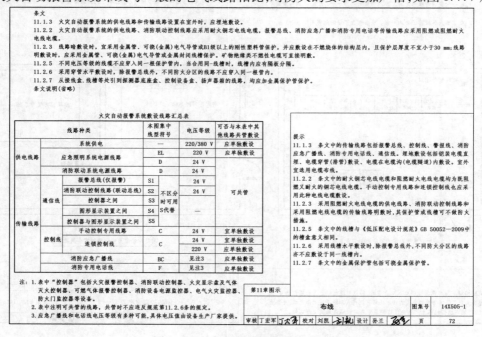

图 1.7.7　火灾自动报警系统布线

1.7.2　金属线槽安装

火灾自动报警及联动控制系统使用金属线槽安装的要求,与电气动力和电气照明系统相比,并无特殊要求。依据国家标准图集《线槽配线安装》(96D301-1),其主要的安装方式及要求如表 1.7.2 所示。

表1.7.2

表 1.7.2　金属线槽主要的安装方式

序号	名称	页码	摘要
1	金属线槽沿墙水平安装(一)	13	金属线槽贴墙安装
2	金属线槽沿墙水平安装(二)	14	金属线槽成品支架安装
3	金属线槽沿墙水平安装(三)	15	金属线槽现场加工支架安装
4	金属线槽沿墙垂直安装(一)	16	金属线槽现场加工扁钢托架沿墙垂直安装
5	金属线槽沿墙垂直安装(二)	17	金属线槽现场加工角钢托架沿墙垂直安装
6	金属线槽沿墙垂直安装(三)	18	金属线槽现场加工支撑架沿墙垂直安装
7	金属线槽与箱柜连接	34	金属线槽带箱柜引出脚与箱柜连接
8	金属线槽过伸缩缝安装	35	金属线槽在伸缩缝带过渡节头安装
9	金属线槽过防火墙安装(一)	36	金属线槽穿越防火墙采用防火包安装
10	金属线槽过防火墙安装(二)	37	金属线槽穿越防火墙采用防火堵料安装

1.7.3　钢导管配线安装

火灾自动报警及联动控制系统使用的保护管,常选择钢导管。钢导管配线安装的要求,与电气动力和电气照明系统相比,并无特殊要求。依据国家标准图集《钢导管配线安装》(03D301-3),其主要的安装方式及要求如表 1.7.3 所示。

表1.7.3

表 1.7.3　钢导管配线主要的安装方式

序号	名称	页码	摘要
1	沿墙明敷设(一)	13	钢导管沿墙明敷设的多种方案之一
2	沿墙明敷设(二)	14	钢导管沿墙明敷设的多种方案之二
3	沿顶板跨梁　沿墙明敷设	18	钢导管贴顶板和贴梁明敷设
4	沿楼板下明敷设(一)	19	钢导管沿楼板下明敷设的多种方案之一

续表

序号	名称	页码	摘要
5	沿楼板下明敷设(二)	20	钢导管沿楼板下明敷设的多种方案之二
6	沿楼板下明敷设(三)	21	钢导管沿楼板下明敷设的多种方案之三
7	沿楼板下明敷设(四)	22	钢导管沿楼板下明敷设的多种方案之四
8	配电箱明管进出安装	23	配电箱上部和下部明管进出安装
9	沿现浇楼板暗敷设	25	钢导管在现浇楼板钢筋网内暗敷设
10	沿吊顶内暗敷设	27	钢导管在吊顶内龙骨上或采用吊杆敷设
11	墙体及楼板内暗敷设	30	钢导管墙体开槽及楼板预埋暗敷设
12	配电箱暗管进出安装	33	嵌入式配电箱直接和悬挂式配电箱加装接线盒
13	楼板内引至吊顶内暗敷设	37	吊顶内钢管和可挠金属电线管从楼板内引出敷设
14	穿防火墙敷设	38	钢导管穿防火墙的防火封堵做法
15	过伸缩沉降缝明敷设	39	可挠金属电线管或接线盒过渡伸缩沉降缝
16	过伸缩沉降缝暗敷设	40	可挠金属电线管或接线盒过渡伸缩沉降缝

1.8 火灾自动报警系统手工计量

火灾自动报警系统手工计量是一项传统工作,随着 BIM 建模技术的推广,手工计量在造价活动中所占的份额会大大减少,但近期不会消失。因此,学习者有必要了解手工计量的相关知识,掌握基本的操作技能。

1.8.1 工程造价手工计量方式概述

1)工程造价手工计量方式

(1)工程造价手工计量的概念

①手工计量是一种传统的计量方式,也是一种特定历史时期的工作模式;

②手工计量的主要工作体现为"识图与立项"和"测量与计算"两种行为;

③做好手工计量工作的前提是看懂施工图,熟悉施工工艺,掌握工作程序和方法,具有耐心细致的工作作风;

④手工计量可以弥补 BIM 建模对"施工图节点"表达不易或不宜的缺陷。

（2）工程造价手工计量方式的工作程序

手工计量是一项必须遵守程序的工作，具体程序如图1.8.1所示。

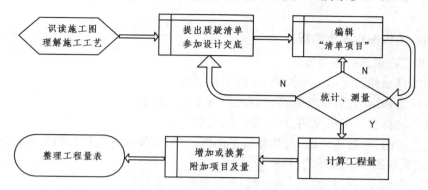

图1.8.1 手工计量的工作程序

2）安装工程造价工程量手工计算表

手工计量宜采用规范的计算表格，如表1.8.1所示。

表1.8.1 安装工程造价工程量手工计算表（示例）

工程名称：某高层医院（示例）　　　　　　　　　　　子分部工程名称：火灾自动报警系统

项目序号	部位序号	编号/部位	项目名称/计算式	系数	单位	工程量	备注
1			点型探测器：编码感烟探测器 SFP-851		个	690	
	①	1层	33{多功能厅}＋10{大厅左侧}＋26{大厅}＋18{大厅右侧}		个	87	
	②	2层	7{手术室左侧}＋54{手术室中部}＋8{手术室右上侧}		个	69	
	③	3层	19{病房}＋39{公区和治疗}		个	58	
	④	4～7层	20{病房}＋35{公区和治疗}	4	个	220	
	⑤	8～10层	17{病房}＋36{公区和治疗}	3	个	159	
	⑥	11～12层	7{病房}＋39{公区和治疗}	2	个	92	
	⑦	屋顶层	3{左侧机房}＋2{右侧机房}		个	5	
2			按钮：手动报警按钮 M500K		个		
	①	1层			个		
	②	2层			个		
	③	3层			个		

1.8.2 安装工程手工计量的程度和技巧

1)以科学的识图程序为前提

(1)安装工程识图的主要程序

①读图纸目录和设计施工总说明,了解工程全景。

②读建筑图和结构图,掌握标高、门窗、吊顶等相关信息。

③读设备材料表和图例说明,理解图纸的基础信息。

④先读系统图,理解工作原理;然后读平面图,掌握安装构件与建筑物之间的空间关系。

(2)识读系统图和平面图的技巧

①从控制室出发,宜以"流向"为主线,确定系统的切入点;

②火灾自动报警及联动控制系统,应区分楼层平面和竖向干线两类构成关系;

③楼层平面通常以"模块箱"为起点,顺着电流方向清理项目;

④竖向干线通常以控制室主机为起点,顺着电流方向到楼层的模块箱清理项目,或顺着电流方向至控制箱(点)清理项目。

2)立项的技巧

①先清点状设备,从控制室设备起,顺电流流向清理到模块箱或控制箱,然后至探测器、按钮、模块等的清单项目,按照"清单名称:定额类型+设备材料名称及型号或编号和规格(项目特征)"的方式,表达在计算书中;

②管线的清理应分为金属线槽与导管、电线与控制电缆两类,对电线宜判断清楚报警信号线和电源线之间的关系,顺着"流向"逐一确定"计量型"的清单项目,按照"清单名称:定额类型+材料种类及名称规格(项目特征)"的方式,表达在计算书中;

③控制电缆电缆头应按照回路进行清理;

④最后考虑附加项目,如支架和油漆、沟槽和预留孔洞、防火封堵等;

⑤不可遗漏自动报警系统调试、水灭火控制装置调试、防火控制装置调试、气体灭火系统装置调试4类调试项目。

3)计量的技巧

①依据已经确立的清单项目的顺序依次进行计量;

②区分不同楼层作为部位的第一层级关系;

③先数个数,然后按照系统图分回路计算配管,依据配管算电缆(或电线)长度及附加长度;

④采用具有汇总统计功能的计量软件。

1.8.3　火灾自动报警系统在 BIM 建模后的手工计量

1）针对不宜在 BIM 建模中表达的项目

采用 BIM 技术建模,从提高工作效率的角度出发,并不需要建立工程造价涉及的所有定额项目,因此需要采用手工计量的方式补充必要的项目。火灾自动报警系统常见的需要采用手工计量的项目如下:

①接线盒:线路中间采用的接线盒;

②拉线盒:线路中间采用的拉线盒;

③接线盒:探测器、按钮、模块等处的底盒;

④防火堵洞质量的换算;

⑤防火隔板面积的换算;

⑥铁构件(支架)质量的换算。

2）特殊部位的立项及核算

①调试项目的立项及点位核算。

②依据《火灾自动报警系统施工及验收标准》(GB 50166—2019)的规定,计算控制器、探测器、手动火灾报警按钮、模块各处的预留线长度。

1.9　火灾自动报警系统招标工程量清单编制

本节以某高层医院已经形成的 BIM 模型工程量表为基础,按照《通用安装工程工程量计算规范》(GB 50856—2013)和《重庆市建设工程费用定额》(CQFYDE—2018)的规定,编制火灾自动报警系统招标工程量清单。

1.9.1　建立预算文件体系

建立预算文件体系是招标工程量清单编制的基础工作,操作程序可参照 1.4.1 节中的相应内容,主要区别是新建项目时应选择"新建招标项目"。

1.9.2　编制工程量清单

1）建立分部和子分部,添加清单项目

建立清单项目就是依据"火灾自动报警系统工程量表"的数据,按照《通用安装工程工程量计算规范》(GB 50856—2013)的规定,进行相应的编制工作。具体操作可分成以下两个阶段:

(1)添加项目及工程量

添加项目及工程量的具体操作如表 1.9.1 所示。

表 1.9.1　添加项目及工程量

步骤	工作	图标	工具→命令	说明
1	建立分部	类别　　名称 整个项目 部　消防工程	下拉菜单→安装工程→消防工程	
2	建立子分部	类别　　名称 整个项目 部　消防工程 部　火灾自动报警系统 ▼ 项　自动提示：请输入清单简称	单击鼠标右键增加子分部→选择安装工程→消防工程→火灾自动报警系统	
3	添加项目	查询	查询→查询清单	
4	选择项目	查询 清单指引　清单　定额　人材机 工程量清单项目计量规范(2013-重庆) ▼ 搜索 田 建筑工程 田 仿古建筑工程 田 安装工程 　田 机械设备安装工程 　田 热力设备安装工程 　田 静置设备与工艺金属结构制作… 　田 电气设备安装工程 　田 建筑智能化工程 　田 自动化控制仪表安装工程 　田 通风空调工程 　田 工业管道工程 　田 消防工程 　　　水灭火系统 　　　气体灭火系统 　　　泡沫灭火系统 　　　火灾自动报警系统 　　　消防系统调试 　　　其他	查询→清单→安装工程→消防工程→火灾自动报警→项目	
5	修改名称	编辑[名称] 点型探测器：编码感烟探测器SFP-851	名称→选中→复制→粘贴(表格数据)	
6	修改工程量	工程量表达式 15.00　…	工程量表达式→选中→复制→粘贴(表格数据)	

续表

步骤	工作	图标	工具→命令	说明
7	其他分册项目		查询→清单→安装工程→电气设备安装→配管配线等→项目	
8	从步骤3起重复操作			

（2）编辑项目特征和工作内容

编辑项目特征和工作内容的具体操作如表 1.9.2 所示。

表 1.9.2　编辑项目特征和工作内容

步骤	工作	图标	工具→命令	说明
1	选择特征命令	信息　安装费用　**特征及内容**　工程量明 特征值　输出 1	名称→特征及内容	
2	编辑项目特征	信息　安装费用　**特征及内容**　工程量明细　反查图形 特征　特征值　输出 1 名称　编码感温探测器 ☑ 2 规格　SFT－851 ☑ 3 线制　总线 ☑ 4 类型 □	特征值→名称/规格等	
3	编辑工作内容	工作内容　**输出** 1 底座安装 ☑ 2 探头安装 ☑ 3 校接线 ☑ 4 编码 ☑ 5 探测器调试 ☑	特征值→输出（选择）	
4	逐项重复以上操作			
5	清单排序	清单排序 ○ 重排流水码 ● 清单排序 ○ 保存清单顺序	整理清单→清单排序	

2）导出报表

（1）选择报表的依据

依据《重庆市建设工程费用定额》（CQFYDE—2018）的规定,选择相应的表格,如图 1.9.1 所示。

重庆市建设工程费用定额

（二）使用计价表格规定

1.工程计价采用统一计价表格格式，招标人与投标人均不得变动表格格式。

2.工程量清单编制应符合下列规定：

（1）使用表格：封-1、表-01、表-08、表-09、表-10、表-11、表-11-1~表-11-5、表-12、表-19、表-20或表-21。

（2）填表要求：

1）封面应按规定的内容填写、签字、盖章，由造价人员编制的工程量清单应有负责审核的造价工程师签字、盖章。受委托编制的工程量清单，应有造价工程师签字、盖章以及工程造价咨询人盖章。

2）总说明应按下列内容填写：

①工程概况：建设规模、工程特征、计划工期、施工现场实际情况、自然地理条件、环境保护要求等。

②工程招标和专业发包范围。

③工程量清单编制依据。

④工程质量、材料、施工等的特殊要求。

⑤其他需要说明的问题。

图 1.9.1　选择报表的依据

（2）选择报表的种类

工程量清单通常用于招标人组织编制招标控制价和投标人依据此编制投标预算书，其使用的格式应符合《重庆市建设工程费用定额》（CQFYDE—2018）的规定，不选择表-20"承包人提供主要材料和工程设备一览表（适用于价格指数差额调整法）"，如图 1.9.2 所示。

图 1.9.2　选择报表的种类

批量导出
Excel

（3）报表的导出

报表导出到桌面的招标工程量清单文件夹，批量导出报表的命令如图1.9.3所示。

图 1.9.3　批量
导出报表的命令

实训任务

独立完成本书配套的某高层住宅楼施工图吊层范围火灾自动报警系统招标工程量清单的编制及导出。

1.10　火灾自动报警系统 BIM 建模实训

BIM 建模实训是在已经完成本章前述内容的学习后,本着强化 BIM 建模技能而安排的一个环节。它是将学习者从以前逆向学习法的思路,引向承担实际业务的顺向工作法必需的过程,它能较好地适应现行教学体系中的课程设计环节。

1.10.1　BIM 建模实训的目的与任务

1) BIM 建模实训的目的

BIM 建模实训的目的是让学习者从"逆向学习"转变为"顺向工作"。

(1)本书的学习方法是如图 1.10.1 所示的逆向学习法。

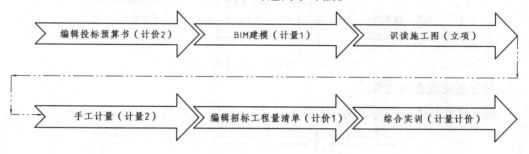

图 1.10.1　逆向学习法

(2)实际业务运作是如图 1.10.2 所示的顺向工作法。

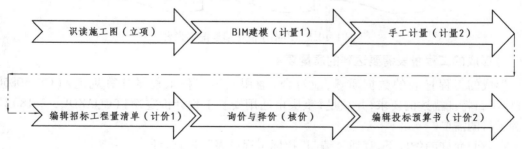

图 1.10.2　顺向工作法

2) BIM 建模实训的任务

将顺向工作法中难度较大的"立项与计量"环节作为实训任务,如图 1.10.3 所示。

图 1.10.3　实训任务

1.10.2　BIM 建模实训的要求

1)BIM 建模实训的工作程序

BIM 建模实训的工作程序如图 1.10.4 所示。

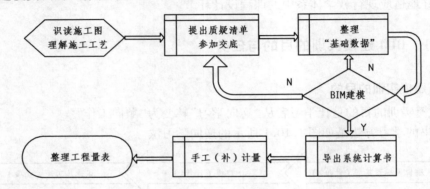

图 1.10.4　BIM 建模实训的工作程序

2)整理基础数据的结果

整理基础数据就是需要形成三张参数表,如图 1.10.5 所示。

图 1.10.5　BIM 建模基础数据三张表

3)形成的工程量表需要达到的质量要求

形成的工程量表的数据质量,应符合《通用安装工程工程量计算规范》(GB 50856—2013)项目特征描述的要求,并满足《重庆市通用安装工程计价定额》(CQAZDE—2018)计价定额子目的需要。

在时间允许的条件下,宜通过编制"招标工程量表"进行验证。

1.10.3　火灾自动报警系统 BIM 建模实训的关注点

1）采用某高层住宅楼工程进行实训

为达到既能检验学习效果，又不过多占用学生在校时间的目的，本实训任务按以下原则展开：

①仅选择地下 3 层、吊层、1 层进行实训；

②依据施工图布置的方式展开实训，不校正设计失误；

③设在吊层的消防控制室内主机，按照标准图集中单排布置且与出户 CT 金属桥架垂直罗列的方案进行。

2）实训前提示

①本工程会涉及跨层桥架配线因为"错位"导致不连续的问题，可考虑"同一点过渡"的措施处理；

②统一选择 B 栋①轴和Ⓐ轴交点为基点。

第 2 章　通风系统

2.1　本章导论

2.1.1　通风系统的含义

本章所指的通风系统,是指《建筑工程施工质量验收统一标准》(GB 50300—2013)"附录B　建筑工程的分部工程、分项工程划分"中,通风与空调分部工程所包含的送风系统子分部工程和排风系统子分部工程之一般送风排风系统分项工程、防排烟系统子分部工程、地下人防通风系统子分部工程的各分项工程,不包含空调送风、回风、新风系统分项工程。

2.1.2　本章的学习内容与目标

本章将围绕通风系统的概念与构成、常用材料与设备、主要施工工艺及设备,以及通风系统对应项目的计价定额与工程量清单计价、施工图识读、BIM模型的建立及手工算量的技巧等一系列知识点,形成一个相对闭合的学习环节,从而全面解读通风系统工程预(结)算文件编制的全过程。通过学习本章内容,学习者应掌握通风系统预(结)算的相关知识,具备计价、识图、BIM建模和计算工程量的技能,具有编制通风系统预(结)算的能力。

2.2　初识通风系统

2.2.1　通风系统概述

通风系统常常是指对空气不进行特殊处理,只对空气流动实施控制涉及的系统。它一般包括送风系统、排风系统、防排烟系统、除尘系统、地下人防通风系统、真空吸尘系统等几种类型。但是无论何种系统类型,通风机、软接头、风管(或建筑风道)、风口、支吊架都是构成系统的主要元素,并且它们的制作安装工艺均具有较高的相似性。因此,通过认识以上的某一种系统,就能了解通风系统的基本组成。本节主要介绍防排烟系统。

1)建筑防排烟系统及设置

建筑防排烟系统是建筑物内设置的用于防止火灾烟气蔓延扩大的防烟系统和排烟系统的总称。建筑防排烟系统分为防烟和排烟两个方面,防烟有自然通风和机械加压送风两种形式,排烟则有自然排烟和机械排烟两种形式。设置防烟或排烟的具体方式多种多样,应结合实际工程特点考虑。

根据《建筑设计防火规范》(GB 50016—2014,2018 年版)的规定,需要设置防排烟系统的位置如表 2.2.1 所示。

表 2.2.1　防排烟系统设置的位置

防烟设施设置的位置		建筑内的防烟楼梯间及其前室
		消防电梯间前室或合用前室
		避难走道的前室、避难层(间)
排烟设施设置的位置	民用建筑	设置在一、二、三层且房间建筑面积大于 100 m² 的歌舞娱乐放映游艺场所,设置在四层及以上楼层、地下或半地下的歌舞娱乐放映游艺场所
		中庭
		公共建筑内建筑面积大于 100 m² 且经常有人停留的地上房间
		公共建筑内建筑面积大于 300 m² 且可燃物较多的地上房间
		建筑内长度大于 20 m 的疏散走道
	工业建筑	人员或可燃物较多的丙类生产场所,丙类厂房内建筑面积大于 300 m² 且经常有人停留或可燃物较多的地上房间
		建筑面积大于 5 000 m² 的丁类生产车间
		占地面积大于 1 000 m² 的丙类仓库
		高度大于 32 m 的高层厂房(仓库)内长度大于 20 m 的疏散走道,其他厂房(仓库)内长度大于 40 m 的疏散走道
	地下室	地下或半地下建筑(室)、地上建筑内的无窗房间,当总建筑面积大于 200 m² 或一个房间建筑面积大于 50 m²,且经常有人停留或可燃物较多时,应设置排烟设施

2)自然通风与自然排烟

(1)自然通风系统

自然通风系统是以热压和风压作用的、不消耗机械动力的、经济的通风方式,其架构关系如图 2.2.1 所示。

建筑高度小于 50 m 的公共建筑、工业建筑和建筑高度小于 100 m 的住宅建筑,其防烟楼梯间、独立前室、合用前室、共用前室及消防电梯前室应采用自然通风系统。

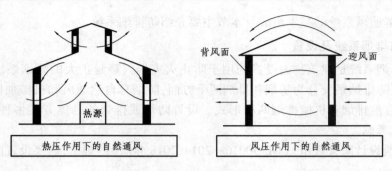

图 2.2.1 自然通风的原理

建筑高度小于等于 50 m 的公共建筑、工业建筑和建筑高度小于等于 100 m 的住宅建筑，其防烟楼梯间、独立前室、合用前室、共用前室及消防电梯前室应采用自然通风系统；当不能设置自然通风系统时，应采用机械加压送风系统。防烟系统的选择，尚应符合下列要求：

①当独立前室或合用前室满足下列条件之一时，楼梯间可不设置防烟系统：

a. 采用敞开的阳台或凹廊；

b. 设有两个及以上不同朝向的可开启外窗，且独立前室两个外窗面积分别不小于 2.0 m²，合用前室两个外窗面积分别不小于 3.0 m²。

②当独立前室、合用前室及共用前室仅有一道门连通走道时，且其机械加压送风口设置在前室的顶部或正对前室入口的墙面时，楼梯间可采用自然通风系统；当机械加压送风口未设置在前室的顶部或正对前室入口的墙面时，楼梯间应采用机械加压送风系统。

③当防烟楼梯间在裙房高度以上部分采用自然通风时，不具备自然通风条件的裙房的独立前室、合用前室及共用前室应采用机械加压送风系统，且独立前室、合用前室及共用前室送风口的设置方式应符合防排烟系统技术规范的要求。

（2）自然排烟系统

自然排烟系统是利用热烟气产生的浮力、热压或其他自然作用力使烟气排出室外，主要利用外窗、阳台、凹廊或专用排烟口、竖井等将烟气排走或稀释烟气的浓度。其架构关系如图 2.2.2 所示。

3）机械防烟与机械排烟

（1）机械加压送风防烟系统

机械加压送风防烟系统是利用机械加压送风的措施，当火灾发生时采用机械加压送风，产生正压，使烟不能进入被保护的范围。

①机械加压送风的适用场所包括电梯前室、疏散楼梯间和封闭的避难层等处。

②机械加压防烟系统由加压送风机、加压送风管道、加压送风口等组成，其架构关系如图 2.2.3 所示。

为保证疏散通道不受烟气侵害，使人员安全疏散，发生火灾时，从安全角度出发，高层建筑内可分为以下 4 类安全区：

a. 第一类安全区为防烟楼梯间、避难层；

b. 第二类安全区为防烟楼梯间前室、消防电梯间前室或合用前室；

c. 第三类安全区为走道；

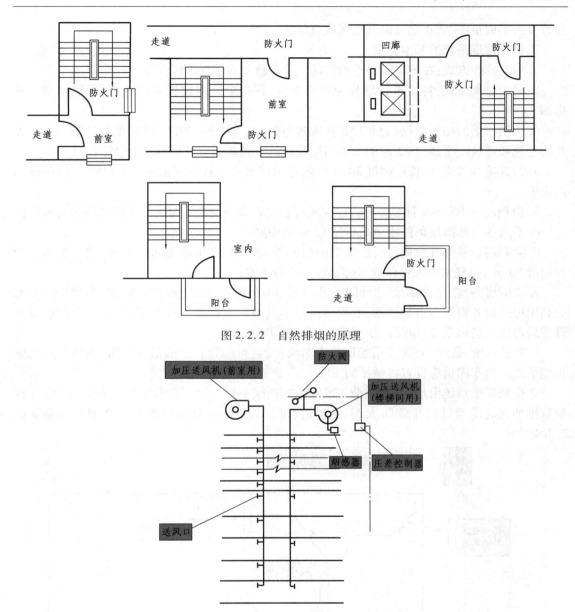

图 2.2.2 自然排烟的原理

图 2.2.3 机械加压防烟系统组成

d. 第四类安全区为房间。

依据上述原则,加压送风时应使防烟楼梯间压力 > 前室压力 > 走道压力 > 房间压力,同时还要保证楼梯间与非加压区的压差不要过大,以免造成开门困难影响疏散。我国现行规范规定,防烟楼梯间与非加压区的设计压差为 40 ~ 50 Pa,防烟楼梯间前室、合用前室、消防电梯间前室、封闭避难层(间)的设计压差为 25 ~ 30 Pa。一般来说,机械加压送风防烟是向防烟楼梯间及其前室加压送风,造成与走道之间一定的压力差,防止烟气入侵。

(2)机械排烟系统

机械排烟系统是利用排烟机把着火房间中产生的烟气和热量通过排烟口排至室外,同时在着火区形成负压,防止烟气向其他区域蔓延。

①机械排烟系统的基本类型。

a.局部排烟方式:在每个需要排烟的部位设置独立的排烟风机直接进行排烟。

b.集中排烟方式:将建筑物划分为若干个区,在每个区内设置排烟风机,通过排烟风机排烟。

②机械排烟的场所根据《建筑设计防火规范》(GB 50016—2014,2018 年版)的规定,一类高层建筑和建筑高度超过 32 m 的二类高层建筑的下列部位应设机械排烟设施:

a.无直接自然通风、长度超过 20 m 的内走道或虽有直接自然通风,但长度超过 60 m 的内走道;

b.面积超过 100 m², 且经常有人停留或可燃物较多的地上无窗房间或设固定窗的房间;

c.不具备自然排烟条件或净高超过 12 m 的中庭;

d.除利用窗井等开窗进行自然排烟的房间外,各房间总面积超过 200 m² 或一个房间面积超过 50 m²,且经常有人停留或可燃物较多的地下室;

e.带裙房的高层建筑防烟楼梯间及其前室、消防电梯间前室或合用前室,当裙房以上部分利用可开启外窗进行自然排烟,而裙房部分不具备自然排烟条件时,其前室或合用前室应设置局部正压送风系统,应保证正压值为 25～30 Pa;

f.对于商场、餐厅、公共娱乐场所等人员集中,且可燃物较多的活动场所,也应设置机械排烟系统。汽车库也应设置机械排烟系统。

③机械排烟系统由挡烟壁(活动式或固定式挡烟垂壁,或挡烟隔墙、挡烟梁)、排烟口(或带有排烟阀的排烟口)、排烟防火阀、排烟道、排烟风机和排烟出口组成。其架构关系如图2.2.4所示。

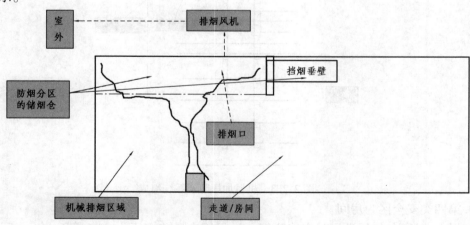

图 2.2.4 机械排烟系统的组成

④补风系统:补风系统是和机械排烟系统配套设置的,用于避免排烟区域的空气负压太大,以便使火灾时的烟气能够顺利排出的系统。补风系统可采用疏散外门、手动或自动可开启外窗等自然进风方式以及机械送风方式。防火门、窗不得用作补风设施。风机应设置在专用机房内。

按照《建筑防烟排烟系统技术标准》(GB 51251—2017)第 4.5.1 条的规定,除地上建筑的走道或建筑面积小于 500 m² 的房间外,其他场所设置排烟系统的均应设置补风系统。

（3）机械防排烟系统的工作原理

机械防排烟系统的工作原理:当建筑物内发生火灾时,由火场人员手动控制或由火灾探测器将火灾信号传给防排烟控制器,开启活动挡烟垂壁,打开风阀、风机,排除烟气,送进新风,停止空调风机。机械防排烟系统的架构关系如图 2.2.5 所示。

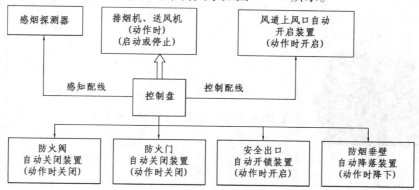

图 2.2.5　机械防排烟系统的组成

2.2.2　通风系统的设备与材料

1）机械加压防烟系统的设备

机械加压防烟系统常用的设备如表 2.2.2 所示。

表 2.2.2　机械加压防烟系统的常用设备

名称	图片	主要参数	图例
防烟风机(轴流风机)		型号:ADF-630-I-15 功率:15 kW; 风量:43 276 m³/h; 风压:988 Pa; 尺寸:D900,L750	
加压送风口		类型:双(单)层百叶风口; 尺寸:参见平面图标注	
余压阀		类型:压差控制阀; 尺寸:参见平面图标注	

续表

名称	图片	主要参数	图例
防火阀		类型:防火阀,常开型,70 ℃熔断	
		类型:电磁防火阀,常开(闭)型,70 ℃熔断	常开型
			常闭型

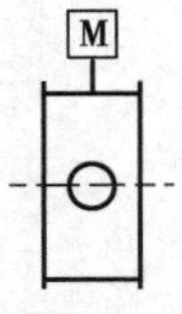

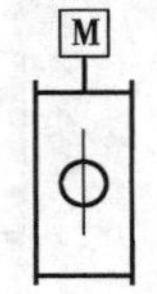

2) 机械排烟系统的设备

机械排烟系统常用的设备如表 2.2.3 所示。

表 2.2.3　机械排烟系统的常用设备

名称	图片	主要参数	图例
排烟风机(离心风机)		型号:ADF-560-1-3	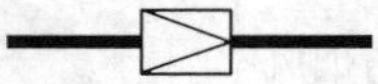
排烟口		类型:双(单)层百叶风口; 尺寸:参见平面图标注	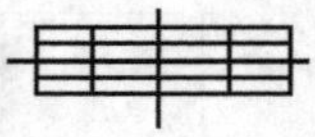
排烟防火阀		类型:防火阀,常开型,280 ℃熔断	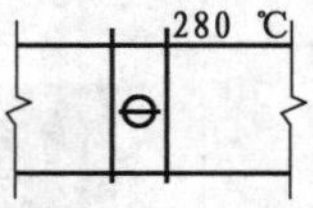 280 ℃

名称	图片	主要参数	图例
排烟阀		类型:排烟阀,常开型,280°熔断	
		类型:电磁排烟阀,常开(闭)型,280°熔断	常开型 常闭型

3)通风管(道)的材料

通风管(道)常用的材料如表2.2.4所示。

表 2.2.4　通风管(道)常用的材料

名称	图片	主要参数	图例
镀锌钢管		材质:镀锌钢板; 尺寸:$b \times h$,参照设备材料表 h b	JS 机械加压管道防烟图例 PY 机械排烟管道图例
砖砌风道、烟道		尺寸:参见平面图标注	

2.2.3　施工质量验收规范对通风系统的相关规定

《通风与空调工程施工质量验收规范》(GB 50243—2016)对防排烟系统的相关规定如下。

1) 系统施工

对系统施工的相关规定如表2.2.5所示。

表2.2.5

表2.2.5 对系统施工的相关规定(摘要)

序号	条码	知识点	页码
1.1	4.2.3	金属风管制作板材的壁厚应符合设计要求。设计无要求时,应满足规范表4.2.3-1的要求	14
1.2	4.2.4	玻璃钢风管制作板材的壁厚应满足规范表4.2.4-5和表4.2.4-6的要求	18
1.3	5.2.4	防火阀、排烟阀或排烟口的制作应符合GB 15930的相关规定	36
1.4	5.2.7	防排烟系统的柔性短管必须采用不燃材料	37
1.5	5.3.7	柔性短管的制作要求,其中长度宜为150~250 mm	40
1.6	6.2.2	风管穿过需要封闭的防火、防爆的墙体或楼板时,必须设置厚度不小于1.6 mm的钢制防护套管	42
1.7	6.2.3	风管安装的一系列规定	43
1.8	6.2.8	风口安装的相关要求	44
1.9	6.2.9	风管系统安装完毕后,应进行严密性检验的要求	44
1.10	6.2.10	对人防工程风管的要求	45
1.11	6.3.8	对风阀的安装要求	50
1.12	6.3.11	对消声器及静压箱的安装要求	51
1.13	7.2.2	对通风机传动装置必须采取安全防护措施的要求	52

2) 系统调试

对系统调试的相关规定如表2.2.6所示。

表2.2.6

表2.2.6 对系统调试的相关规定(摘要)

序号	条码	知识点	页码
2.1	11.2.1	通风与空调工程安装完毕后应进行系统调试的要求	92
2.2	11.2.4	防排烟系统联合试运行与调试应符合有关规定	94
2.3	11.3.2	通风系统非设计满负荷条件下联合试运行及调试要求	96
2.4	11.3.5	通风与空调工程通过系统调试后,监控设备与系统中的检测元件和执行机构应能正常沟通等要求	97

2.2.4　初识通风系统工程图

初学识图,我们选择某高层建筑(8#A 楼中的 JS-3 系统)作为示例,来建立识图程序和项目的初步概念。识图的主要思路:首先读设备材料表,了解所用图例的含义以及本系统使用的主要设备和材料项目;然后读系统图,理解系统的工作原理和项目之间的连接关系;最后读平面图,掌握设备的布置方位和管线之间的连接关系。

1)识读通风系统设备材料表

识读通风系统工程图,应从读"设备材料表"入手。示例工程通风系统的主要设备材料如表 2.2.7 所示。

表 2.2.7　通风系统主要设备材料表

设备名称	图例	规格型号	单位
轴流风机		ADF-600-I-11	台
风管 1400×500	1400×500	镀锌风管 1400 mm×500 mm	m²
风管 630×700	630×700	镀锌风管 630 mm×700 mm	m
风管 500×1000	1000×500	镀锌风管 500 mm×1000 mm	m²
风管 φ650	φ650	镀锌风管 φ650	m²
防火阀		防火阀,常开型,70℃熔断	个
电磁防火防烟阀	M	电磁防火阀,常开(闭)型,70℃熔断	个
风管止回阀		风管止回阀	个

续表

设备名称	图例	规格型号	单位
电磁式 多叶加压送风口		电磁式多叶加压送风口 400 mm × 1 450 mm	个
电磁式 多叶加压送风口		电磁式多叶加压送风口 400 mm × 1 000 mm	个
双层百叶送风口		铝合金可调节式双层百叶送风口 400 mm ×1 000 mm	个
双层百叶送风口		铝合金可调节式双层百叶送风口 350 mm ×400 mm	个
风管柔性接头		风管柔性接头	个

2)识读通风系统图

读懂通风系统的主要设备材料后,接下来应识读通风系统的系统原理图,如图 2.2.6 所示。通过识读通风系统图,可以读出本示例工程采用了哪些设备和材料,以及相应的工作原理和相互之间的连接关系。

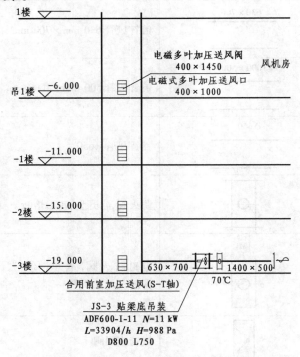

图 2.2.6　某高层建筑通风系统图

3)识读通风平面图

读懂通风系统图,理解了其原理,再识读具体楼层。本例主要识读屋面层和负 3 层平面图,屋面层标高为 94.5 m,负 3 层层高为 4 m,标高为 −19.00 m,识读设备的布置位置和管线的连接关系,如图 2.2.7 至图 2.2.12 所示。

（1）识读通风屋面层平面图

通风屋面层平面图如图 2.2.7 所示,对其识读如图 2.2.8 和图 2.2.9 所示。

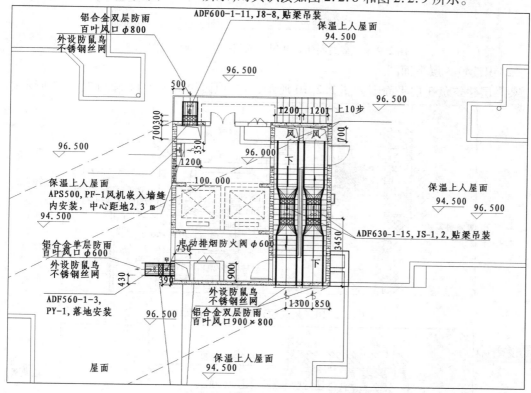

图 2.2.7　某高层建筑通风屋面层平面图

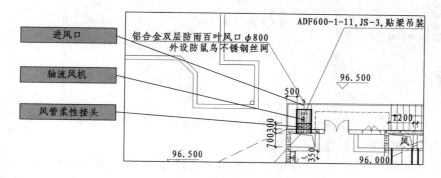

图 2.2.8　某高层建筑屋面层平面图的设备部位

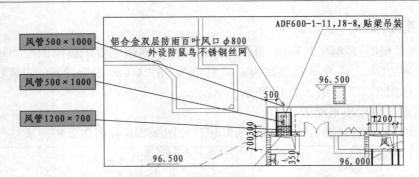

图2.2.9　某高层建筑通风屋面层平面图通风机图说

(2)识读负3层平面图

某高层建筑负3层平面图如图2.2.10所示,对其识读如图2.2.11和图2.2.12所示。

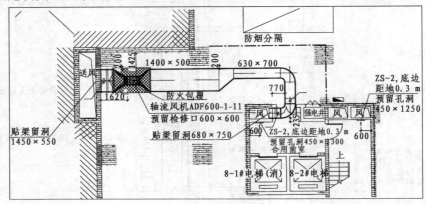

图2.2.10　某高层建筑负3层平面图

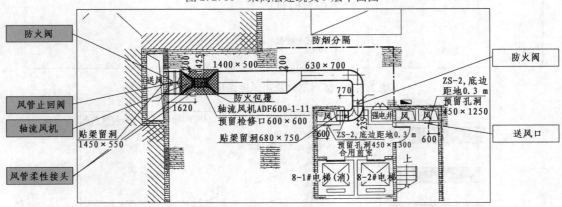

图2.2.11　某高层建筑负3层通风机安装图

(3)某高层建筑通风图纸的阅读信息

由以上某高层建筑通风系统相关图纸的阅读过程可知,图纸阅读的重点是系统组成、材质、安装位置及安装方式等。正确阅读和理解通风系统设备材料表、系统图、平面图是读懂施工图的基础。示例工程图纸阅读信息要点如表2.2.8所示。

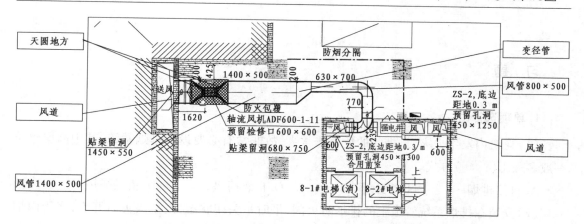

图 2.2.12　某高层建筑负 3 层平面图管道连接关系

表 2.2.8　某高层建筑通风系统图纸的阅读信息　　　　　　　　单位:mm

名称	型号、规格、材质	安装方式	安装高度
轴流风机	ADF 600-1-11 箱高:700	贴梁吊装	楼层相对标高:屋面层风机 = 4500(层高) - 350(1/2 风机箱高) - 500(梁高) 3750,负 3 层风机 = 4000(层高) - 350(1/2 风机箱高) - 500(梁高) = 3250
风管 1400×500	镀锌钢管 1400×500	吊装	楼层相对标高 3250
风管 500×1000	镀锌钢管 500×1000	吊装	楼层相对标高 3750
风管 800×500	镀锌钢管 800×500	吊装	楼层相对标高 3250
风管 φ650	镀锌钢管 φ650	吊装	楼层相对标高 3750
双层防雨百叶风口	铝合金双层防雨百叶风口,φ800	暗装于墙面	楼层相对标高 3750
电磁式多叶加压送风口	电磁式多叶加压送风口 450×1250	暗装于墙面	楼层相对标高 300
电磁式多叶加压送风口	电磁式多叶加压送风口 400×1000	暗装于墙面	楼层相对标高 300
防火阀	防火阀 1400×500	装于风管 1400×500 上	楼层相对标高 3250
防火阀	防火阀 800×500	装于风管 1400×500 上	楼层相对标高 3250
电磁防火防烟阀	电磁防火阀 φ650,常开型,70℃熔断	装于风管 φ650 上	楼层相对标高 3750
风管止回阀	风管止回 1400×500	装于风管 1400×500 上	楼层相对标高 3250
风管软接头	风管软接 1400×500	装于风管 1400×500 上	楼层相对标高 3250
	风管软接 500×1000	装于风管 500×1000 上	楼层相对标高 3750

注:表中型号、规格、材质及安装方式主要来自设备材料表、施工质量验收规范、施工图相关说明;安装高度要结合建筑图和结构图进行阅读获得。

习 题

1. 单项选择题

(1)建筑内发生火灾时,烟气的危害非常大,故非常有必要设置排烟系统,其中高层建筑一般多采用( )方式。

A. 自然排烟　　　　B. 机械排烟　　　　C. 自燃通风　　　　D. 机械送风

(2)安装在排烟系统管道上的排烟防火阀,平时呈关闭状态,发生火灾时开启,当管内烟气温度达到( )℃时自动关闭。

A. 70　　　　　　　B. 100　　　　　　　C. 160　　　　　　　D. 280

(3)关于民用建筑应设排烟设施的场所或部位,下列说法正确的是( )。

A. 设置在一、二、三层的歌舞娱乐放映游艺场所应设排烟设施

B. 设置地下或半地下的歌舞娱乐放映游艺场所应设排烟设施

C. 公共建筑内建筑面积大于 $100\ m^2$ 且可燃物较多的房间应设排烟设施

D. 建筑面积大于 $50\ m^2$ 且经常有人停留的地上有窗房间应设排烟设施

(4)下列关于高层建筑中设置机械加压送风系统的说法,错误的是( )。

A. 地下室的楼梯间和地上部分的防烟楼梯间均需设置机械加压送风系统时,机械加压送风系统宜分别独立设置

B. 建筑高度大于 50 m 的公共建筑,其防烟楼梯间、消防电梯前室应设置机械加压送风系统

C. 建筑高度大于 50 m 的住宅建筑,其防烟楼梯间、消防电梯前室应设置机械加压送风系统

D. 建筑面积大于 50 m 的工业建筑,其防烟楼梯间、消防电梯前室应设置机械加压送风系统

(5)机械加压送风的防烟楼梯间与走道之间的余压应为( )Pa。

A. 20 ~ 30　　　　　B. 30 ~ 40　　　　　C. 40 ~ 50　　　　　D. 50 ~ 60

(6)高层建筑内长度超过( )m 的无直接自然通风的内走道应设机械排烟系统。

A. 15　　　　　　　B. 20　　　　　　　C. 40　　　　　　　D. 60

(7)层数超过( )的高层民用建筑,其机械防烟加压送风系统应分段设计。

A. 24　　　　　　　B. 33　　　　　　　C. 40　　　　　　　D. 50

(8)自然通风系统一般适用于建筑高度小于( )m 的公共建筑、工业建筑和建筑高度小于( )m 的住宅建筑。

A. 50,100　　　　　B. 60,100　　　　　C. 50,120　　　　　D. 60,120

(9)有关自然排烟和自然通风的说法,不正确的是(　　)。

A. 自然排烟属于排烟方式

B. 自然通风属于防烟方式

C. 自然通风不消耗机械动力,是一种经济的通风方式

D. 自然排烟不易受外部条件的影响,是一种理想的排烟方式

(10)按照《建筑防烟排烟系统技术标准》(GB 51251—2017)的规定,除地上建筑的走道或建筑面积小于(　　)m² 的房间外,其他场所设置排烟系统的均应设置补风系统。

A. 450　　　　　　　B. 300　　　　　　　C. 550　　　　　　　D. 500

2. 多项选择题

(1)机械排烟系统由(　　)等组成。

A. 挡烟垂壁　　　　　　　　　　B. 防火阀

C. 排烟道　　　　　　　　　　　D. 送风机

E. 排烟出口

(2)机械加压防烟排烟系统由(　　)等组成。

A. 加压送风机　　　　　　　　　B. 排烟阀

C. 加压送风管道　　　　　　　　D. 加压送风口

E. 挡烟垂壁

(3)下列关于机械加压送风防烟设施的说法中,正确的有(　　)。

A. 机械加压送风的防烟设施包括加压送风机、加压送风管道、加压送风口等

B. 当防烟楼梯间加压送风而前室不送风时,楼梯间与前室的隔墙上可能设有余压阀

C. 常闭式加压送风口常用于前室或合用前室

D. 加压送风口分为敞开式、常闭式和自垂百叶式

E. 常闭式加压送风口常用于防烟楼梯间

(4)对防排烟系统进行维护管理,下列项目中属于日常检查内容的是(　　)。

A. 防火阀的手动或自动启动、复位试验

B. 排烟窗的手动或自动启动、复位试验

C. 排烟防火阀的手动或自动启动、复位试验

D. 加压送风机、排烟风机的外观

E. 加压送风系统、机械排烟系统控制柜的工作状态

(5)机械加压送风的适用场所包括(　　)。

A. 建筑内长度大于 20 m 的疏散走道　　B. 封闭的避难层

C. 电梯前室　　　　　　　　　　D. 占地面积大于 1 000 m² 的丙类仓库

E. 加压送风系统、机械排烟系统控制柜的工作状态

2.3　通风系统计价定额和清单计价理论

2.3.1　通风系统计价前应知

1)编制工程造价文件的三个维度

请参照本书"1.3.1　火灾自动报警系统计价前应知"中的相应内容。

2)重庆市2018费用定额

请参照本书"1.3.1　火灾自动报警系统计价前应知"中的相应内容。

3)出厂价、工地价、预算价的不同概念

请参照本书"1.3.1　火灾自动报警系统计价前应知"中的相应内容。

4)通风系统造价分析指标

(1)传统指标体系

传统指标体系是以单位面积为基数的分析体系:

$$造价指标 = 分部工程造价/建筑面积$$

(2)专业指标体系

专业指标体系是以本专业的主要技术指标为基数的分析体系:

$$通风系统造价指标 = 通风系统子分部工程造价/通风面积合计$$

(3)建立造价文件分析指标制度的作用

①近期作用:是宏观评价工程造价水平(质量)的依据。

②远期作用:积累经验。

2.3.2　通风系统计价定额常用项目

1)第七册《通风空调安装工程》的组成

通风系统主要参照《重庆市通用安装工程计价定额》(CQAZDE—2018)第七册《通风空调安装工程》。《重庆市通用安装工程计价定额》(CQAZDE—2018)分册的组成见图1.3.2。

第七册《通风空调安装工程》的组成如图2.3.1所示。

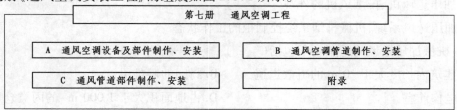

图2.3.1　第七册《通风空调安装工程》的组成

2）通风系统涉及的其他主要分册

通风系统涉及《重庆市通用安装工程计价定额》（CQAZDE—2018）的其他主要分册是第十一册《刷油、防腐蚀、绝热安装工程》。

3）通风系统涉及第七册的常用定额项目

通风系统涉及第七册的常用定额项目如表 2.3.1 所示。

表 2.3.1　通风系统涉及第七册的常用定额项目

定额项目	章节编号	定额页码	图片	对应清单				说明
离心式通风机安装	A.14.1	27		项目编码	项目名称	项目特征	计量单位	
				030108001	离心式通风机	1.名称 2.型号 3.规格 4.质量 5.材质 6.减振底座形式、数量 7.灌浆配合比 8.单机试运转要求	台	
				030108002	离心式引风机			
				030108003	轴流通风机			
				030108004	回转式鼓风机			
				030108005	离心式鼓风机			
				030108006	其他风机			
轴流式通风机安装	A.14.2	27		项目编码	项目名称	项目特征	计量单位	
				030108001	离心式通风机	1.名称 2.型号 3.规格 4.质量 5.材质 6.减振底座形式、数量 7.灌浆配合比 8.单机试运转要求	台	
				030108002	离心式引风机			
				030108003	轴流通风机			
				030108004	回转式鼓风机			
				030108005	离心式鼓风机			
				030108006	其他风机			
设备支架制作、安装	A.14.8	30		项目编码	项目名称	项目特征	计量单位	
				030307005	设备支架制作安装	1.名称 2.材质 3.支架每组质量	t	

续表

定额项目	章节编号	定额页码	图片	对应清单				说明
碳钢调节阀安装(止回阀)	C.1	68		项目编码	项目名称	项目特征	计量单位	
				030703001	碳钢阀门	1.名称 2.型号 3.规格 4.质量 5.类型 6.支架形式、材质	个	
碳钢调节阀安装(防火阀)	C.1	69		项目编码	项目名称	项目特征	计量单位	
				030703001	碳钢阀门	1.名称 2.型号 3.规格 4.质量 5.类型 6.支架形式、材质	个	
碳钢风口-多叶排烟口(送风口)安装	C.3	77		项目编码	项目名称	项目特征	计量单位	
				030703007	碳钢风口、散流器、百叶窗	1.名称 2.型号 3.规格 4.质量 5.类型 6.形式	个	
柔性接口	C.13	96		项目编码	项目名称	项目特征	计量单位	
				030703019	柔性接口	1.名称 2.规格 3.材质 4.类型 5.形式	m²	
圆形风管	B.1.1	36		项目编码	项目名称	项目特征	计量单位	
				030702001	碳钢通风管道	1.名称 2.材质 3.形状 4.规格 5.板材厚度 6.管件、法兰等附件及支架设计要求 7.接口形式	m²	
				030702002	净化通风管道			

续表

定额项目	章节编号	定额页码	图片	对应清单					说明
矩形风管	B.1.2	37		项目编码	项目名称	项目特征	计量单位		
				030702001	碳钢通风管道	1. 名称 2. 材质 3. 形状 4. 规格 5. 板材厚度 6. 管件、法兰等附件及支架设计要求 7. 接口形式	m²		
				030702002	净化通风管道				
风管检查孔	B.10	60		项目编码	项目名称	项目特征	计量单位		
				030702010	风管检查孔	1. 名称 2. 材质 3. 规格	1. kg 2. 个		
温度、风量测定孔	B.11	61		项目编码	项目名称	项目特征	计量单位		
				030702011	温度、风量测定孔	1. 名称 2. 材质 3. 规格 4. 设计要求	个		
通风工程检测、调试	G.4	3	三、下列费用可按系数分别计取： 1. 系统调整费：按系统工程定额人工费7%计取，其费用中人工费占35%，包括漏风量测试和漏光法测试费用。	项目编码	项目名称	项目特征	计量单位		
				030704001	通风工程检测、调试	风管工程量	系统		

4)通风系统涉及第十一册的常用定额项目

通风系统涉及第十一册的常用定额项目如表 2.3.2 所示。

表 2.3.2　通风系统涉及第十一册的常用定额项目

表2.3.2

定额项目	章节编号	定额页码	图片	对应清单				说明
（设备支架手工除锈）一般钢结构	A.1.3	10		项目编码	项目名称	项目特征	计量单位	
				031201003	金属结构刷油	1. 除锈级别 2. 油漆品种 3. 结构类型 4. 涂刷遍数、漆膜厚度	1. m² 2. kg	

续表

定额项目	章节编号	定额页码	图片	对应清单				说明
(设备支架一般钢结构)防锈漆	B.3.1.2	40		项目编码	项目名称	项目特征	计量单位	
				031201003	金属结构刷油	1.除锈级别 2.油漆品种 3.结构类型 4.涂刷遍数、漆膜厚度	1.m² 2.kg	
(设备支架一般钢结构)调和漆	B.3.1.6	42		项目编码	项目名称	项目特征	计量单位	
				031201003	金属结构刷油	1.除锈级别 2.油漆品种 3.结构类型 4.涂刷遍数、漆膜厚度	1.m² 2.kg	
(矩形通风管)红丹防锈漆	B.2.1	33		项目编码	项目名称	项目特征	计量单位	
				031201001	管道刷油	1.除锈级别 2.油漆品种 3.涂刷遍数、漆膜厚度 4.标志色方式、品种	1.m² 2.m	
				031201002	设备与矩形管道刷油			
(矩形通风管)调和漆	B.2.6	35		项目编码	项目名称	项目特征	计量单位	
				031201001	管道刷油	1.除锈级别 2.油漆品种 3.涂刷遍数、漆膜厚度 4.标志色方式、品种	1.m² 2.m	
				031201002	设备与矩形管道刷油			

2.3.3 第七册《通风空调安装工程》计价定额册、章、计算规则的说明

1)册说明的主要内容

《重庆市通用安装工程计价定额》(CQAZDE—2018)第七册《通风空调安装工程》册说明的主要内容如下。

册说明

一、第七册《通风空调安装工程》(以下简称"本册定额")适用于通风空调设备及部件制作安装、通风管道制作安装、通风管道部件制作安装工程。

二、本册定额不包括下列内容：

1. 通风设备、除尘设备为专供通风工程配套的各种风机及除尘设备。其他工业用风机及除尘设备安装按第一册《机械设备安装工程》、第二册《热力设备安装工程》相应定额子目执行。

2. 空调系统中管道配管按第十册《给排水、采暖、燃气安装工程》相应定额子目执行，制冷机机房、锅炉房管道配管按第八册《工业管道安装工程》相应定额子目执行，以外墙皮进行划分，外墙皮以内执行第八册，外墙皮以外执行第十册。

3. 管道及支架的除锈、油漆，管道的防腐蚀、绝热等内容，应根据设计要求按第十一册《刷油、防腐蚀、绝热安装工程》相应定额子目执行。

(1) 薄钢板风管刷油按其工程量执行相应项目，仅外(或内)面刷油定额乘以系数 1.20，内外均刷油定额乘以系数 1.10(其法兰加固框、吊托支架已包括在此系数内)。

(2) 薄钢板部件刷油按其工程量执行金属结构刷油项目，定额乘以系数 1.15。

(3) 未包括在风管工程量内而单独列项的各种支架(不锈钢吊托支架除外)的刷油工程按其工程量执行相应项目。

(4) 薄钢板风管、部件以及单独列项的支架，其除锈不分锈蚀程度，均按其第一遍刷油的工程量，执行第十一册《刷油、防腐蚀、绝热安装工程》中除轻锈的项目。

4. 风管穿墙、穿楼板打洞、补洞，按相关专业相应定额子目执行。风管穿墙套管按实际套管安装尺寸，执行同规格风管制作、安装相应定额子目。

5. 在地下室(含地下车库)内、暗室内、净高小于 1.06 m 楼层、断面小于 4 m^2 且大于 2 m^2 的隧道或洞内进行安装的工程，定额人工费乘以系数 1.12。

6. 在风井内、竖井内、断面小于或等于 2 m^2 隧道或洞内、封闭吊顶天栅内进行安装的工程，定额人工费乘以系数 1.15。

7. 安装与生产同时进行增加的费用，按定额人工费的 10% 计算。

三、下列费用可按系数分别计取：

1. 系统调整费：按系统工程定额人工费 7% 计取，其费用中人工费占 35%，包括漏风量测试和漏光法测试费用。

2. 脚手架搭拆费按定额人工费的 4%，其费用中人工费占 35%。

3. 操作高度增加费：本册定额操作物高度是按距离楼地面 6 m 考虑的，超过 6 m 时，超高部分工程量按定额人工费乘以系数 1.2 计取。

4. 建筑物超高增加费：是指在高度在 6 层或 20 m 以上的工业与民用建筑物上进行安装时增加的费用(不包括地下室)，按下表计算，其费用中人工费占 65%。

建筑物檐高(m)	≤40	≤60	≤80	≤100	≤120	≤140	≤160	≤180	≤200
建筑层数(层)	≤12	≤18	≤24	≤30	≤36	≤42	≤48	≤54	≤60
按人工费的百分比(%)	1.83	4.56	8.21	12.78	18.25	23.73	29.20	34.68	40.15

四、定额中人工、材料、机械凡未按制作和安装分别列项的,其制作与安装的比例可按下表划分。

序号	项目	制作占百分比(%)			安装占百分比(%)		
		人工	材料	机械	人工	材料	机械
1	空调部件及设备支架制作安装	86	98	95	14	2	5
2	镀锌薄钢板法兰通风管道制作安装	60	95	95	40	5	5
3	镀锌薄钢板共板法兰通风管道制作安装	40	95	95	60	5	5
4	薄钢板法兰通风管道制作安装	60	95	95	40	5	5
5	净化通风管道及部件制作安装	40	85	95	60	15	5
6	不锈钢板通风管道及部件制作安装	72	95	95	28	5	5
7	铝板通风管道及部件制作安装	68	95	95	32	5	5
8	塑料通风管道及部件制作安装	85	95	95	15	5	5
9	复合型风管制作安装	60	30	99	40	70	1
10	风帽制作安装	75	80	99	25	20	1
11	罩类制作安装	78	98	95	22	2	5

2)计价定额章说明和计算规则的主要内容

①《重庆市通用安装工程计价定额》(CQAZDE—2018)第七册"A 通风空调设备及部件制作、安装"章说明和计算规则的主要内容如下。

说 明

一、本章内容包括空气加热器(冷却器),除尘设备,空调器,风机盘管,钢板密闭门,钢板挡水板,滤水器、溢水盘制作、安装,金属壳体制作、安装,过滤器、框架制作、安装,净化工作台,风淋室安装,除湿机,人防过滤吸收器,通风机安装。

二、通风机安装子目内包括电动机安装,适用于碳钢、不锈钢、塑料通风机安装。

三、有关说明:

1.VAV 变风量末端适用于单风道末端和双风道末端装置,风机动力型变风量末端装置乘以系数1.1。

2.诱导器安装按风机盘管相应定额子目执行。

3.清洗槽、浸油槽、晾干架、LWP 滤尘器支架制作安装按本册第一章"设备支架制作、安装"相应定额子目执行。

4.玻璃钢和 PVC 挡水板按钢板挡水板相应定额子目执行。

5.洁净室安装按分段组装式空调器相应定额子目执行。

6.低效过滤器包括 M-A 型、WL 型、LWP 型等系列。

7.中效过滤器包括 ZKL 型、YB 型、M 型、ZX-1 型等系列。

8.高效过滤器包括 GB 型、GS 型、JX-20 型等系列。

9.净化工作台包括 XHK 型、BZK 型、SXP 型、SZP 型、SZX 型、SW 型、SZ 型、SXZ 型、TJ 型、CJ 型等系列。

10.空气幕的支架制作安装按本册第一章"设备支架制作、安装"相应定额子目执行。

<u>11.通风空调设备的电气接线按第四册《电气设备安装工程》相应定额子目执行。</u>

12.多联机铜管冷媒充注量以多联机生产厂家样板或技术文件规定的冷媒充注计算公式为准按实计算,以"kg"为计量单位。

13.多联机室内机(卡式嵌入式)面板安装按同规格百叶风口安装定额子目执行。

14.分体空调按相应多联机定额子目执行。

工程量计算规则

一、空气加热器(冷却器)安装,按设计图示数量以"台"计算。

二、除尘设备安装,按设计图示数量以"台"计算。

三、空调器安装,按设计图示数量以"台"计算。

四、风机盘管安装,按设计图示数量以"台"计算。

五、VAV 变风量末端装置安装,按设计图示数量以"台"计算。

六、分段组装式空调器安装,按设计图示质量以"kg"计算。

七、钢板密闭门制作安装,按设计图示数量以"个"计算。

八、挡水板安装,按设计图示尺寸空调器断面面积以"m^2"计算。

九、滤水器、溢水盘、电加热器外壳、金属空调器壳体制作安装,按设计图示尺寸质量以"kg"计算。非标准部件制作安装按成品质量计算。

十、过滤器框架制作,按设计图示尺寸质量以"kg"计算。

十一、高、中、低效过滤器安装,净化工作台、风淋室安装,按设计图示数量以"台"计算。

十二、多联式空调机室外机依据制冷量,按设计图示数量以"台"计算。

风机以"台"计算工程量

十三、通风机安装,依据不同形式、规格按设计图示数量以"台"计算。风机箱安装,按设计图示数量以"台"计算。

<u>十四、设备支架制作安装,按设计图示尺寸质量以"kg"计算。</u>

十五、空气幕按设计图示数量以"台"计算。

十六、过滤吸收器、预滤器、除湿器等安装,按设计图示数量以"台"计算。

十七、多联机铜管安装,按设计图示管道中心线长度计算,不扣除阀门、管件及各种组件所占长度。

②《重庆市通用安装工程计价定额》(CQAZDE—2018)第七册"B 通风空调管道制作、安装"章说明和计算规则的主要内容如下。

说　明

一、本章内容包括镀锌薄钢板法兰风管制作、安装,镀锌薄钢板矩形净化风管制作、安装,不锈钢板风管制作、安装,铝板通风管道、塑料通风管道、玻璃钢通风管道、复合通风管道制作、安装,柔性软通风管道安装,弯头导流叶片,风管检查孔,温度、风量测定孔制作、安装。

二、下列费用可按系数分别计取:

1.薄钢板风管整个通风系统设计采用渐缩管均匀送风者,圆形风管按平均直径、矩形风管按平均周长参照相应规格子目,其人工乘以系数2.5。

2.如制作空气幕送风管时,按矩形风管平均周长执行相应风管规格子目,其人工乘以系数3,其余不变。

三、有关说明:

1.薄钢板风管、净化风管、不锈钢风管、铝板风管、塑料风管、玻璃钢风管、复合型风管长度计算时均以设计图示中心线长度(主管与支管以其中心线交点划分)计算,包括弯头、交叉或分隔三通、交叉或分隔四通、变径管、天圆地方等管件的长度,不包括部件所占长度。

2.镀锌薄钢板风管子目中的板材是按镀锌薄钢板编制的,如设计要求不用镀锌薄钢板时,板材可以换算,其他不变。

3.风管导流叶片不分单叶片和香蕉形双叶片均执行同一子目。

4.薄钢板通风管道、净化通风管道、复合型风管制作安装子目中,包括弯头、三通、变径管、天圆地方等管件及法兰、加固框和吊托支架的制作安装,但不包括过跨风管落地支架,落地支架制作安装按本册第一章"设备支架制作、安装"相应定额子目执行。

5.薄钢板风管子目中的板材,如设计要求厚度不同时可以换算,人工、机械不变。

19.柔性软风管适用于由金属、涂塑化纤织物、聚酯、聚乙烯、聚氯乙烯薄膜、铝箔等材料制成的软风管。

20.本定额中镀锌薄钢板风管表面不刷油防腐时,其支吊托架、法兰、加固框刷油防腐工程量按定额未计价中的型钢消耗量除以1.04作为刷油防腐的工程量。

工程量计算规则

一、薄钢板风管、净化风管、不锈钢风管、铝板风管、塑料风管、玻璃钢风管、复合型风管按设计图示规格展开面积以"m²"计算,不扣除检查孔、测定孔、送风口、吸风口等所占面积。风管展开面积不计算风管、管口重叠部分面积。

二、薄钢板风管、净化风管、不锈钢风管、铝板风管、塑料风管、玻璃钢风管、复合型风管长度计算时均以设计图示中心线长度(主管与支管以其中心线交点划分)计算,包括弯头、变径管、天圆地方等管件的长度,不包括部件所占长度。

三、柔性软风管安装,按设计图示中心线长度计算,以"m"为计量单位;柔性软风管阀门安装,按设计图示数量以"个"计算。

四、弯头导流叶片制作安装,按设计图示叶片的面积以"m²"计算。

五、风管检查孔制作安装,按设计图示尺寸质量以"kg"计算。

六、温度、风量测定孔制作安装依据其型号,按设计图示数量以"个"计算。

③《重庆市通用安装工程计价定额》(CQAZDE—2018)第七册"C通风管道部件制作、安装"章说明和计算规则的主要内容如下。

说　明

一、本章内容包括各种碳钢调节阀安装,柔性软风管阀门安装,碳钢风口安装,不锈钢风口安装,法兰、吊托支架制作、安装,塑料风口、散流器、百叶窗安装,铝制孔板口安装,碳钢风帽制作、安装,塑料风帽、伸缩节制作、安装,铝合金风帽、法兰制作、安装,玻璃钢风帽安装,碳钢罩类制作、安装,塑料罩类制作、安装,柔性接头制作、安装,消声器安装,静压箱安装,静压箱制作、安装,人防超压自动排气阀安装,人防手动密闭阀安装,人防其他部件制作、安装等工作。

二、下列费用按系数分别计取:

1.电动密闭阀安装执行手动密闭阀子目,人工乘以系数1.05。

2.手(电)动密闭阀安装子目包括一副法兰、两副法兰螺栓及橡胶石棉垫圈,如为一侧接管时,人工乘以系数0.6,材料、机械乘以系数0.5。手(电)动密闭阀安装子目不包括吊托支架制作与安装,如发生按本册第一章"设备支架制作、安装"相应定额子目执行。

3.碳钢百叶风口安装子目适用于带调节板活动百叶风口、单层百叶风口、双层百叶风口、三层百叶风口、连动百叶风口、135型单层百叶风口、135型双层百叶风口、135型带导流叶片百叶风口、活动金属百叶风口。风口的宽与长之比≤0.125为条缝形风口,按百叶风口相应定额子目执行,人工消耗量乘以系数1.1。

三、有关说明:

1.密闭式对开多叶调节阀与手动式对开多叶调节阀执行同一子目。

2.蝶阀安装子目适用于圆形保温蝶阀,方、矩形保温蝶阀,圆形蝶阀,方、矩形蝶阀;风管止回阀安装子目适用于圆形风管止回阀、方形风管止回阀。

3.铝合金或其他材料制作的调节阀安装,应按本章相应定额子目执行。

4.碳钢散流器安装子目适用于圆形直片散流器、方形直片散流器、流线形散流器。

5.碳钢送吸风口安装子目适用于单面送吸风口、双面送吸风口。

6.铝合金或其他材料制作的风口安装,应按碳钢风口相应定额子目执行,人工乘以系数0.9。

7.铝制孔板风口如需电化处理时,电化费另行计算。

8.其他材质和形式的排气罩制作安装,可按本章中相近的定额子目执行。

9.静压箱吊托支架按本册第一章"设备支架制作、安装"相应定额子目执行。

10.手摇(脚踏)电动两用风机安装,其支架按与设备配套编制,自行制作,按本册第一章"设备支架制作、安装"相应定额子目执行。

11.排烟风口吊托支架,按本册第一章"设备支架制作、安装"相应定额子目执行。

18.软管接头如使用人造革而不使用帆布时可以换算主材。

工程量计算规则

一、碳钢调节阀安装,依据其类型、直径(圆形)或周长(方形)按设计图示数量以"个"计算。

二、柔性软风管阀门安装,按设计图示数量以"个"计算。

三、碳钢各种风口、散流器的安装,依据类型、规格尺寸按设计图示数量以"个"计算。

四、钢百叶窗及活动金属百叶风口安装,依据规格尺寸按设计图示数量以"个"计算。

五、塑料通风管道柔性接口与伸缩节制作安装,应依连接方式,按设计图示尺寸展开面积以"m²"计算。

六、塑料通风管道分布器、散流器的制作安装,按其成品质量以"kg"计算。

七、塑料通风管道风帽、罩类的制作,均按其质量以"kg"计算;非标准罩类制作,按成品质量以"kg"计算。罩类为成品安装时制作不再计算。

十九、软管(帆布)接口制作安装,按设计图示尺寸展开面积以"m²"计算。

2.3.4 第十一册除锈工程和刷油工程章说明与工程量规则

①"A 除锈工程"章说明和计算规则的主要内容如下。

章说明

一、本章内容包括金属表面的手工除锈、动力工具除锈、喷射除锈、抛丸除锈及化学除锈等工程。

二、各种管件、阀件及设备上人孔、管口凸凹部分的除锈已综合考虑在定额内,不另行计算。

三、除锈区分标准:

1. 手工、动力工具除锈锈蚀标准分为轻、中两种。

轻锈:已发生锈蚀,并且部分氧化皮已经剥落的钢材表面。

中锈:部分氧化皮已锈蚀面剥落,或者可以刮除,并且有少量点蚀的钢材表面。

2. 手工、动力工具除锈过的钢材表面分为 St2 和 St3 两个标准。

St2 标准:钢材表面应无可见的油脂和污垢,并且没有附着不牢的氧化皮、铁锈和油漆涂层等附着物。

St3 标准:钢材表面应无可见的油脂和污垢,并且没有附着不牢的氧化皮、铁锈和油漆涂层等附着物。除锈应比 St2 标准更为彻底,底材显露出部分的表面应具有金属光泽。

3. 喷射除锈过的钢材表面分为 Sa2、Sa2.5 和 Sa3 三个标准。

Sa2 级:彻底的喷射或抛射除锈。钢材表面无可见的油脂、污垢,并且氧化皮、铁锈和油漆层等附着物已基本清除,其残留物应是牢固附着的。

Sa2.5 级:非常彻底的喷射或抛射除锈。钢材表面应无可见的油脂、污垢、氧化皮、铁锈和油漆层等附着物,任何残留的痕迹应仅是点状或条纹状的轻微色斑。

Sa3 级:使钢材表观洁净的喷射或抛射除锈。钢材表面应无可见的油脂、污垢、氧化皮、铁锈和油漆层等附着物,该表面应显示均匀的金属色泽。

四、关于下列各项费用的规定:

1. 手工和动力工具除锈按 St2 标准确定。若变更级别标准,如按 St3 标准,定额乘以系数 1.1。

2. 喷射除锈按 Sa2.5 级标准确定。若变更级别标准,Sa3 级定额乘以系数 1.1,Sa2 级定额乘以系数 0.9。

3. 本章不包括除微锈(微锈标准:氧化皮完全紧附,仅有少量锈点),发生时其工程量执行轻锈定额乘以系数 0.2。

工程量计算规则

一、计算公式

设备筒体、管道表面积计算公式:

$$S = \pi \times D \times L$$

式中:π——圆周率;

      D——设备或管道直径;

      L——设备筒体高或管道延长米。

二、计量规则

1. 管道、设备及矩形管道、大型型钢结构、灰面、布面、气柜、玛蹄脂面刷油工程,按设计表面积尺寸以"10 m²"计算。计算设备筒体、管道表面积时已包括各种管件、阀门、人孔、管口凹凸部分,不再另外计算。

2. 一般钢结构、管廊钢结构的除锈工程,按设计图示质量以"100 kg"计算。

②"B 刷油工程"章说明和计算规则的主要内容如下。

章说明

一、本章内容包括金属管道、设备、通风管道、金属结构与玻璃布面、石棉布面、玛蹄脂面、抹灰面等刷(喷)油漆工程。

二、各种管件、阀件和设备上人孔、管口凹凸部分的刷油已综合考虑在定额内,不另行计算。

三、本章金属面刷油不包括除锈工作内容。

四、关于下列各项费用的规定:

1. 零星刷油(包括色环漆、喷标示、散热器补口等),执行本章定额相应项目,其人工乘以系数 2。

2. 刷油和防腐蚀工程按安装地点就地刷(喷)油漆考虑,如安装前管道集中刷油,人工乘以系数 0.45(暖气片除外)。如管道安装前集中喷涂,执行刷油子目人工乘以系数 0.45,材料乘以系数 1.16,增加喷涂机械电动空气压缩机 3 m³/min(其台班消耗量同调整后的合计工日消耗量)。

五、本章主材与稀干料可以换算,但人工和材料消耗量不变。

工程量计算规则

一、计算公式

设备筒体、管道表面积计算公式:

$$S = \pi \times D \times L$$

式中:π——圆周率;

　　　　D——设备或管道直径;

　　　　L——设备筒体高或管道延长米。

二、计量规则

1. 管道、设备及矩形管道、大型型钢结构、灰面、布面、气柜、玛蹄脂面刷油工程按设计表面积尺寸以"10 m²"计算。计算设备筒体、管道表面积时已包括各种管件、阀门、人孔、管口凹凸部分,不再另外计算。

2. 一般钢结构、管廊钢结构的刷油工程,按设计图示质量以"100 kg"计算。

2.3.5　通风系统清单计价理论

1)通风系统清单计价规范

通风系统清单计价项目采用的是《通用安装工程工程量计算规范》(GB 50856—2013)附

录 G"通风空调工程"、附录 M"刷油、防腐蚀、绝热工程"等相关清单项目。

2)通风系统主要清单项目

《通用安装工程工程量计算规范》(GB 50856—2013)中,通风系统风机安装、通风管道及部件制作安装、工程量清单项目的设置、项目特征描述的内容、计量单位及工程量计算规则,应按表 2.3.3 的规定执行,表中内容摘自该规范第 12,98,99,100,101,102,103 页。

表2.3.3

表 2.3.3　通风系统主要的清单项目

风机安装(编码:030108)					
项目编码	项目名称	项目特征	计量单位	工程量计算规则	工作内容
030108001	离心式通风机	1. 名称 2. 型号 3. 规格 4. 质量 5. 材质 6. 减振底座形式、数量 7. 灌浆配合比 8. 单机试运转要求	台	按设计图示数量计算	1. 本体安装 2. 拆装检查 3. 减振台座制作、安装 4. 二次灌浆 5. 单机试运转 6. 补刷(喷)油漆
030108002	离心式引风机				
030108003	轴流通风机				
030108004	回转式鼓风机				
030108005	离心式鼓风机				
030108006	其他风机				
注:1. 直联式风机的质量包括本体及电动机、底座的总质量。 　　2. 风机支架应按本规范附录 C 静置设备与工艺金属结构制作安装工程相关项目编码列项。					
通风管道制作安装(编码:030702)					
项目编码	项目名称	项目特征	计量单位	工程量计算规则	工作内容
030702001	碳钢通风管道	1. 名称 2. 材质 3. 形状 4. 规格 5. 板材厚度 6. 管件、法兰等附件及支架设计要求 7. 接口形式	m²	按设计图示内径尺寸以展开面积计算	1. 风管、管件、法兰、零件、支吊架制作、安装 2. 过跨风管落地支架制作、安装
030702002	净化通风管道				
030702009	弯头导流叶片	1. 名称 2. 材质 3. 规格 4. 形式	1. m² 2. 组	1. 以面积计量,按设计图示以展开面积平方米计算 2. 以组计量,按设计图示数量计算	1. 制作 2. 组装

项目编码	项目名称	项目特征	计量单位	工程量计算规则	工作内容
030702010	风管检查孔	1. 名称 2. 材质 3. 规格	1. kg 2. 个	1. 以千克计量,按风管检查孔质量计算 2. 以个计量,按设计图示数量计算	1. 制作 2. 安装
030702011	温度、风量测定孔	1. 名称 2. 材质 3. 规格 4. 设计要求	个	按设计图示数量计算	1. 制作 2. 安装

<table>
<tbody>
<tr><td colspan="6" align="center">通风管道部件制作安装(编码:030703)</td></tr>
</tbody>
</table>

项目编码	项目名称	项目特征	计量单位	工程量计算规则	工作内容
030703001	碳钢阀门	1. 名称 2. 型号 3. 规格 4. 质量 5. 类型 6. 支架形式、材质	个	按设计图示数量计算	1. 阀体制作 2. 阀体安装 3. 支架制作、安装
030703010	玻璃钢风口	1. 名称			风口安装
030703011	铝及铝合金风口、散流器	2. 型号 3. 规格 4. 类型 5. 形式			1. 风口制作、安装 2. 散流器制作、安装
030703019	柔性接口	1. 名称 2. 规格 3. 材质 4. 类型 5. 形式	m²	按设计图示尺寸展开面积计算	1. 柔性接口制作 2. 柔性接口安装
030703020	消声器	1. 名称 2. 规格 3. 材质 4. 形式 5. 质量 6. 支架形式、材质	个	按设计图示数量计算	1. 消声器制作 2. 消声器安装 3. 支架制作安装

3)通风系统系统调试的清单项目

《通用安装工程工程量计算规范》(GB 50856—2013)中,通风系统系统调试清单项目设置、项目特征描述的内容、计量单位及工程量计算规则,应按表2.3.4的规定执行,表中内容摘自该规范第103页。

表2.3.4

表2.3.4　通风系统系统调试的清单项目(编码:030704)

项目编码	项目名称	项目特征	计量单位	工程量计算规则	工作内容
030704001	通风工程检测、调试	风管工程量	系统	按通风系统计算	1. 通风管道风量测定 2. 风压测定 3. 温度测定 4. 各系统风口、阀门调整
030704002	风管漏光试验、漏风试验	漏光试验、漏风试验、设计要求	m²	按设计图纸或规范要求以展开面积计算	通风管道漏光试验、漏风试验

4)通风工程相关问题及说明

《通用安装工程工程量计算规范》(GB 50856—2013)中,附录G通风工程相关问题及说明如下。

G.5 相关问题及说明

G.5.1　通风空调工程适用于通风(空调)设备及部件、通风管道及部件的制作安装工程。

G.5.2　冷冻机组站内的设备安装、通风机安装及人防两用通风机安装,应按本规范附录A机械设备安装工程相关项目编码列项。

G.5.3　冷冻机组站内的管通安装,应按本规范附录H工业管道工程相关项目编码列项。

G.5.4　冷冻站外墙皮以外通往通风空调设备的供热、供冷、供水等管道,应按本规范附录K给排水、采暖、燃气工程相关项目编码列项。

G.5.5　设备和支架的除锈、刷漆、保温及保护层安装,应按本规范附录M刷油、防腐蚀、绝热工程相关项目编码列项。

习　题

1.单项选择题

(1)《重庆市通用安装工程计价定额》(CQAZDE—2018)第七册《通风空调安装工程》中操作物高度是按距离楼地面(　　)考虑的。

A.6 m　　　　　　B.5 m　　　　　　C.3.6 m　　　　　　D.3 m

(2)风管阀门制作安装按(　　)为计量单位。

A.组　　　　　　B.个　　　　　　C.100 kg　　　　　　D.kg

(3)通风工程系统调试费按定额人工费的(　　)计取,其费用中人工费占35%,包括漏风量测试和漏光法测试费用。

A. 3%　　　　　　　B. 5%　　　　　　　C. 7%　　　　　　　D. 10%

（4）通风系统采用渐缩管送风的，其人工系数乘以（　　　）。

A. 1.5　　　　　　　B. 2.5　　　　　　　C. 2.0　　　　　　　D. 3.0

（5）脚手架搭拆费用应按定额人工费的（　　　），其费用中人工费占（　　　）。

A. 4% ,35%　　　　B. 3% ,45%　　　　C. 4% ,45%　　　　D. 3% ,35%

（6）建筑超高增加费是指高度在（　　　）m 或（　　　）层以上的工业和民用建筑进行安装时所产生的费用。

A. 7,20　　　　　　B. 6,20　　　　　　C. 7,25　　　　　　D. 6,25

（7）安装工程消耗量定额，是指消耗在组成安装工程基本构成要素上的人工、材料、施工机械台班的（　　　）。

A. 合理数量标准　　B. 合理造价标准　　C. 合理工程量标准　　D. 合理损耗标准

（8）风管工程量按设计图示规格以（　　　）计算。

A. 展开面积　　　　B. 质量　　　　　　C. 长度　　　　　　D. 根

（9）通风工程的系统调试费按系统工程定额人工费的（　　　）计算。

A. 5%　　　　　　　B. 6%　　　　　　　C. 7%　　　　　　　D. 8%

（10）风管穿墙套管执行同规格（　　　）定额。

A. 风管制作、安装　　B. 一般穿墙套管　　C. 刚性套管　　D. 柔性套管

2. 多项选择题

（1）通风管道工程量计算规则规定，风管按不同断面形状的展开面积计算，不扣除（　　　）等所占面积，咬口重叠部分也不增加。

A. 检查孔　　　　　　　　　　　B. 测定孔

C. 送风口　　　　　　　　　　　D. 吸风口

E. 风阀

（2）碳钢百叶风口安装子目适用于（　　　）。

A. 带调节板活动百叶风口　　　　B. 单层百叶风口

C. 双层百叶风口　　　　　　　　D. 单面送吸风口

E. 双面送吸风口

（3）设备调试与试运转定额包括施工及验收规范中规定的（　　　）。

A. 设备检查　　　　　　　　　　B. 设备调整

C. 试验　　　　　　　　　　　　D. 无负荷运转

E. 电机检查接线

（4）通风管道刷油工程量按"m²"计算，计算管道表面积时已包括（　　　）部分，不再另外计算。

A. 设备　　　　　　　　　　　　B. 阀门

C. 风口　　　　　　　　　　　　D. 人孔

E. 各种管件

2.4 通风系统投标预算书编制

本书所称的投标预算书,是指符合编制招标控制价质量标准的"投标基础性预算书"。它是实际投标业务中"决标价"的基础文件。投标预算书的编制由建立预算文件体系和编制投标预算书两大环节构成。清单计价方式使用的主要文件类型是招标工程量清单和投标预算书(或招标控制价),它们均是建立在预算文件体系上的。

2.4.1 建立预算文件体系

以建设某医院一期工程(一个建设项目)为例,采用已知"招标工程量清单"(见本书配套教学资源包),建立"预算文件体系"。

1)建立预算文件体系

(1)预算文件体系的概念

预算文件体系是指预算文件按照基本建设项目划分的规则,从建设项目起至子分部工程止的构成关系,如表2.4.1所示。

表2.4.1 预算文件体系

项目划分	软件新建工程命名	图示
建设项目	某医院一期工程	
单项工程	某高层医院	
单位工程	建筑安装工程	
分部工程	通风工程	
子分部工程	防排烟系统	

（2）建立预算文件夹

建立预算文件夹是指从建设项目起至完善工程信息止的相应操作流程,具体操作如表2.4.2所示。

表2.4.2　建立预算文件夹

步骤	工作	图标	工具→命令	说明
1	打开软件	Glodon广联达 云计价平台 GCCP5.0	广联达计价软件→云计价平台GCCP5.0	
2	登录	离线使用	登录方式→离线使用	
3	新建招投标项目	新建　最 新建概算项目 新建招投标项目	新建→新建招投标项目(重庆)	点重庆
4	新建投标项目	投 新建投标项目	新建投标项目→建设项目名称:某医院一期工程	
5	新建单项工程	新建单项工程	新建单项工程→单项工程名称:某高层医院 + 通风空调工程(√)	
6	修改单位工程	工程名称 某医院一期工程 某高层医院 通风空调工程	修改当前工程→单位工程名称:建筑安装工程	点空白处
7	完善信息	请输入工程信息及特征 某医院一期工程 某高层医院 建筑安装工程	工程信息及特征(全部填写)	
8	编制说明	造价分析　项目信息　取费设置　人材 项目信息　　预览 造价一览　　1、 编制说明	编制说明→编辑→预览	
9	保存文件	💾 ↩	保存→桌面文件夹/文件名:通风空调工程(通风系统)	
10	建立分部工程与子分部工程	类别　　名称 整个项目 部　通风空调工程 部　通风系统 项　自动提示:请输入清单简称	分部工程→子分部工程→通风空调工程→通风系统	

2)广联达计价软件的使用方式

广联达计价软件有两种登录方式,具体操作可参照1.4.1节中的相应内容。

2.4.2 编制投标预算书

在已经建立的预算文件体系上,以某高层医院(单项工程)为例,采用已知的"招标工程量"清单(见本书配套的教学资源包),编制投标预算书(或招标控制价)。

1)投标预算书编制的假设条件

①本工程是一栋12层楼的高层建筑,项目所在地是市区;

②承包合同约定人工按市场价100元/工日调整;

③设备材料采用承包商全部供应方式,所有的设备均暂不计价,所有的风口均按250元/个(含税价)暂估,进项税率按13%计算,折算系数为$1/(1+13\%)≈0.885$,其他未计价材料暂不计价;

④暂列金额为50 000元,总承包服务费率按11.32%选取;

⑤计税方式采用增值税一般计税法。

2)导入工程量数据

导入工程量数据是编制投标预算书的基础工作,具体操作参照表1.4.3进行。

3)套用计价定额

套用计价定额是编制投标预算书的基本工作之一,具体操作如表2.4.3所示。

表2.4.3 套用计价定额

步骤	工作	图标	工具→命令	说明
1	复制名称	编辑[名称] 玻璃钢通风管道:玻璃钢送风管1000*320*4	分部分项→Ctrl + C↙	
2	选择定额	030702006001 项 定	分部分项→鼠标双击(定)工具栏符号(…)	
3	修改材料	编辑[名称] 玻璃钢送风管1000*320*4	未计价材料→Ctrl + V↙	修改后宜习惯性点击空格

步骤	工作	图标	工具→命令	说明
4	逐项重复以上操作步骤			
5	逐项检查工程量表达式	QDL	分部分项→工程量表达式→(定)QDL	此软件必须执行的程序
6	补充人材机	补充　云存档 清单 **子目** **人材机**	补充→人材机→类别→插入	区分设备或未计价材料
7	操作高度增加(子目)	标准换算	分部分项→(超高项目)标准换算→人工→(调整)系数	
8	超高调整系数	标准换算	分部分项→调价→换算内容"√"	项目必须单列
9	地下层调整系数	调价	分部分项→调价→系数调整→人工	

4)各项费用计取

各项费用计取既包括计价定额规定的综合系数,也包括费用定额规定的取费,具体操作参照表1.4.5进行。

5)人材机调价

人材机调价主要是针对人工单价调整和计取设备单价、未计价材料单价,具体操作参照表1.4.6进行。

6)导出报表

选择报表的依据、选择报表的种类、报表导出等具体内容,请参照1.4.2节的相应内容。

实训任务

请独立完成本书配套的某高层住宅楼施工图吊层范围的通风系统投标预算书的编制。

2.5 通风系统 BIM 建模实务

2.5.1 通风系统 BIM 建模前应知

1)以 CAD 为基础建立 BIM 模型

详见本书"1.5.1 火灾自动报警系统 BIM 建模前应知"中的相应内容。

2)BIM(建筑信息模型)建模的常用软件

详见本书"1.5.1 火灾自动报警系统 BIM 建模前应知"中的相应内容。

3)建模操作前已知的"三张表"

建模前请下载以下三张参数表(见本书配套教学资源包)作为后续学习的基础:

①通风系统"BIM 建模楼层设置参数表"(详见电子文件表 3.2.5.1);

②通风系统"BIM 建模系统编号设置参数表"(详见电子文件表 3.2.5.2);

③通风系统"BIM 建模构件属性定义参数表"(详见电子文件表 3.2.5.3)。

2.5.2 通风系统鲁班 BIM 建模

下面以某高层医院通风系统为例进行介绍。

1)新建子分部工程文件夹

打开鲁班安装(2019V21)软件,依据"BIM 建模楼层设置参数表",建立子分部工程文件夹,确定相关专业,这是建模的第一步。本节的专业选择是"暖通",具体操作参照表 1.5.1进行。

2)选择基点

①同一单项工程选择同一个基点。某高层医院是以⑥轴和①轴相交消防电梯井内壁转角处为基点,见图 1.5.1。

②本工程第一次需要放置 CAD 图纸的楼层,如表 2.5.1 所示。

表 2.5.1 第一次需要放置 CAD 图纸的楼层

序号	施工图参数				模型参数			备注
	楼层表述	绝对标高(m)	相对标高(mm)	层高(mm)	楼层表述	标高(mm)	层高(mm)	
1	负 2 层通风平面图	258.10	−8 700.00	4 800	−2	−8 700.00	4 800	
2	负 1 层暖通平面图	262.90	−3 900.00	3 900	−1	−3 900.00	3 900	
3	1 层暖通平面图	266.80	0.00	4 500	1	0.00	4 500	

序号	施工图参数				模型参数			备注
	楼层表述	绝对标高（m）	相对标高（mm）	层高（mm）	楼层表述	标高（mm）	层高（mm）	
4	2 层暖通平面图	266.80	4 500.00	4 500	2	4 500.00	4 500	
5	3 层暖通平面图	275.80	13 500.00	3 900	4	13 500.00	3 900	
6	4～7 层暖通平面图	279.70	17 400.00	3 600	5	17 400.00	3 600	
7	4～7 层暖通平面图	283.30	21 000.00	3 600	6	21 000.00	3 600	
8	8 层暖通平面图	294.10	31 800.00	3 600	9	31 800.00	3 600	
9	9 层暖通平面	297.70	34 400.00	3 600	10	34 400.00	3 600	
10	10 层暖通平面图	301.30	38 000.00	3 600	11	38 000.00	3 600	
11	11～12 层暖通平面图	304.90	42 600.00	3 600	12	42 600.00	3 600	
12	屋顶层暖通平面图	312.10	49 800.00	4 500	14	49 800.00	4 500	

3）导入 CAD 施工图

导入 CAD 施工图的方法详见本书 1.5.1 节"3）导入 CAD 施工图"的相应内容。

4）系统编号管理

系统编号是建模过程中一个非常重要的参数，也是今后模型使用时分类提取汇总数据的基础。依据"BIM 建模系统编号设置参数表"，设立系统编号的具体操作参照表 1.5.5 进行。

5）设备（风机）的转化和属性定义

（1）设备（风机）的转化

对于点状设备，常使用 CAD 转化的方式，在建立模型的同时完成其构件的属性定义。因为防排烟设备（风机）常设置在屋顶层，所以一般从屋顶层分层进行转化，具体操作如表 2.5.2 所示。

表 2.5.2　设备转化

步骤	工作	图标	工具→命令	说明
1	转化	CAD转化(D)	CAD 转化→转化设备	
2	转化设备	转化设备	转化设备→批量转化设备	
3	批量转化设备	批量转化设备　图例选择	批量转化设备→构件设置	构件设置：风设备→通风机
4	提取二维	提取二维	提取二维→选择构件→指定插入点	

续表

步骤	工作	图标	工具→命令	说明
5	选择三维	选择三维	选择三维→选择图形	
6	更正名称	通风机[1]	更正名称→在构件属性定义表中选择	复制+粘贴法
7	标高设置	标高设置 3950	标高设置(依据安装部位)	
8	增加设备	增加	增加→后续转化设备	
9	转化范围	转化范围 当前楼层	转化范围→当前楼层	
10	转化	转化	转化→记事本	列表中需要检查成功否

(2)已转换设备的属性定义

对于已经成功转换的设备(构件),需要到属性定义工具中进行参数的设置,具体操作如表2.5.3所示。

表2.5.3 设备(构件)的属性定义

步骤	工作	图标	工具→命令	说明
1	属性定义	属性(D)	属性→属性定义	
2	选择构件	属性定义 风口 风管 风部件 风设备	属性定义→风设备→通风机→构件	
3	修改参数	属性 值	属性→值	
4	删除原构件		选择构件后单击鼠标右键选择删除命令	原有的构件(删除)

6)构件的属性定义(非转化类构件属性定义)

(1)风管

风管需要到属性定义工具中进行参数的设置,具体操作如表2.5.4所示。

表 2.5.4　风管的属性定义

步骤	工作	图标	工具→命令	说明
1	属性定义	属性(D)	属性→属性定义	
2	风管	风口　风管　送风管	风管→送风管/排风管	
3	重新命名或添加		单击鼠标右键→重命名	
4	修改参数	属性　值	属性→值/修改图形参数	

（2）风管部件和支架

风管部件包括风阀、风管软接头、消声器,需要到属性定义工具中进行参数的设置,具体操作如表 2.5.5 所示。

表 2.5.5　风管部件和支架的属性定义

步骤	工作	图标	工具→命令	说明
1	属性定义	属性(D)	属性→属性定义	
2	风阀	风口　风管　风部件　构件　风阀	风部件→风阀/构件	
3	重新命名或添加		单击鼠标右键→重命名	
4	修改参数	属性　值	属性→值	
5	风管软接头	风口　风管　风部件　构件　风阀	风部件→风阀/风管软接头	代用
6	重新命名或添加		单击鼠标右键→重命名	
7	修改参数	属性　值	属性→值	
8	消声器	风口　风管　风部件　构件　消声器	风部件→消声器	

续表

步骤	工作	图标	工具→命令	说明
9	重新命名或添加		单击鼠标右键→重命名	
10	修改参数	属性　　值	属性→值	
11	支架	构件列表 风管支架	零星构件→风管支架	

（3）风口

风口需要到属性定义工具中进行参数的设置,具体操作如表2.5.6所示。

表2.5.6　风口的属性定义

步骤	工作	图标	工具→命令	说明
1	属性定义	属性(D)	属性→属性定义	
2	风口	风口　风管 送风口	风口→送风口/排烟口	
3	重新命名或添加		单击鼠标右键→重命名	
4	修改参数	属性　　值	属性→值	

7) 风管系统的布置

（1）水平风管的布置

水平风管的布置,通常有采用水平风管命令进行绘制和线变管命令进行转化两种方法。一般初学者宜采用水平风管命令进行绘制的方法,具体操作如表2.5.7所示。

表2.5.7　水平风管布置

步骤	工作	图标	工具→命令	说明
1	水平风管	风管 1 水平风管 -	风管→水平风管	
2	选择风管类型	送风管 送风管-630*320 送风管-800*320 送风管-1000*320	构件→选择风管类型/构件	

步骤	工作	图标	工具→命令	说明
3	系统编号	⊟ JY送风系统 ├─ JY-12-1 ├─ JY-12-2 ├─ JY-12-3 └─ JY-12-4	系统编号→对应系统编号	
4	水平风管参数设置	水平风管布置 楼层相对标高(mm)：3000 ☑锁定标高 对齐方式／标高方式 ●居中对齐 ○底部标高 ○左侧对齐 ●中心标高 ○右侧对齐 ○顶部标高 定位方式：任意布置	水平风管布置→楼层相对标高/居中对齐/中心标高	
5	风管敷设起点	指定第一点	命令栏提示:指定第一点	
6	风管敷设终点	指定下一点	命令栏提示:指定下一点	

（2）风管配件的布置

风管布置后才能布置其配件,具体操作如表 2.5.8 所示。

表 2.5.8　风管部件布置

步骤	工作	图标	工具→命令	说明
1	大小头	风管配件 3 弯头 →0 三通 ←1 四通 ↑2 大小头 ↓	风管配件→大小头	
2	布置大小头	选择第一根风管	命令栏提示:选择第一根风管	
3	布置大小头	选择第二根风管	命令栏提示:选择第二根风管	
4	参数设置	大小头 大小头长度(mm)：600 生成方式 ●按端面中心连线中点 ○按大截面风管端面 ○按两风管端面 确定　取消	大小头→参数设置	

（3）风管部件和支架的布置

风管部件既可以进行转化，也可以进行布置。若采用布置的方式，需要在风管布置后才能布置其部件，下面以风阀为例进行说明，具体操作如表 2.5.9 所示。

表 2.5.9　风管部件和支架布置

步骤	工作	图标	工具→命令	说明
1	风管部件	风管部件 2 风阀 →0	风管部件→风阀	
2	选择风阀类型	风阀 ∨ 蝶阀 风管防火阀	构件→风阀类型/构件	
3	选择风管	选择需要布置部件的风管	命令栏提示：选择需要布置部件的风管	
4	风阀长度	风阀 风阀长度(mm)：240　☑查表	风阀→风阀长度（可调整）	
5	布置风阀	指定插入点	命令栏提示：指定插入点	
6	布置支架	零星构件 8 检查井 →0 任意支架 ←1 选布风支架 ↑ 生成风支架 ↓	零星构件→任意支架→选布风支架	

（4）风口的布置

平面风口既可以进行转化，也可以进行布置。风口的布置既可以在风管布置前进行，也可以在风管布置后进行。若采用布置的方式，具体操作如表 2.5.10 所示。

表 2.5.10　风口的布置

步骤	工作	图标	工具→命令	说明
1	风口	风口设备 0 任布风口	风口设备→任布风口	
2	选择风口类型	送风口 ∨ 双层百叶风口-800*800	构件→风口类型/构件	
3	系统编号	JY送风系统 JY-12-1 JY-12-2 JY-12-3 JY-12-4	系统编号→对应系统编号	

步骤	工作	图标	工具→命令	说明
4	设置风口参数	任布风口 构件旋转 ● 平布风口　○ 侧布风口 角度：0　☑ 读风管 楼层相对标高 标高（mm）：2800 ☑ 读取标高　管底标高	任布风口→构件旋转/楼层相对标高	
5	布置风口	<u>指定插入点</u>	命令栏提示：指定插入点	

8）标准楼层的复制粘贴

依据通风系统"BIM 建模楼层设置参数表"可知,按照平面标准层 1、平面标准层 2、平面标准层 3 布置后,其他楼层均可采用整体复制粘贴的方法得到,具体操作可参照表 1.5.14 进行。

9）汇总计算与形成工程量表

（1）汇总计算和形成系统表并导出

以上建模步骤完成以后,宜对照施工图再次进行检查,确认无误后即可进行工程量计算,形成系统表并导出工程量表,具体操作可参照表 1.5.19 进行。

（2）工程量表的整理及形成

通过建模获得的工程量是不全面、不规范的,不可以直接使用,还必须按照《通用安装工程工程量计算规范》（GB 50856—2013）和《重庆市通用安装工程计价定额》（CQAZDE—2018）对工程预（结）算编制立项与工程量计算的要求,对其进行整理,具体操作如表 2.5.11 所示。

表 2.5.11　工程量表的整理及形成

步骤	工作	图标	工具→命令	说明
1	另建工程量表	▣ 地上某医院通风系统工程量清单（实例二… ▣ 地下室某医院通风系统工程量清单（实例… ▣ 某医院通风系统工程量清单（实例二）-…	另存为工程量表	区分地下层和地下层
2	更改表名	查找和选择	查找→替换	
3	合并数据区分部位		将两份表复制粘贴为工程量表并备注地下层的项目	

续表

步骤	工作	图标	工具→命令	说明
4	合并相同项	=F10+F13	单击鼠标右键→隐藏(相同项)	数量合计到第一行
5	修正名称		修改不宜在软件中准确命名名称的项目	
6	增加调试项目		增加调试项目:通风工程检测、调试/风管漏光试验、漏风试验	
7	隐藏不计项目		单击鼠标右键→隐藏(相同项)	
8	重新编排序号		隐藏与编排序号宜同步进行	

2.5.3 通风系统广联达 BIM 建模

下面以某高层医院防排烟系统为例进行介绍。

1)工程设置(模块)的应用

参照本书 1.5.3 节的相关内容进行,工程专业选择"通风空调",文件名为"防排烟系统"。

2)绘图输入(模块)的应用

(1)构件定义

构件定义是依据"BIM 建模系统编号设置参数表"和"BIM 建模构件属性定义参数表",通过新建构件命令进行,具体操作如表 2.5.12 所示。

表 2.5.12　构件定义

步骤	工作	图标	工具→命令	说明
1	新建设备	新建	构件列表→通风设备→新建/类型/标高/系统类型	
2	复制设备	复制	构件列表→消防器具→复制/类型/标高/系统类型	
3	新建通风管道	新建	构件列表→通风管道→新建/系统类型/起点标高/终点标高	

步骤	工作	图标	工具→命令	说明
4	复制通风管道	复制	构件列表→通风管道→复制/系统类型/起点标高/终点标高	
5	新建风管部件	新建	构件列表→风管部件→新建/类型/标高/系统类型	包括风口
6	复制风管部件	复制	构件列表→风管部件→复制/类型/标高/系统类型	
7	新建风管通头	新建	构件列表→风管通头→新建/类型/规格	
8	复制风管通头	复制	构件列表→风管通头→复制/类型/规格	

（2）风机提量

对于 CAD 施工图已有的风机设备，可通过"设备提量"进行建模，具体操作如表 2.5.13 所示。

表 2.5.13　风机提量

步骤	工作	图标	工具→命令	说明
1	选择类型	通风空调　通风设备(通)(S)	导航栏→通风空调→通风设备	
2	风机提量	⊗ 设备提量	绘制→识别→设备提量→选择范围	
3	重复		按照本表步骤 2 选择不同风机	
4	检查（点位）	CAD图亮度	绘制→CAD 亮度（调整）	建议亮度:30%
5	计算量	计算式	绘制→检查/显示→计算式	

（3）风管（"绘制"）连接

风管的连接既可采用"选择识别"和"生成通头"方法，也可采用"直线"绘制的方法。一般情况下，"直线"绘制基本不受 CAD 原图绘制方法的影响，是风管连接常用的方法，具体操作如表 2.5.14 所示。

表 2.5.14　风管("绘制")连接

步骤	工作	图标	工具→命令	说明
1	类型选择	🗂 通风空调　　◎ 通风设备(通)(S)　　🖳 通风管道(通)(F)	导航栏→通风空调→通风管道	
2	风管选择	◢ 通风管道(通)　　▷ 新风系统　　◢ 排烟防火系统	构件列表→通风管道	
3	风管连接	直线	绘制→绘图→直线	
4	计算量	🧮 计算式	绘制→检查/显示→计算式	

(4)风管部件布置

风管部件(包括风口)布置的具体操作如表 2.5.15 所示。

表 2.5.15　风管部件布置

步骤	工作	图标	工具→命令	说明
1	类型选择	🗂 通风空调　　◎ 通风设备(通)(S)　　🖳 通风管道(通)(F)　　▦ 风管部件(通)(I)	导航栏→通风空调→通风管道	
2	构件选择	◢ 风管部件(通)　　◢ 风口　　　　FK-1 [风口]　　◢ 侧风口　　　　CFK-1 [风口(侧)]　　◢ 风管部件　　　　FGBJ-1 [280℃防火阀]	构件列表→风口/侧风口	
3	风口选择	▣ 风口	识别→风口	
4	风管部件	⊗ 设备提量	识别→设备提量	各类阀门
5	消声器	⊗ 设备提量	识别→设备提量	
6	计算量	🧮 计算式	绘制→检查/显示→计算式	

（5）复制至其他层

对于具有相同布置关系的标准层,可将已完成的图元复制到另一个标准层,具体操作参照表 1.5.26 进行。

3）表格输入（模块）的应用

对于支架、通风工程检测调试等项目可以依据一定规则计算获得的构件,可以采用类似手工计量的方法添加在工程量中,具体操作如表 2.5.16 所示。

表 2.5.16　表格输入（模块）的应用

步骤	工作	图标	工具→命令	说明
1	工程量	表格输入	工程量→表格输入	
2	添加构件	表格输入 ⊞ 添加 ▾	表格输入→添加→风管部件/名称、类型、系统类型	
3	表达式	手工量表达式(单位:台/个/m²/m)	表格输入→手工量表达式	

4）汇总计算与形成工程量表

（1）汇总计算和形成系统表并导出

以上建模步骤完成以后,宜对照施工图再次进行检查,确认无误后即可进行报表的导出,具体操作参照表 1.5.30 进行。

（2）工程量表的整理及形成

通过建模获得的工程量是不全面、不规范的,不可以直接使用,还必须按照《通用安装工程工程量计算规范》（GB 50856—2013）和《重庆市通用安装工程计价定额》（CQAZDE—2018）对工程预（结）算编制立项与工程量计算的要求,对其进行整理,具体操作参照表 1.5.20 进行。

实训任务

独立完成本书配套的某高层住宅楼施工图吊层范围的通风系统鲁班 BIM 建模实训任务。

2.6　通风系统识图实践

识读通风系统施工图,需要配合本例工程的建筑施工图和结构施工图进行。识图实践的目的是让学生在已经进行建模算量的基础上,加深对识读施工图程序及要点的掌握,以能否理解通风系统 BIM 模型的三张参数表及编制方法为目标,达到读懂施工图的目的。

下面以某高层医院施工图(CAD 图见本书配套教学资源包)的防排烟系统为例进行识读。

2.6.1 目录及设计说明识读

1)识读图纸目录的基本信息

从通风系统的图纸目录(图 2.6.1)中,可以了解本工程建筑总层数为 14 层,其中地上有12 层,地下有 2 层;4~7 层为建筑的标准层;屋顶层仍然有通风系统的内容。通风系统施工图中包括通风和空调两方面内容;正压送风系统和走道排烟系统在图纸编号"通施-16"中。

序号	图纸型号	图纸编号	图名	备注
01	A1	通施-01	设计及施工说明	
02	A1	通施-02	主要设备材料表 图例	
03	A1	通施-03	负 2 层通风平面图	
04	A0	通施-04	负 2 层空调平面图	
05	A0	通施-05	负 1 层暖通平面图	
06	A0	通施-06	1 层暖通平面图	
07	A0	通施-07	2 层暖通平面图	
08	A0	通施-08	设备层暖通平面图	
09	A1	通施-09	3 层暖通平面图	
10	A1	通施-10	4~7 层暖通平面图	
11	A1	通施-11	8 层暖通平面图	
12	A1	通施-12	9 层暖通平面图	
13	A1	通施-13	10 层暖通平面图	
14	A1	通施-14	11~12 层暖通平面图	
15	A1	通施-15	屋顶层暖通平面图	
16	A1 +	通施-16	正压送风系统图 走道排烟系统图	
17	A0 +	通施-17	空调水系统流程图	
18	A1	通施-18	机房大样图	

图 2.6.1 通风系统的图纸目录

除了识读本专业的施工图外,还需要结合建筑图纸来获得层高等数据,如图 1.6.2 至图1.6.5 所示,其中 2 层的层高达 9 000 mm 且有夹层。

通过以上识读,有助于理解"BIM 建模楼层设置参数表"的信息,详见本书配套教学资源包中的电子文件表 3.2.5.1。

2)读施工图设计总说明

①读工程概况,了解建筑各功能区域的总体概况,如图 2.6.2 所示。

一、工程概况

本工程为某住院楼,总建筑面积为 20 931.9 m²,由一栋 12 层高公共建筑及一栋 1 层的报告厅组成。其中,主楼下面有一层车库,报告厅下面为一层设备用房。建筑性质为一类高层公共建筑。

图 2.6.2　工程概况

②读通风系统的设计说明,理解通风工程的设计范围。通风系统设计中,设计内容采用了通风设计和消防设计分别介绍的方式,如图 2.6.3 所示。

二、设计内容及设计依据

(一)设计内容

1. 空调设计

(1)地下 1 层至地上 12 层集中空调系统设计;

(2)手术层空气调节系统不在本次设计范围内。

2. 通风设计

(1)地下 1 层地下车库及设备用房通风设计;

(2)各卫生间、电梯机房的通风设计。

3. 消防设计

(1)地下 1 层设备用房和车库的排烟系统设计;

(2)无自然采光通风的封闭房间及内走道的排烟设计;

(3)大楼防烟楼梯间与前室及合用前室的防烟系统设计。

图 2.6.3　通风系统的设计说明

③读通风系统的消防设计说明,理解其工作原理和系统构成,如图 2.6.4 所示。

五、消防设计

1. 负 1 层汽车库,按防火分区分别设置机械排烟、机械补风系统。此系统与通风系统合用,火灾发生时,排风口作排烟风口,排风机作排烟风机。

2. 负 1 层设备用房走道长度超过 20 m,设置机械排烟系统,此系统与平时通风系统合用,在走道内设置板式排烟口,排烟口平时常闭,火灾发生时打开排烟口排烟,同时关闭其他平时通风口,排风机作排烟风机。

3. 负 1 层医技用房无可开启外窗,设置机械排烟系统,在房间内设置板式排烟口,排烟口平时常闭,火灾发生时打开排烟口排烟,同时关闭其他平时通风口,排风机作排烟风机。

4. 负 1 层、1 层大厅利用开窗自然排烟。

5. 负 1 层~12 层内走道按防烟分区分别设置机械排烟系统,排烟系统竖向设置,排风机设置于屋顶,利用开窗自然补风。

9. 塔楼防烟楼梯间 1 及合用前室分别加压送风,防烟楼梯间隔层设一个带调节阀的自垂百叶,合用前室每层设一个常闭的多叶正压送风口,火灾时开启风口并连锁风机启动。

10. 塔楼防烟楼梯间 2 及合用前室分别加压送风,防烟楼梯间隔层设一个带调节阀的自垂百叶,合用前室每层设一个常闭的多叶正压送风口,火灾时开启风口并连锁风机启动。

11. 空调通风系统中,主风管穿越机房和重要房间处、水平风管与土建竖井交接处、风管穿越防火分区的隔墙处,均设置有 70 ℃ 熔断的防火阀(兼作排烟系统的为 280 ℃ 熔断)。

12. 排烟风机入口处风管上,均设置有 280 ℃ 关闭的排烟阀与排烟风机连锁。

13. 所有通风、空调系统的管道及保温材料、消声材料均为不燃材料。

14. 管道穿防火墙时,应采用不燃材料将其周围的空隙填塞密实。

15. 防火阀应注意安装方向,设单独支架。

图 2.6.4　通风系统的消防设计说明

④读设计对施工安装的说明,理解工艺要求,如图 2.6.5 所示。

八、施工安装

1. 空调系统风管材料均采用酚醛铝箔复合风管,专用法兰连接,风管材料厚度按照相关行业标准选用。地下层送排风系统、卫生间排风系统及消防排烟系统风管材料均采用无机玻璃(不燃)风管,法兰连接。

2. 所有设备基础均应在设备到货且校核其尺寸无误后方可施工。基础施工时,应按设备的要求预留地脚螺栓孔(二次浇注)。

3. 尺寸较大的设备应在其机房墙未砌之前先放入机房内。

4. 冷水机组由厂家配橡胶减振垫,空调机的减振采用 TJ1-11 型橡胶减振垫,水泵由厂家配减振器,吊装风机减振采用 TJ10 弹簧减振器。

5. 本设计图中所注的散流器风口尺寸均指其颈口接管尺寸,风口材质除装修要求外,本工程所有风口均采用铝合金风口,颜色按装修图要求选用。

6. 本设计图中所示的管道式风机仅表示其安装位置,安装时应注意风机气流方向的一致性,风机方向与本图要一致。

7. 本设计按装修吊顶为可拆卸的活吊顶考虑。若装修设计中某些部分吊顶不方便拆卸,则应在风阀、水阀及风机盘管等需要检修的设备及附件下部的吊顶上预留 600 mm×600 mm 吊顶检修孔。

8. 防火调节阀采用 FVD 型(分 70 ℃ 和 280 ℃ 两种,安装时切勿混淆电信号输出,尺寸按所接风管的尺寸采用),防火阀应注意安装方向,设单独支架。

9. 风管与空调机和排风机进、出口连接处应采用复合铝箔柔性玻纤软管。设于负压侧时,长度为 100 mm;设于正压侧时,长度为 150 mm。凡用于空调送风的软管均要求配带外保温(25 mm)。

10. 消声器采用阻抗复合消声器。消声器的接口尺寸与所接风管尺寸相同。

11. 除图中特殊注明外,本设计图中所注标高为:矩形风管及风口注顶标高,水管、圆形风管及管道式风机注中心标高。无论平剖面,矩形风管尺寸均以宽×高标注。除特殊注明外,本设计图中的标高均为相对于本层地面的相对标高。

图 2.6.5　设计对施工安装的说明

2.6.2　识读通风系统主要设备材料表

识读通风系统的主要材料设备表,有助于理解"BIM 建模构件属性定义参数表"(详见本书配套教学资源包中的电子文件表 3.2.5.3)的信息。

通风系统的主要设备材料表仅可查询到通风设备的主要信息,如图 2.6.6 所示。

序号	名称	型号及规格	单位	数量	备注
1	正压送风机	SWF-Ⅰ-No6.5A	台	2	
		风量 $L = 18\ 000\ \mathrm{m^3/h}$			
		风压 $H = 620\ \mathrm{Pa}$			
		功率 $N = 5.5\ \mathrm{kW}$　$\eta \geqslant 54\%$			
2	正压送风机	SWF-Ⅰ-No6A	台	2	
		风量 $L = 15\ 102\ \mathrm{m^3/h}$			
		风压 $H = 610\ \mathrm{Pa}$			
		功率 $N = 5.5\ \mathrm{kW}$　$\eta \geqslant 53\%$			
3	排烟风机	HTF-Ⅰ-No5.5A	台	3	
		风量 $L = 12\ 000\ \mathrm{m^3/h}$			
		风压 $H = 592\ \mathrm{Pa}$			
		功率 $N = 4\ \mathrm{kW}$　$\eta \geqslant 51\%$			
4	排风排烟风机	HTF-Ⅰ-No6.5	台	2	
		风量 $L = 19\ 780\ \mathrm{m^3/h}$			
		风压 $H = 558\ \mathrm{Pa}$			
		功率 $N = 5.5\ \mathrm{kW}$　$\eta \geqslant 48\%$			
5	排风排烟风机	HTF-Ⅱ-No8	台	1	
		风量 $L = 38\ 143/28\ 607\ \mathrm{m^3/h}$			
		风压 $H = 716/403\ \mathrm{Pa}$			
		功率 $N = 12/9\ \mathrm{kW}$　$\eta \geqslant 62\%$			
6	送风补风风机	HTF-Ⅰ-No7.5	台	2	
		风量 $L = 15\ 762\ \mathrm{m^3/h}$			
		风压 $H = 525\ \mathrm{Pa}$			
		功率 $N = 4\ \mathrm{kW}$　$\eta \geqslant 45\%$			
7	防暴型通风机(平时通风)	BT35-Ⅱ-No2.8	台	1	
		风量 $L = 1\ 649\ \mathrm{m^3/h}$			
		风压 $H = 155\ \mathrm{Pa}$			
		功率 $N = 0.08\ \mathrm{kW}$　$\eta \geqslant 13\%$			

图 2.6.6　主要设备材料表

2.6.3 识读通风系统图

本例仅表达了正压送风系统和走道排烟系统的系统图。

1)正压送风系统

本例的正压送风系统由防烟楼梯间和合用前室两类组成,如图2.6.7所示。

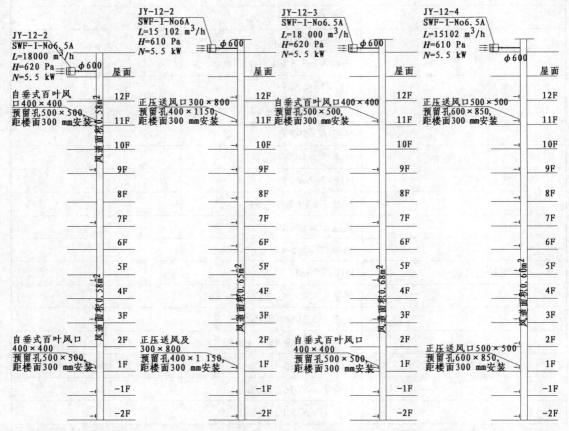

图2.6.7 正压送风系统

①防烟楼梯间正压送风系统:在屋顶层采用型号 SWF-Ⅰ-No6.5A 送风机通过建筑风道向防烟楼梯间,从屋面起间隔一层设置自垂百叶风口 400 mm×400 mm 至 1 层(距楼面 300 mm 安装)(平面图上标注的是距楼面 500 mm,此处与系统图相矛盾,在实际业务中需要向设计方提出质疑),地下层均设置自垂百叶风口 400 mm×400 mm(距楼面 300 mm 安装)。

②合用前室正压送风系统:在屋顶层采用型号 SWF-Ⅰ-No6A 送风机通过建筑风道向消防前室,从屋面起每层设置正压送风口 300 mm×800 mm(距楼面 300 mm 安装)。

2)走道排烟系统

本例的走道排烟系统由3个部位组成,具体如图2.6.8所示。

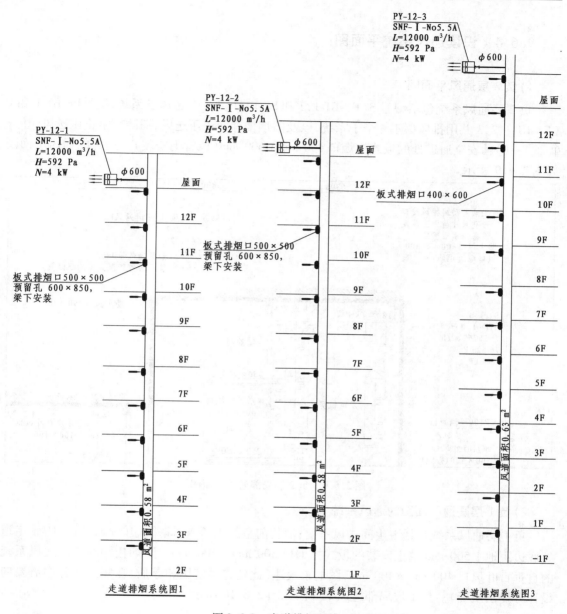

图 2.6.8　走道排烟系统

①走道排烟系统 1：在屋顶层采用型号 SWF-Ⅰ-No5.5A 排风机通过建筑风道，从 2 层起至屋面每层设置板式排烟口 500 mm × 500 mm（梁下安装）。

②走道排烟系统 2：在屋顶层采用型号 SWF-Ⅰ-No5.5A 排风机通过建筑风道，从 1 层起至屋面每层设置板式排烟口 500 mm × 500 mm（梁下安装）。

③走道排烟系统 3：在屋顶层采用型号 SWF-Ⅰ-No5.5A 排风机通过建筑风道，从负 1 层（平面图上是负 2 层）起至屋面每层设置板式排烟口 400 mm × 600 mm（风管上安装）。

2.6.4　识读通风系统平面图

1)负2层通风平面图

负2层通风系统包括编号 S(F)-B1-1,2 和 SF-B1-1 共3个送风子系统,编号PF-B1-1 和 P(F)-B1-1,2,3 共用排风(烟)4 个子系统,以及防烟楼梯间正压送风、消防前室正压送风、⑪—⑫/ⓒ—ⓓ轴安全通道处的板式排烟口 400 mm×600 mm(风管上安装)。局部的通风平面图如图2.6.9 所示。

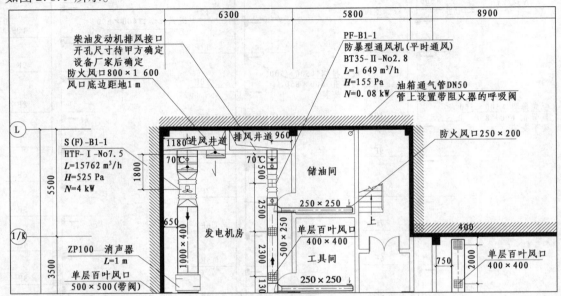

图 2.6.9　负2层局部通风平面图

2)负1层暖通平面图的通风系统

负1层通风系统包括卫生间排风系统;消防前室的正压送风系统、⑪—⑫/ⓒ—ⓓ轴走道处底边距地 1 500 mm 墙上安装的板式排烟口 500 mm×500 mm。防烟楼梯间正压送风系统的自垂百叶风口 400 mm×400 mm,图上未表达(此处与系统图相矛盾,在实际业务中需要向设计方提出质疑)。负1层局部通风平面图如图2.6.10 所示。

3)1层暖通平面图的通风系统

1 层的通风系统包括卫生间排风系统;防烟楼梯间正压送风、消防前室正压送风、⑪—⑫/ⓒ—ⓓ轴安全通道处的板式排烟口 400 mm×600 mm(风管上安装),以及⑦—⑧/ⓒ—ⓓ轴走道处底边距地 1 500 mm 墙上安装的板式排烟口 500 mm×500 mm。1 层局部通风平面图如图2.6.11所示。

4)2层暖通平面图的通风系统

2 层的通风系统包括卫生间排风系统;消防前室正压送风、⑪—⑫/ⓒ—ⓓ轴安全通道处的板式排烟口 400 mm×600 mm(风管上安装)、⑦—⑧/ⓒ—ⓓ轴走道处底边距地 1 500 mm

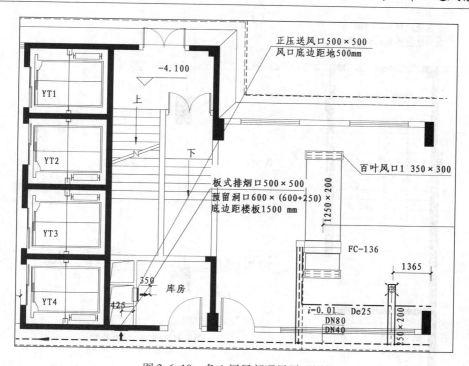

图 2.6.10　负 1 层局部通风平面图

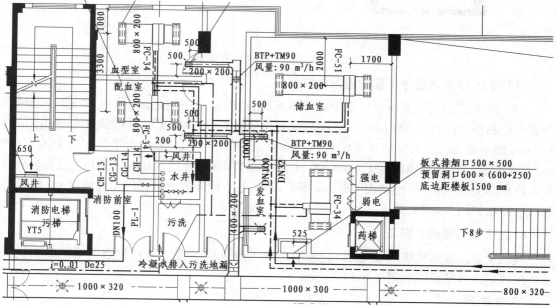

图 2.6.11　1 层局部通风平面图

墙上安装的板式排烟口 500 mm×500 mm，以及⑦—⑧/Ē轴走道处底边距地 1 500 mm 墙上
安装的板式排烟口 500 mm×500 mm。2 层局部通风平面图如图 2.6.12 所示。

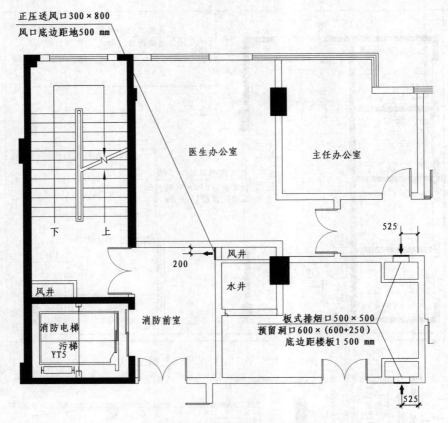

图 2.6.12　2 层局部通风平面图

5)3 层至 12 层暖通平面图的通风系统

3 层至 12 层的通风系统包括卫生间排风系统;消防前室正压送风、⑪—⑫/ⓒ—ⓓ轴安全通道处的板式排烟口 400 mm×600 mm(风管上安装)、⑦—⑧/ⓒ—ⓓ轴走道处底边距地 1 500 mm 墙上安装的板式排烟口 500 mm×500 mm,以及⑦—⑧/ⓔ轴走道处底边距地 1 500 mm 墙上安装的板式排烟口 500 mm×500 mm;防烟楼梯间正压送风在除 3 层和 4 层有自垂百叶风口 400 mm×400 mm 距楼面 500 mm 安装以外,从 6 层起的双数楼层无此风口。3 层局部通风平面图如图 2.6.13 所示。

6)屋顶层的通风平面图

屋顶层是设置通风机的设备层,它集中反映了通风机的位置关系和通风系统的布局关系。屋顶层通风平面图如图 2.6.14 所示。

识图实践

识读某高层住宅 A 楼施工图的通风系统图,并整理出 BIM 建模"三张表"。

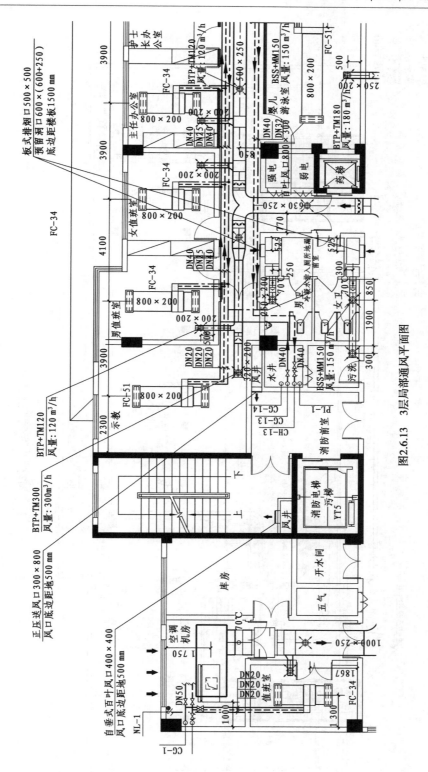

图2.6.13 3层局部通风平面图

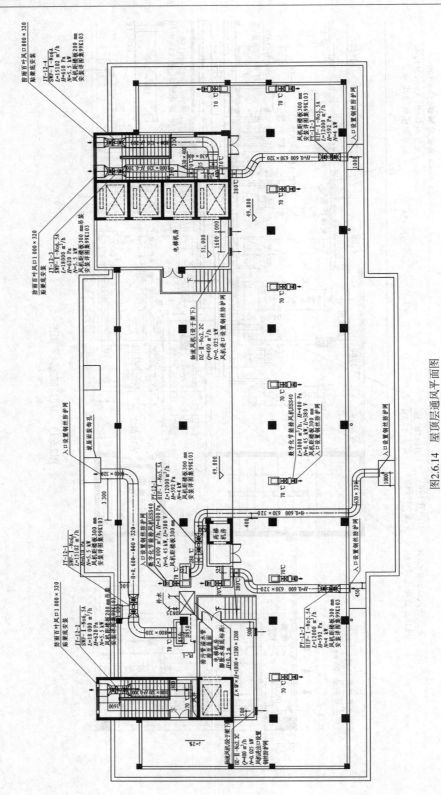

图2.6.14 屋顶层通风平面图

2.7　通风系统识图理论

理解通风系统的构成,是识读通风系统施工图的前提。下面结合相关标准、图集,对通风系统的识图理论进行系统学习。

2.7.1　通风系统的图例及含义

依据国家标准《暖通空调制图标准》(GB/T 50114—2010)的规定,通风系统施工图上常用的图例及含义如表 2.7.1 所示。

表 2.7.1　通风系统常用图例及含义

序号	名称	图例	备注
1	矩形风管	***×***	宽×高(mm)
2	圆形风管	φ***	φ 直径(mm)
3	风管向上		—
4	风管向下		—
5	风管上升摇手弯		—
6	风管下降摇手弯		—
7	天圆地方		左接矩形风管,右接圆形风管
8	软风管		—
9	圆弧形弯头		—
10	带导流片的矩形弯头		—
11	消声器		
12	消声弯头		—

续表

序号	名称	图例	备注
13	消声静压箱		—
14	风管软接头		—
15	对开多叶调节风阀		—
16	蝶阀		—
17	插板阀		—
18	止回风阀		—
19	余压阀	DPV　　DPV	—
20	三通调节阀		—
21	防烟、防火阀	***　　***	＊＊＊表示防烟、防火阀名称代号,代号说明另见附录A 防烟、防火阀功能表
22	方形风口		—
23	条缝形风口		—
24	矩形风口		—
25	圆形风口		—
26	侧面风口		—

序号	名称	图例	备注
27	防雨百叶		—
28	检修门	J　　　J	—
29	气流方向		左为通用表示法,中表示送风,右表示回风
30	远程手控盒	B	防排烟用
31	防雨罩		—

2.7.2 防排烟设备及附件安装

在标准图集《防排烟系统设备及附件选用与安装》(07K103-2)中,涉及轴(混、斜)流防烟、排烟风机安装,离心风机安装,防火、防排烟阀(口),风管水管穿越防火分隔做法。现将常用内容摘录如下,如表2.7.2所示。

表2.7.2

表2.7.2 防排烟设备及附件安装常用内容(摘录)

序号	名称	页码	摘要
1	防烟、排烟风机外形及 TCXZ 型高温消防轴流风机尺寸表	7	防烟、排烟风机型号表示和尺寸信息
2	No4.5 ~ No16 防烟、排烟风机地面、楼板上安装	11	轴流风机楼面落地安装方式和尺寸信息
3	No4.5 ~ No16 防烟、排烟风机屋面上(接管井)安装	12	轴流风机屋面落地安装方式和尺寸信息
4	No4.5 ~ No8 防烟、排烟风机实心砖墙上安装	17	轴流风机支架嵌墙安装和尺寸信息
5	No4.5 ~ No8 防烟、排烟风机混凝土墙胀锚螺栓安装	19	轴流风机支架墙上胀锚螺栓固定安装
6	No4.5 ~ No12 防烟、排烟风机楼板下吊装(一)	25	轴流风机横梁吊耳安装
7	No4.5 ~ No12 防烟、排烟风机楼板下吊装(二)	26	轴流风机横梁吊架安装

续表

序号	名称	页码	摘要
8	No4.5~No14立式排烟风机屋面上安装	30	立式排烟风机排烟井屋面顶部安装
9	4-72型No5A、No6A离心风机钢架安装图	37	直联式离心风机钢架落地安装
10	4-72型No6C~No12C离心风机钢架安装图	40	组装式离心风机钢架落地安装
11	防火、排烟阀(口)系列尺寸及配置的操作装置数量	53	防火、排烟阀(口)尺寸
12	各类防火阀及防烟防火调节阀外形图	54	各类防火阀及防烟防火调节阀构成与尺寸
13	各类排烟防火阀外形图	55	各类排烟防火阀构成与尺寸
14	各类排烟口及多叶送风口外形图	56	各类排烟口及多叶送风口构成与尺寸
15	防火、排烟阀吊耳安装	57	防火、排烟阀横梁吊耳安装
16	防火、排烟阀吊架安装	58	防火、排烟阀横梁吊架安装
17	防火、排烟风口安装	59	防火、排烟风口风管侧或风管端头安装
18	防火、排烟阀与金属风管、无机玻璃钢风管的连接	60	防火、排烟阀在风管中间安装
19	排烟口吊顶上安装(一)	62	排烟口在楼板上固定
20	排烟口吊顶上安装(二)	63	排烟口在装饰龙骨上固定
21	板式排烟口竖井上安装	64	板式排烟口在竖井上预埋安装框固定
22	多叶送风口/排烟口竖井上安装	66	多叶送风口/排烟口在竖井上预埋安装框固定
23	自垂式百叶风口安装	67	自垂式百叶风口在竖井上预埋安装框固定
24	风管穿越变形缝、防火墙做法	69	风管穿越变形缝、防火墙预埋钢套管、防火泥封堵
25	风管穿越楼板做法	70	风管穿越楼板预埋钢套管、防火泥封堵

2.7.3　金属、非金属风管支吊架

在标准图集《金属、非金属风管支吊架(含抗震支吊架)》(19K112)中,涉及多种风管支吊架的方式,常用的安装方式如表2.7.3所示。

表2.7.3

表 2.7.3　风管支吊架常用安装方式

序号	名称	页码	摘要
1	总说明	5	风管水平安装或垂直安装支吊架最大间距
2	图例	9	标准图集中常用的图例符号及含义
3	风管支架在承重砖墙上安装	11	承重砖墙上悬臂型、斜撑型支架
4	风管支架在混凝土墙上安装	12	悬臂型、斜撑型风管支架胀锚螺栓固定安装
5	风管支架在混凝土柱上安装	13	悬臂型、斜撑型风管支架安装
6	风管支架悬吊安装	15	一端固定、一端悬吊风管吊架
7	风管在混凝土结构、钢结构下悬吊安装	16	双吊杆、三吊杆，或双层吊杆风管吊架
8	圆形无机玻璃钢风管支吊架材料表	29	无机玻璃钢圆形风管悬臂型、斜撑型支架材料
9	圆形无机玻璃钢风管支吊架材料表	30	无机玻璃钢圆形风管悬吊型支架材料
10	矩形无机玻璃钢风管支吊架材料表	31	无机玻璃钢矩形风管悬臂型支架材料
11	矩形无机玻璃钢风管支吊架材料表	32	无机玻璃钢矩形风管斜撑型支架材料
12	矩形无机玻璃钢风管支吊架材料表	33	无机玻璃钢矩形风管悬吊型支架材料
13	保温圆形风管与横梁固定方式	43	圆形风管单管卡安装方式
14	矩形风管与横梁固定方式	44	矩形风管扁钢管卡、角钢管卡安装方式
15	吊架根部详图	45	风管吊架根部的多种方式之一
16	吊架根部详图	46	风管吊架根部的多种方式之二
17	吊架根部详图	47	风管吊架根部的多种方式之三
18	竖向风管支架	51	圆形风管竖向扁钢支架
19	竖向风管支架	52	矩形风管竖向扁钢支架
20	竖向风管支架	53	竖向风管角钢支架
21	风管穿楼板支架	55	风管穿楼板管箍支架
22	无机玻璃钢风管抗震支吊架选用表	85	无机玻璃钢风管侧向、双向抗震支吊架
23	柔性 CZ-1A、2A、3A、4A 抗震支吊架图	88	矩形风管柔性单侧向抗震支吊架
24	柔性 SZ-1A、2A、3A、4A 抗震支吊架图	89	矩形风管柔性单侧双向抗震支吊架
25	柔性 CZ-1B、2B、3B、4B 抗震支吊架图	90	矩形风管柔性双侧向抗震支吊架
26	柔性 SZ-1B、2B、3B、4B 抗震支吊架图	91	矩形风管柔性双侧双向抗震支吊架
27	刚性 CZ-1A、2A、3A、4A 抗震支吊架图	92	矩形风管刚性单侧向抗震支吊架

续表

序号	名称	页码	摘要
28	刚性 SZ-1A、2A、3A、4A 抗震支吊架图	93	矩形风管刚性单侧双向抗震支吊架
29	刚性 CZ-1B、2B、3B、4B 抗震支吊架图	94	矩形风管刚性双侧向抗震支吊架
30	刚性 SZ-1B、2B、3B、4B 抗震支吊架图	95	矩形风管刚性双侧双向抗震支吊架

2.8　通风系统手工计量

通风系统手工计量是一项传统工作,随着 BIM 建模技术的推广,手工计量在造价活动中所占的份额会大大减少,但近期不会消失。因此,学习者有必要了解手工计量的相关知识,掌握基本的操作技能。

2.8.1　工程造价手工计量方式概述

1)工程造价手工计量方式

详见本书 1.8.1 节中的相应内容。

2)安装工程造价工程量手工计算表

手工计量宜采用规范的计算表格,如表 2.8.1 所示。

表 2.8.1　安装工程造价工程量手工计算表(示例)

工程名称:某高层医院(示例)　　　　　　　　　　　　　子分部工程名称:通风系统

项目序号	部位序号	编号/部位	项目名称/计算式	系数	单位	工程量	备注
1			轴流通风机:正压送风机 SWF-Ⅰ-No6.5A		台	2	
	①	屋顶层	1 + 1		台	2	
2			轴流通风机:正压送风机 SWF-Ⅰ-No6A		台	2	
	①	屋顶层	1 + 1		台	2	
3			轴流通风机:排烟风机 HTF-Ⅰ-No5.5A		台	3	
	①	屋顶层	1 + 1 + 1		台	3	
4			轴流通风机:排风排烟风机 HTF-Ⅰ-No6.5A		台	2	
	①	负2层	1 + 1		台	2	
5			轴流通风机:排风排烟风机 HTF-Ⅰ-No8		台	1	
	①	负2层	1		台	1	
6			轴流通风机:送风补风风机 HTF-Ⅰ-No7.5		台	2	
	①	负2层	1 + 1		台	2	

2.8.2　安装工程手工计量的程序和技巧

1）以科学的识图程序为前提

（1）安装工程识图的主要程序

详见本书 1.8.2 节中的相应内容。

（2）识读系统图和平面图的技巧

①首先确定系统的起点，然后以"流向"为主线清理至末端；

②通风系统应以"风机"为起点，顺着风管或风道引至送、排风口，再识读管道中间的风管部件；

③对照系统图与平面图，落实相关构件型号规格和安装标高的参数。

2）立项的技巧

①对应施工图的主要设备材料表和系统图，从风机处开始"顺着流向"逐一确定"计数型"构件的清单项目，按照"清单名称：定额类型＋设备材料名称及型号或编号和规格（项目特征）"的方式，表达在计算书中；

②对应施工图的系统图和设备材料表，顺着"流向"逐一确定风管等"计量型"的清单项目，按照"清单名称：定额类型＋材料种类及名称规格（项目特征）"的方式，表达在计算书中；

③依据工艺要求，确定与建筑物发生关系的（类如支架和套管等）附属的清单项目，按照"清单名称：定额类型＋材料种类及名称规格（项目特征）"的方式，表达在计算书中；

④依据工艺要求，确定特定工艺（类如刷油和预留孔洞等）的清单项目，按照"清单名称：定额类型＋设备材料名称及型号或编号和规格（项目特征）"的方式，表达在计算书中。

3）计量的技巧

①依据已经确立清单项目的顺序依次进行计量；

②区分不同楼层作为部位的第一层级关系；

③在同一个楼层中，区分不同的功能区域为部位的第二层级关系，统计"计数型"数据，同时备注功能区名称；

④在同一个楼层中，区分"不同系统顺流测量"为部位的第二层级关系，统计"计量型"数据，一般宜将同一功能区域的数据作为一组数据集记录在计算表中，同时备注功能区名称；

⑤风管应依据其截图规格和中心线长度换算为面积；

⑥采用带汇总统计功能的计量软件。

2.8.3　通风系统在 BIM 建模后的手工计量

1）针对不宜在 BIM 建模中表达的项目

采用 BIM 技术建模，从提高工作效率的角度出发，并不需要建立工程造价涉及的所有定额项目，因此需要采用手工计量的方式补充必要的项目。通风系统常见的需要采用手工计量的项目如下：

①阀门处支架的副数和铁构件(支架)质量的换算;

②穿墙、穿楼板处的套管。

2)特殊部位的立项及核算

①调试项目的立项及核算;

②与特殊连接外部设备(类如主机、风阀)的详细尺寸核算。

2.9　通风系统招标工程量清单编制

本节以某高层医院已经形成的 BIM 模型工程量表为基础,按照《通用安装工程工程量计算规范》(GB 50856—2013)和《重庆市建设工程费用定额》(CQFYDE—2018)的规定,编制通风系统招标工程量清单。

2.9.1　建立预算文件体系

建立预算文件体系是招标工程量清单编制的基础工作,操作程序可参照2.4.1节中的相应内容,主要区别是新建项目时应选择"新建招标项目"。

2.9.2　编制工程量清单

1)建立分部和子分部,添加清单项目

建立清单项目就是依据"通风系统工程量表"的数据,按照《通用安装工程工程量计算规范》(GB 50856—2013)的规定,进行相应的编制工作。具体操作可分成以下两个阶段:

(1)添加项目及工程量

添加项目及工程量的具体操作如表2.9.1所示。

表2.9.1　添加项目及工程量

步骤	工作	图标	工具→命令	说明
1	建立分部	类别　　名称 整个项目 部　通风空调工程 项　自动提示:请输入清单简称	下拉菜单→安装工程→通风空调工程	
2	建立子分部	类别　　名称 整个项目 部　通风空调工程 部　通风系统 项　自动提示:请输入清单简称	单击鼠标右键增加子分部→录入"通风系统"	
3	添加项目	查询	查询→查询清单	

步骤	工作	图标	工具→命令	说明
4	选择轴流风机项目	查询 清单指引 清单 定额 人材机 工程量清单项目计量规范(2013-重庆) 搜索 > 建筑工程 > 仿古建筑工程 ✓ 安装工程 　✓ 机械设备安装工程 　　切削设备安装 　　锻压设备安装 　　铸造设备安装 　　起重设备安装 　　起重机轨道安装 　　输送设备安装 　　电梯安装 　　风机安装 　　泵安装	查询→清单→安装工程→机械设备安装工程→风机安装→项目	
5	修改名称	编辑[名称] 轴流通风机：正压送风机SWF-I-№6.5A	名称→选中→复制→粘贴(表格数据)	
6	修改工程量	编辑工程量表达式 2	工程量表达式→选中→复制→粘贴(表格数据)	
7	选择通风工程项目	查询 清单指引 清单 定额 人材 工程量清单项目计量规范(2013-重庆) 搜索 > 建筑工程 > 仿古建筑工程 ✓ 安装工程 　> 机械设备安装工程 　> 热力设备安装工程 　> 静置设备与工艺金属结构… 　> 电气设备安装工程 　> 建筑智能化工程 　> 自动化控制仪表安装工程 　✓ 通风空调工程 　　通风及空调设备及部件… 　　通风管道制作安装 　　通风管道部件制作安装 　　通风工程检测、调试	查询→清单→安装工程→通风空调工程→通风管道制作安装→项目	

续表

步骤	工作	图标	工具→命令	说明
8	修改名称	编辑[名称] 玻璃钢通风管道：无机玻璃钢风管1000*320*4	名称→选中→复制→粘贴(表格数据)	
9	修改工程量	编辑工程量表达式 236.78	工程量表达式→选中→复制→粘贴(表格数据)	
10	其他分册项目		查询→清单→安装工程→刷油、防腐蚀、绝热工程	

(2)编辑项目特征和工作内容

编辑项目特征和工作内容的具体操作如表 2.9.2 所示。

表 2.9.2　编辑项目特征和工作内容

步骤	工作	图标	工具→命令	说明
1	选择特征命令	换算信息　安装费用　**特征及内容**　工程量明细 　**特征**　　　特征值　　　输出 1　名称　　　　　　　　　　　□	名称→特征及内容	
2	编制项目特征	特征　　　**特征值**　　输出 1　名称　　正压送风机　　☑ 2　型号　　SWF-Ⅰ-№6.5A　☑ 3　规格　　　　　　　　　□ 4　质量　　180　　　　　☑ 5　材质　　　　　　　▼　□ 6　减振底座形式、数量　　　□ 7　灌浆配合比　　　　　　□ 8　单机试运转要求　合格　　☑ 9　拆装检查要求　　　　　□	特征值→名称/型号/质量/单机试运转要求	
3	编制工作内容	工作内容　　**输出** 1　本体安装　　　☑ 2　拆装检查　　　☑ 3　减振台座制作、安装　□ 4　二次灌浆　　　□ 5　单机试运转　　☑ 6　补刷(喷)油漆　☑	特征值→输出(选择)	
4	逐项重复以上操作			

续表

步骤	工作	图标	工具→命令	说明
5	清单排序	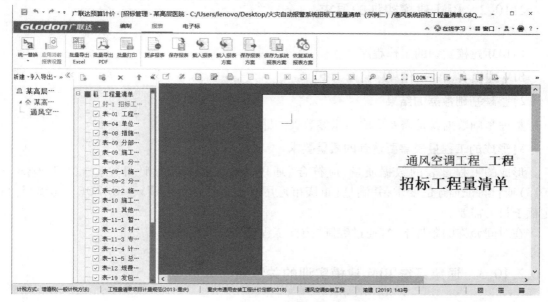 清单排序 ○ 重排流水码 ● 清单排序 ○ 保存清单顺序	整理清单→清单排序	

2）导出报表

（1）选择报表的依据

依据《重庆市建设工程费用定额》（CQFYDE—2018）的规定，选择相应的表格，见图1.9.1。

（2）选择报表的种类

工程量清单通常用于招标人组织编制招标控制价和投标人依据此编制投标预算书，其使用的格式应符合《重庆市建设工程费用定额》（CQFYDE—2018）的规定，不选择表-20"承包人提供主要材料和工程设备一览表（适用于价格指数差额调整法）"，如图2.9.1所示。

图 2.9.1　选择报表的种类

（3）报表的导出

报表导出到桌面的招标工程量清单文件夹，批量导出报表的命令见图1.9.3。

实训任务

请独立完成本书配套的某高层住宅楼施工图吊层范围的通风系统招标工程量清单的编制及导出。

2.10 通风系统 BIM 建模实训

BIM 建模实训是在已经完成本章前述内容的学习后,本着强化 BIM 建模技能而安排的一个环节。它是将学习者从以前逆向学习法的思路,引向承担实际业务的顺向工作法必需的过程,它能较好地适应现行教学体系中的课程设计环节。

2.10.1 BIM 建模实训的目的与任务

1)BIM 建模实训的目的

BIM 建模应实训的目的是让学习者从"逆向学习"转变为"顺向工作",具体要求详见本书 1.10.1 节中的相应内容。

2)BIM 建模实训的任务

将顺向工作法中难度较大的"立项与计量"环节作为实训任务,见图 1.10.3。

2.10.2 BIM 建模实训的要求

1)BIM 建模实训的工作程序

BIM 建模实训的工作程序见图 1.10.4。

2)整理基础数据的结果

整理基础数据就是需要形成三张参数表,见图 1.10.5。

3)形成的工程量表需要达到的质量要求

形成的工程量表的数据质量,应符合《通用安装工程工程量计算规范》(GB 50856—2013)项目特征描述的要求,并满足《重庆市通用安装工程计价定额》(CQAZDE—2018)计价定额子目的需要。

在时间允许的条件下,宜通过编制"招标工程量表"进行验证。

2.10.3 通风系统 BIM 建模实训的关注点

1)采用某高层住宅楼工程进行实训

为达到既能检验学习效果,又不过多占用学生在校时间的目的,本实训任务按以下原则展开:

①仅选择地下 3 层、吊层、1 层进行实训;

②依据施工图布置的方式展开实训,不校正设计失误。

2）实训前提示

①本工程风机的重量，按照标准图集的号数相近原则选择；

②统一选择 B 栋①轴和Ⓐ轴交点为基点。

第 3 章　灭火系统

3.1　本章导论

3.1.1　灭火系统的含义

本章所指的"灭火系统",是指《建筑工程施工质量验收统一标准》(GB 50300—2013)"附录 B　建筑工程的分部工程、分项工程划分"中,建筑给水排水及供暖分部工程包含的室内给水系统子分部工程之消防喷淋系统安装分项工程(及"给水加压系统")以及防腐、管道冲洗、试验与调试各分项工程,机房子分部工程中的气体灭火系统和泡沫灭火系统等消防系统分项工程,给水系统子分部工程中的消火栓系统安装分项工程和灭火器在《建筑管道工程预(结)算》分册中表述。

本章还简述了建筑消防设施,主要指涉及建筑工程的防火卷帘门、给水加压系统和集水坑机械加压排水系统。

3.1.2　本章的学习内容与目标

本章将围绕灭火系统和建筑消防设施的概念与构成、常用材料与设备、主要施工工艺及设备、灭火系统对应项目的计价定额与工程量清单计价、施工图识读、BIM 模型的建立及手工算量的技巧等一系列知识点,形成一个相对闭合的学习环节,从而全面解读灭火系统工程预(结)算文件编制的全过程。通过学习本章内容,学习者将掌握灭火系统和建筑消防设施工程预(结)算的相关知识,具备计价、识图、BIM 建模和计算工程量的技能,具有编制灭火系统工程预(结)算的能力。

3.2　初识灭火系统

3.2.1　灭火系统概述

1）灭火系统

水灭火系统、气体灭火系统、泡沫（干粉）灭火系统统称为灭火系统。其中,水灭火系统包括消防供水管道、消防水池、消防水箱、消防水泵、消防稳（增）压设备、消防水泵接合器、室内（外）消火栓及管网、喷头、末端试水装置、水流指示器、信号阀门等设备设施。常用的水灭火系统是自动喷水灭火系统和水喷雾灭火系统。

（1）自动喷水灭火系统

自动喷水灭火系统（也称为自动喷淋系统）是由洒水喷头、报警阀组、水流报警装置（水流指示器、压力开关）等组件,以及管道、供水设施组成的,能在火灾时喷水的自动灭火系统。此系统依照喷头的不同分为两类:

①采用闭式洒水喷头的为闭式系统,包括湿式系统、干式系统、预作用系统、简易自动喷水系统;

②采用开式洒水喷头的为开式系统,包括雨淋系统、水幕系统等。

（2）水喷雾灭火系统

水喷雾灭火系统是利用专门设计的水雾喷头,在水雾喷头的工作压力下将水流分解成粒径不超过 1 mm 的细小水滴进行灭火或防护冷却的一种固定灭火系统。其主要灭火机理为表面冷却、窒息、乳化和稀释作用,具有较高的电绝缘性能和良好的灭火性能。此系统又可分为:

①按启动方式,可分为电动启动和传动管启动两种类型;

②按应用方式,可分为固定式水喷雾灭火系统、自动喷水-水喷雾混合配置系统、泡沫-水喷雾联用系统 3 种类型。

2）自动喷水灭火系统的主要类型

自动喷水灭火系统有多种类型,常用的有以下几种:

①自动喷水湿式灭火系统:是指准工作状态时配水管道内充满用于启动系统的有压水的闭式系统。自动喷水湿式灭火系统适用于环境温度 $t=4\sim70\ ℃$ 的场所。其主要设备有闭式喷头、湿式报警阀等。

②自动喷水干式灭火系统:是指准工作状态时配水管道内充满用于启动系统的有压气体的闭式系统。自动喷水干式灭火系统适用于环境温度 $t<4\ ℃$ 或 $t>70\ ℃$ 的场所。其主要设备有闭式喷头、干式报警阀和气压装置等。

③预作用喷水灭火系统:是指准工作状态时配水管道内不充水,由火灾探测器、闭式喷头作为探测元件,发生火灾时联动开启预作用装置和启动消防水泵,向配水管道供水的闭式系

统。预作用喷水灭火系统适用于不允许有水渍损失的场所。其主要设备有自动报警系统和闭式喷头、雨淋阀等。

④雨淋喷水灭火系统:由开式喷头、雨淋报警阀组、水流报警装置等组成,发生火灾时由火灾报警系统或传动管控制,自动开启雨淋报警阀组和消防水泵,用于灭火的开式系统。雨淋喷水灭火系统适用于严重危险级的场所。其主要设备有自动报警系统和开式喷头、雨淋阀等。

⑤水幕系统:由开式洒水喷头或水幕喷头、雨淋报警阀组或感温雨淋报警阀、水流报警装置等组成,它不是用于灭火的,而是用于挡烟阻水或冷却分隔物的开式系统,也称为水幕保护或防火隔断系统。其常用设备有自动报警系统和水幕喷头、雨淋阀等。水幕系统在建筑物中的应用部位主要集中在建筑中庭边界、自动扶梯口、防火卷帘门处。

3)《自动喷水灭火系统设计规范》(GB 50084—2017)的主要规定

设置自动喷水灭火系统的主要规定如表3.2.1所示。

表3.2.1 设置自动喷水灭火系统的规定(摘要)

序号	条码	知识点	页码
1	4.1.1	应在人员密集、不易疏散、外部增援灭火与救生较困难的性质重要或火灾危险性较大的场所中设置	7
2	4.1.2	自动喷水灭火系统不适用的(不能遇水的)场所	7
3	4.2.2	环境温度不低于4 ℃且不高于70 ℃的场所应采用湿式系统	7
4	4.2.3	环境温度低于4 ℃或高于70 ℃的场所应采用干式系统	7
5	4.2.6	采用雨淋系统的场所	8
6	6.1.1	民用建筑采用闭式系统场所的最大净空高度(18 m)	19
7	6.1.3	湿式系统喷头选型的规定	19
8	6.2.3	一个报警阀组控制喷头数的规定	20
9	6.2.4	每个报警阀组供水的最高与最低位置喷头,其高程差不宜大于50 m	20
10	6.2.6	报警阀距地面的高度宜为1.2 m	20
11	6.3.1	各个楼层、每个防火分区均应设置水流指示器	20
12	6.3.3	当水流指示器前设置控制器时,应采用信号阀	20
13	6.4.2	应采用压力开关控制稳压泵,并应能调节启停压力	20
14	6.5.1	每个报警阀组控制的最不利点喷头处,应设置末端试水装置。其他防火分区、楼层均应设直径为25 mm的试水阀	21
15	6.5.3	末端试水装置和试水阀应有标识,距地面的高度宜为1.5 m	21
16	7.1.1	喷头应布置在顶板或吊顶下易于接触到火灾热气流并有利于均匀布水的位置	22
17	7.1.2	关于喷头间隔距离的规定;直立型、下垂型标准覆盖面积喷头之间的间距不宜小于1.8 m	22
18	7.2.1	直立型、下垂型标准覆盖面积喷头与梁、通风管道的距离规定	25

表3.2.1

序号	条码	知识点	页码
19	7.2.3	当梁、通风管道、排管、桥架等障碍物的宽度大于 1.2 m 时,其下方应增设喷头	26
20	8.0.2	配水管道应采用内外壁热镀锌钢管或涂覆钢管,以及铜管、不锈钢管和氯化聚氯乙烯(PVC-C)消防专用管	32
21	8.0.6	系统中直径大于或等于 100 mm 的管道,应分段采用法兰或沟槽式连接件(卡箍)连接	32
22	8.0.8	配水管两侧每根配水支管控制的喷头数限制性规定(6 只或 8 只)	32
23	8.0.9	配水管、配水支管控制的喷头数限制性规定	33
24	8.0.10	短立管或末端试水装置的连接管,其直径不应小于 25 mm	33
25	10.3.4	消防水箱出水管的规定	39

4)《自动喷水灭火系统设计规范》(GB 50084—2017) 中管道的基本术语

配水干管、配水管、配水支管、短立管的含义如图 3.2.1 所示。

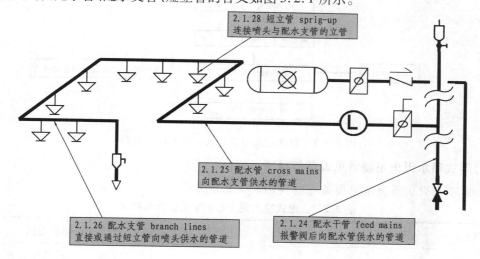

图 3.2.1　配水干管、配水管、配水支管、短立管含义的图解

5)其他与消防工程配套的设备

(1)防火卷帘门

防火卷帘门是一种能在一定时间内把火势控制在一定空间内,阻止其蔓延扩大的分隔设施,属于防火分隔设施,它归于建筑物消防设施系统。其主要构成是双轨式防火卷帘门及卷帘门控制箱。

(2)给水加压系统和机械加压排水系统

在高层建筑中,除了设置灭火系统外,通常还会与之配套给水加压系统和集水坑机械加压排水系统。

3.2.2 自动喷水湿式灭火系统

1)自动喷水湿式灭火系统原理流程图

自动喷水湿式灭火系统的工作原理:当火灾发生时,先由喷头感应而喷水,带动水流指示器、湿式报警阀压力开关、水力警铃等报警元件发出各类信号,最终启动喷淋泵运行,向系统供水灭火。其原理流程图如图 3.2.2 所示。

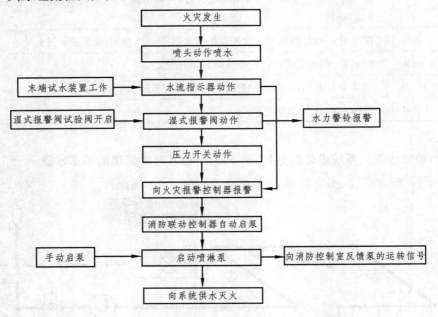

图 3.2.2　自动喷水湿式灭火系统原理流程图

2)湿式喷水灭火系统常见设备与材料

湿式喷水灭火系统常见设备与材料如表 3.2.2 所示。

表 3.2.2　湿式喷水灭火系统常见设备与材料

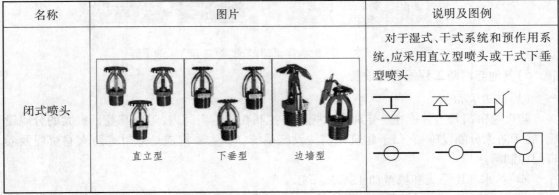

名称	图片	说明及图例
开式喷头		对于水幕系统,防火分隔水幕应采用开式洒水喷头或水幕喷头 平面 ── 系统
湿式报警阀组		只允许水流入系统,并在规定压力、流量下驱动配套部件报警的一种单向阀。湿式报警阀组的主要元件为止回阀,其开启条件与入口压力及出口流量有关,它与延迟器、水力警铃、压力开关、控制阀等组成报警阀组 平面 ⊙　系统
雨淋阀组		消防管道中的消防储水单向朝着喷水灭火喷头流动,包括水力警铃、球阀、针阀和压力开关 平面　系统
水流指示器		将水流信号转换成电信号的一种水流报警装置 ─(L)─

续表

名称	图片	说明及图例
末端试水装置		由试水阀、压力表及试水接头等组成,其作用是检验系统的可靠性,测试干式系统和预作用系统的管道充水时间 平面　　　　系统
(立式)喷淋泵		是满足喷淋系统流量与压力的专用泵 平面　　　　系统
隔膜式气压罐稳压给水设备		通常设置在屋面层,用于确保末端水压达到消防要求
信号阀		阀门启或闭时,会传输一个信号给消防报警系统,消防报警系统接收一个监视信号

名称	图片	说明及图例
减压孔板		减压孔板的工作原理是对液体的动压力(不含静压力)进行减压
自动排气阀		其功能是排除管道顶部区域的空气 平面　系统
喷淋管道		材质为镀锌钢管,DN80 及以下的常见连接方式为螺纹连接;DN80 以上为卡箍连接;自动喷水系统最小规格为 DN25 ——Z——　　ZL—
热镀锌无缝钢管沟槽卡箍连接管件		DN100 及以上的常见连接方式为沟槽卡箍连接
热镀锌无缝钢管沟槽螺纹机械连接管件		
沟槽机械四通		

续表

名称	图片	说明及图例
螺纹机械四通		
金属波纹软接头		管道(跨伸缩缝等)软接头 
可曲挠橡胶软接头		管道(跨伸缩缝等)软接头 单球　双球
支架	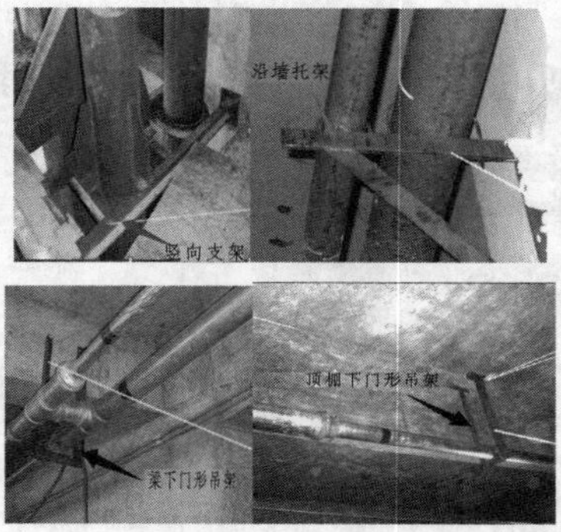	

3)初识自动喷水湿式灭火系统图

①采用轴测图方式表达的自动喷水湿式灭火系统,如图 3.2.3 所示。

从地下水池起,采用立式喷淋泵经湿式报警阀后向管网加压供水,喷淋泵前后端均设置了蝶阀、橡胶软接头、压力表,喷淋泵出水侧还设置了止水阀;室外设置了水泵接合器组;管网顶部设置了自动排气阀;建筑顶部设置了隔膜式气压罐稳压给水设备;楼层平面管网上设置了信号蝶阀和水流指示器、闭式喷头、末端试水装置。

②采用原理图方式表达的自动喷水湿式灭火系统前端,如图 3.2.4 所示。

③消防水炮和喷淋系统共用的自动喷水湿式灭火系统前端,如图 3.2.5 所示。

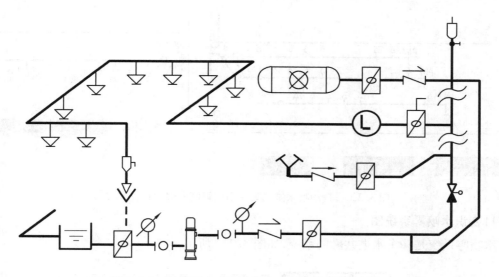

图3.2.3 轴侧图方式表达的自动喷水湿式灭火系统

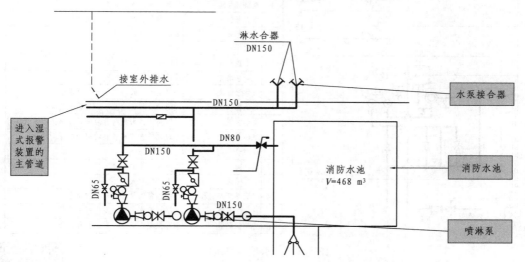

图3.2.4 原理图方式表达的自动喷水湿式灭火系统前端

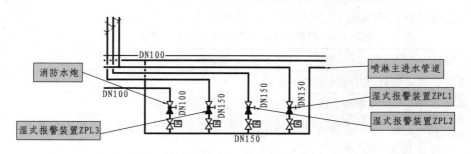

图3.2.5 消防水炮和喷淋系统共用的自动喷水湿式灭火系统前端

④自动喷水湿式灭火系统管网末端的布置方式,如图3.2.6所示。

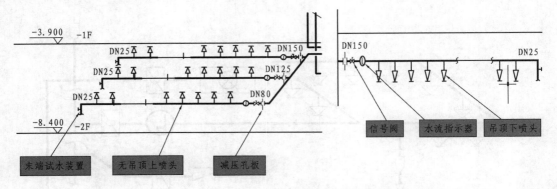

图3.2.6 自动喷水湿式灭火系统管网末端的布置方式

4)初识水喷雾系统图

水喷雾系统是一个水电共融的系统,如图3.2.7所示。

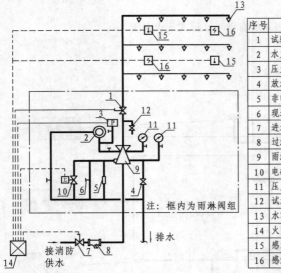

图3.2.7 水喷雾系统图

主要部件表

序号	名称	功能及作用
1	试验信号阀	平时常开,检修时关闭,输出电信号
2	水力警铃	雨淋阀开启时,发出音响信号
3	压力开关	雨淋阀开启时,发出电信号
4	放水阀	系统排空放水
5	非电控远程手动装置	远程手动打开雨淋阀
6	现场手动装置	现场手动打开雨淋阀
7	进水信号阀	平时常开,阀门关闭时检查电信号
8	过滤器	过滤杂质避免堵塞喷头及管道和设备
9	雨淋报警阀	平时关闭,灭火时开启并可输出报警水流信号
10	电磁阀	通过火灾报警系统联动控制打开雨淋阀
11	压力表	显示水压
12	试水阀	雨淋阀功能试验
13	水雾喷头	使水雾化灭火
14	火灾报警控制器	接收报警信号并发出控制指令
15	感温探测器	温度探测火灾,并发出报警信号
16	感烟探测器	烟雾探测火灾,并发出报警信号

5)《自动喷水灭火系统施工及验收规范》(GB 50261—2017)的主要规定

对自动喷水灭火系统施工过程中的主要要求如表3.2.3所示。

表3.2.3 自动喷水灭火系统施工的主要要求

序号	条码	知识点	页码
1	3.2.2	管材、管件进场验收的规定	5
2	4.3.2	管道穿混凝土消防水箱或消防水池时,应加设防水套管	10
3	4.3.3	高位消防水箱、消防水池安装的规定(主要通道宽度不小于1.0 m,检修通道宽度不小于0.7 m)	10
4	4.4.2	消防气压给水设备安装的规定(检修通道宽度不小于0.7 m,设备顶部距楼板或梁底的距离不低于0.6 m)	11

续表

序号	条码	知识点	页码
5	5.1.11	沟槽式管件连接的相关规定	13,14
6	5.1.14	管道中心线与梁、柱、楼板最小距离的规定	18
7	5.1.15	管道支架、吊架、防晃支架设置的规定(如喷头与支架之间距离不宜小于 300 mm;与末端喷头之间不宜大于 750 mm;立管支架距地为 1.5～1.8 m)	18,20
8	5.1.16	管道穿墙体或楼板时设置套管的规定	20
9	5.1.18	配水干管或配水管设置色环的规定	20
10	5.4.6	信号阀应安装在水流指示器前端的管道上,且距离不宜小于 300 mm	35
11	5.4.7	排气阀应安装在配水干管顶部、配水管的末端	35
12	6.1.1	管网安装完毕后,应进行强度试验、严密性试验和冲洗	39
13	6.2.1	水压试验在设计工作压力等于或小于 1.0 MPa 时,取 1.5 倍;大于 1.0 MPa 时,该工作压力加 0.4 MPa	41
14	7.1.1	系统调试应在系统施工完成后进行	44

3.2.3　给水加压系统

1)室内给水加压系统的组成

(1)室内给水加压系统的供水方式

①直接给水方式:室外管网提供的水压、水量和水质均满足时;

②单设水箱的给水方式:室外管网提供的水压大部分时间能满足要求,仅在用水高峰出现不足时;

③单设水泵的给水方式:室外管网提供的水压经常不足时;

④设水泵、水箱的给水方式:室外管网提供的水压经常不足,且室内用水量变化较大时;

⑤设气压给水设备的给水方式:室外管网提供的水压经常不足,且不宜设置高位水箱时;

⑥分区给水方式:多层或高层常用的给水方式。

(2)室内给水加压系统的常见种类

①单设水泵的给水方式,如图 3.2.8 所示。

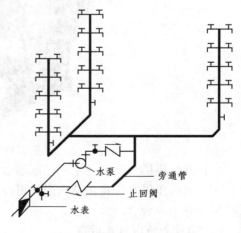

图 3.2.8　单设水泵的给水方式

②设水泵、水箱的给水方式,如图3.2.9所示。

③设气压给水设备的给水方式,如图3.2.10所示。

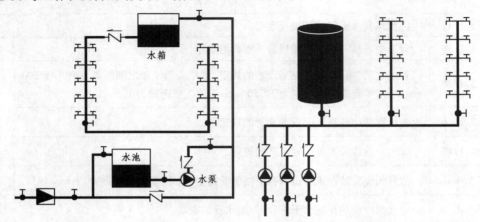

图 3.2.9 设水泵、水箱的给水方式   图 3.2.10 设气压给水设备的给水方式

2)高层建筑常用的室内给水加压系统

(1)管网叠压供水设备

①管网叠压供水设备(图3.2.11)是一种在原有管网水压力基础上再次加压的(罐式无负压)供水设备。它突破了以往只能对无压水进行加压的误区,并且通过对流体流态的控制保证了设备限量增压,不对管网产生负压影响。在用户前段安装管网叠压供水设备,可解决自来水由于管网压力限制不能送到用户的问题,满足远端高地势用户的需求。

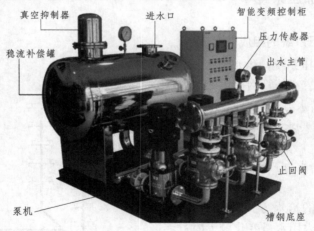

图 3.2.11 管网叠压供水设备

②管网叠压供水设备的主要控制参数包括设备的流量、压力、电机容量等。

③管网叠压供水设备按结构形式可分为室内整体式、室内分体式、室外整体式;按工作水泵数量可分为单台、多台。

(2)箱式无负压供水设备

①箱式无负压供水设备(图3.2.12)可直接与供水管网连接,确保供水管网不产生负压,

在高峰时将密闭水箱的水增压可补偿供水管网供水量的不足,满足用户的用水需要。它主要由密闭水箱、主泵机组、变频控制柜、增压装置、引水装置、稳流罐、无负压流量控制器、保压装置及压力传感器等组成。

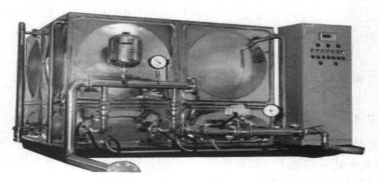

图 3.2.12　箱式无负压供水设备

②箱式无负压供水设备的主要控制参数是增压压力范围、流量和节能指标。当公共供水管网≤0.2 MPa 时(可自由设定 0.2 ~ 0.4 MPa),由水箱供水;反之,当公共供水管网压力 >0.2 MPa时,延时 10 min(时间可调整),由公共供水管网供水。

管网叠压供水设备和箱式无负压供水设备的区别如下:

①箱式无负压供水设备的选用必须考虑实际工况,只有在适合用箱式无负压的前提下才可以选用。很多应该用罐式无负压的场合,不要因为所谓的安全考虑而选用箱式无负压。

②用户一定要分清切换式和差量补偿式的区别。一般认为切换式的箱式无负压不能称之为真正的无负压,因为不能有效秉承罐式无负压的优点,规避罐式改箱式的缺点。

③水箱大小的选择一定要符合实际,不是越大越好,否则水箱水体循环会出现问题,从而导致死水和余氯减少。

(3)隔膜式气压罐稳压给水设备

隔膜式气压罐稳压给水设备(图 3.2.13)的工作原理:它是由钢质外壳、橡胶隔膜内胆构

图 3.2.13　隔膜式气压罐稳压给水设备

成的储能器件,在罐体高度一半左右的位置热轧了一个橡胶隔膜,橡胶隔膜把水室和气室完全隔开;隔膜和罐体间预充了一定压力的氮气,当外界有压力的水充入水室时,密封在罐内的空气被压缩,压力升高储存能量;当气压罐中的压力达到压力开关的设定值时,压力开关停止增压泵,气压罐此时在最大容量状态;当气压罐中的压力低于压力开关的设定值时,压力开关再次重新启动增压泵,向气压罐中补水,可起到泵开与关之间控制压力的作用。

3.2.4 机械加压排水(集水坑污水泵排水)系统概述

1)机械加压排水系统的概念

房屋建筑工程所指的"机械加压排水系统",通常就是实务中所称的"集水坑污水泵排水系统"。它常常处于建筑物地下层的最底层,使用的主要设备是小型潜水排污泵,且与建筑物中的室内污水池(集水坑)配套组成。

2)机械加压排水系统的种类

机械加压排水系统有 3 种,如图 3.2.14 所示。

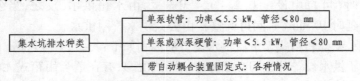

图 3.2.14 机械加压排水系统的种类

当前常用的机械加压排水系统是带自动耦合装置固定式小型潜水排污泵加压排水系统。

3.2.5 常用的气体灭火系统

1)气体灭火系统概述

①气体灭火系统采用的灭火剂多为不燃烧、不助燃、无毒性、电绝缘性好、使用后污染少的惰性气体。

②气体灭火系统常用的种类是二氧化碳(CO_2)、卤代烷 1301 、七氟丙烷(HFC-227ea/FM200)等。

2)二氧化碳气体灭火系统简介

①二氧化碳气体灭火系统常用术语:

a. 全淹没灭火系统(Totel flooding extinguishimg system):在规定时间内,向防护区喷射一定浓度的二氧化碳,并使其均匀地充满整个防护区的灭火系统。

b. 局部应用灭火系统(Local application extinguishimg system):向保护对象以设计喷射强度直接喷射二氧化碳,并持续一定时间的灭火系统。

c. 防护区(Protected area):能满足二氧化碳全淹没灭火系统要求的有限封闭空间。

d. 组合分配系统(Combined distribution system):用一套二氧化碳储存装置保护两个或两个以上防护区或保护对象的灭火系统。

e.灭火浓度(Flame extinguishing concentration):在 101 kPa 大气压和规定的温度条件下,扑灭某种火灾所需要二氧化碳在空气中的最小体积百分比。

f.抑制时间(Inhibition time):维持设计规定的二氧化碳浓度使固体深位火灾完全熄灭所需要的时间。

②二氧化碳气体灭火系统仅用于无人工作的场所。

③二氧化碳气体灭火系统可以扑灭下列火灾:

a.灭火前可切断气源的气体火灾(此条是与卤代烷 1301 灭火系统最大的区别);

b.液体火灾或石蜡、沥青等可熔化的固体火灾;

c.固体表面火灾及棉毛、织物、纸张等部分固体深位火灾;

d.电气火灾。

④二氧化碳气体灭火系统不得用于扑灭下列火灾:

a.硝化纤维、火药等含氧化剂的化学制品火灾;

b.钾、钠、镁、钛、锆等活泼金属火灾;

c.氢化钾、氢化钠等金属氧化物火灾。

⑤二氧化碳气体灭火系统组件及管网特点:

a.储存装置由储存容器、容器阀、单向阀和集流管等组成。选择阀可采用电动、气动、机械操作 3 种方式。

b.保护区通常室内温度为 0~49 ℃,并保持干燥和通风良好。

c.灭火管道应采用镀锌无缝钢管。管道可采用螺纹连接、法兰连接或焊接,公称直径小于或等于 DN80 宜采用螺纹连接,大于 DN80 宜采用法兰连接。

d.系统启动方式有自动、手动、机械应急 3 种。

e.当采用火灾探测器自动控制时,应收到两个独立信号才能启动,需要延迟的时间不应大于 30 s。

3)卤代烷 1301 灭火系统简介

①卤代烷 1301 灭火系统通常采用"全淹没灭火系统"。国家有关建筑设计防火规范中凡规定应设置卤代烷或二氧化碳灭火系统的场所,当经常有人工作时,宜设卤代烷 1301 灭火系统;

②卤代烷 1301 灭火系统可扑灭下列火灾:

a.煤气、甲烷、乙烯等可燃气体火灾;

b.甲醇、乙醇、丙酮、苯、煤油、汽油、柴油等甲、乙、丙类液体火灾;

c.木材、纸张等固体火灾;

d.变配电设备、发电机组、电缆等带电的设备及电气线路火灾。

③卤代烷 1301 灭火系统组件及管网特点:

a.储存装置由储存容器、容器阀、单向阀和集流管等组成。在通向每个防护区的主管道上,应设压力信号装置或流量信号装置。

b.保护区通常室内温度为 -20~55 ℃。

c.灭火管道通常应采用镀锌无缝钢管。对储存压力为 2.5 MPa 的管道,公称直径小于 DN50 的可采用低压液体输送镀锌焊接钢管中的加厚管。钢制管道附件应内外镀锌。公称直径小于或等于 DN80 宜采用螺纹连接,大于 DN80 宜采用法兰连接。

d. 在有腐蚀镀锌层的场所,应采用不锈钢管或铜管,且管件均应选择铜合金或不锈钢制品。输送启动气体的管道应采用铜管。

e. 系统启动方式有自动、手动、机械应急 3 种。

f. 防护区的疏散通道与出口,应设置应急照明装置和疏散灯光指示标志。防护区内应设置火灾装置和疏散灯光指示标志。防护区内应设置火灾和灭火剂施放的声报警器,并在每个入口处设置光报警器和采用卤代烷 1301 灭火系统的防护标志。

g. 设置在有爆炸危险场所内的管网系统,应设防静电接地装置。

4）七氟丙烷（HFC-227ea/FM200）系统简介

①七氟丙烷自动灭火系统是集气体灭火、自动控制及火灾探测等于一体的现代化智能型自动灭火装置,符合《七氟丙烷（HFC-227ea）洁净气体灭火系统设计规范》（DBJ 15-23—1999）及《气体灭火系统-物理性能和系统设计》（ISO 14520-9—2006）系统设计及产品标准规范的要求,本系统装置具有设计先进、性能可靠、操作简单、环保良好等特点。

②七氟丙烷自动灭火系统通常由储存瓶组、储存瓶组架、液流单向阀、集流管、选择阀、三通、异径三通、弯头、异径弯头、法兰、安全阀、压力信号发送器、管网、喷嘴、药剂、火灾探测器、气体灭火控制器、声光报警器、警铃、放气指示灯、紧急启动/停止按钮等组成。

③七氟丙烷自动灭火系统有自动、手动、机械应急手动和紧急启动/停止 4 种控制方式。

④七氟丙烷气体灭火系统常见的种类有内储压七氟丙烷气体灭火系统,其输送距离在 30 m 以内。它又包含了管网式、柜式、悬挂式 3 种安装方式。另外还有一种是外储压七氟丙烷气体灭火系统,其输送距离可以达到 150 m。

⑤七氟丙烷气体灭火系统可用于经常有人工作而需要设置气体保护的区域或场所,常用于电子计算机房、数据处理中心、电信通信设施、过程控制中心、昂贵的医疗设施、贵重的工业设备、档案馆、图书馆、博物馆及艺术馆、洁净室、消声室、应急电力设施、易燃液体存储区等,也可用于生产作业火灾危险场所,如喷漆生产线、电器老化间、轧制机、印刷机、油开关、油浸变压器、浸渍槽、熔化槽、大型发电机、烘干设备、水泥生产流程中的煤粉仓,以及船舶机舱、货舱等。

习　题

1. 单项选择题

（1）常用的防火分隔设施包括（　　　　）。

A. 水灭火系统　　　　　B. 消防水池　　　　　C. 灭火器　　　　　D. 防火阀

（2）在《建筑工程施工质量验收统一标准》（GB 50300—2013）中,消防喷淋系统属于（　　）。

A. 室内给水系统　　　　　　　　　　　B. 生产给水系统

C. 室外给排水系统　　　　　　　　　　D. 生活给水系统

（3）能在一定时间内把火势控制在一定空间内,阻止其蔓延扩大的分隔设施,该设施名称是(　　　)。

A. 喷淋头 　　　　　　　　B. 卷帘门 　　　　　　C. 消火栓 　　　　　　D. 灭火器

(4)自动喷水灭火系统的系统选型,应根据设置场所的火灾特点或环境条件确定,露天场所不宜采用(　　　)。

A. 开式系统 　　　　　　B. 闭式系统 　　　　　C. 水幕系统 　　　　　D. 雨淋系统

(5)环境温度不低于4 ℃,且不高于70 ℃的场所应采用(　　　)。

A. 干式系统 　　　　　　B. 雨淋系统 　　　　　C. 湿式系统 　　　　　D. 水幕系统

(6)湿式系统一个报警阀组控制的喷头数不宜超过(　　　)。

A. 1 100 只 　　　　　　B. 1 000 只 　　　　　C. 900 只 　　　　　D. 800 只

(7)湿式系统的喷头选型规定:不做吊顶的场所,当配水支管布置在梁下时,应采用(　　　)。

A. 直立型喷头 　　　　　B. 下垂型喷头 　　　　C. 吊顶型喷头 　　　D. 边墙型喷头

(8)报警阀组宜设在安全及易于操作的地点,报警阀距地面的高度宜为(　　　)。

A. 1. 5 m 　　　　　　　B. 1. 1 m 　　　　　　C. 1. 2 m 　　　　　　D. 1. 0 m

(9)喷淋系统配水管道应采用(　　　)。

A. 无缝钢管 　　　　　　B. 内外壁热镀锌钢管 　C. 焊接钢管 　　　　　D. 铸铁管

(10)喷淋管道系统中,直径等于或大于100 mm 的管道应分段采用法兰或(　　　)。

A. 焊接连接 　　　　　　B. 丝扣连接 　　　　　C. 沟槽连接件 　　　D. 螺纹连接

(11)短立管及末端试水装置的连接管,其管径不应小于(　　　)。

A. 20 mm 　　　　　　　B. 32 mm 　　　　　　C. 15 mm 　　　　　　D. 25 mm

(12)管道穿过钢筋混凝土消防水箱或消防水池时,应加设(　　　)。

A. 防水套管 　　　　　　B. 一般套管 　　　　　C. 止水环 　　　　　D. 防火套管

(13)当梁、通风管道、排管、桥架等障碍物的宽度大于(　　　),其下方应增设喷头。

A. 1. 0 m 　　　　　　　B. 1. 1 m 　　　　　　C. 1. 2 m 　　　　　　D. 1. 3 m

(14)扑灭电气火灾的场所,当经常有人工作时,宜设(　　　)。

A. 二氧化碳气体灭火系统 　　　　　　　　B. 卤代烷1301 灭火系统

C. 消火栓系统 　　　　　　　　　　　　　D. 自动喷水系统

(15)二氧化碳气体灭火系统灭火管道应采用(　　　),管道可采用螺纹连接、法兰连接或焊接。

A. 焊接钢管 　　　　　　B. 无缝钢管 　　　　　C. 镀锌钢管 　　　D. 镀锌无缝钢管

(16)室外管网提供的水压大部分时间能满足要求,仅在用水高峰出现不足时采用的室内给水供水方式是(　　　)。

A. 单设水泵的给水方式 　　　　　　　　　B. 设水泵、水箱的给水方式

C. 单设水箱的给水方式 　　　　　　　　　D. 设气压给水设备的给水方式

2. 多项选择题

(1)建筑物内的水池和水箱的贮水量,除满足日常使用量外,一般应考虑为消防储备专用的(　　　)。

A. 10 min 水箱贮水量 　　　　　　　　　　B. 15 min 水箱贮水量

C.1 h 水池贮水量   D.2 h 水池贮水量

E.且采取不被他用的技术措施

(2)建筑物内的消防灭火系统通常是指( )。

A.消火栓系统   B.水灭火系统

C.气体灭火系统   D.泡沫或干粉灭火系统

E.自动喷水系统

(3)水泵接合器一端与室内消防给水管道连接,另一端供消防车向室内消防管网供水,有( )几种形式。

A.室内式   B.地上式

C.室外式   D.地下式

E.墙壁式

(4)在自动喷洒消防给水系统的不同类型中,均需要采用"闭式喷头"的是( )。

A.湿式喷水灭火系统   B.干式喷水灭火系统

C.预作用喷水灭火系统   D.雨淋喷水灭火系统

E.水幕系统

(5)在管道附件中,用于与火灾报警系统建立联系的有( )。

A.止回阀   B.信号蝶阀

C.水流指示器   D.安全阀

E.压力开关

(6)二氧化碳气体灭火系统不得用于扑灭下列( )。

A.硝化纤维、火药等含氧化剂的化学制品火灾

B.液体火灾或石蜡、沥青等可熔化的固体火灾

C.固体表面火灾及棉毛、织物、纸张等部分固体深位火灾

D.钾、钠、镁、钛、锆等活泼金属火灾

E.氢化钾、氢化钠等金属氧化物火灾

(7)自动喷水灭火系统管网在以下( )情况应设置防晃支架。

A.当管道的公称直径≥50 mm 时,每段配水干管或配水管

B.当管道改变大小时

C.当管道改变方向时

D.竖直安装的配水干管应在其始端和终端

E.管道穿过建筑物的变形缝时

(8)自动喷水灭火系统是由( )等组件以及管道、供水设施组成的。

A.洒水喷头   B.稳压泵

C.报警阀组   D.水箱

E.水流报警装置(水流指示器、压力开关)

(9)消防水幕系统在建筑物中的应用部位,主要集中在( )。

A.严重危险级的场所   B.建筑中庭边界

C.自动扶梯口   D.防火卷帘门处

E. 设备机房

（10）自动喷水灭火系统应在（　　　　　　）等场所及性质重要或火灾危险性较大的场所设置。

A. 电气设备机房

B. 露天场所

C. 人员密集

D. 不易疏散

E. 外部增援灭火与救生较困难的

（11）环境温度（　　　　　　）的场所应采用干式系统。

A. 高于 4 ℃

B. 低于 4 ℃

C. 低于 70 ℃

D. 高于 70 ℃

E. 以上均可

3.3　自动喷水灭火系统计价定额和清单计价理论

3.3.1　自动喷水灭火系统计价前应知

1）编制工程造价文件的 3 个维度

请参照本书"1.3.1　火灾自动报警系统计价前应知"中的相应内容。

2）重庆市 2018 费用定额

请参照本书"1.3.1　火灾自动报警系统计价前应知"中的相应内容。

3）出厂价、工地价、预算价的不同概念

请参照本书"1.3.1　火灾自动报警系统计价前应知"中的相应内容。

4）自动喷水灭火系统和建筑消防设施造价分析指标

（1）传统指标体系

传统指标体系是以单位面积为基数的分析体系：

$$造价指标 = 分部工程造价/建筑面积$$

（2）专业指标体系

专业指标体系以本专业的主要技术指标为基数的分析体系：

$$自动喷水灭火系统与建筑消防设施造价指标 = 自动喷水灭火系统子分部工程造价/保护面积合计$$

（3）建立造价文件分析指标制度的作用

①近期作用：是宏观评价工程造价水平（质量）的依据。

②远期作用：积累经验。

3.3.2　自动喷水灭火系统计价定额常用项目

1)第九册《消防安装工程》的组成

自动喷水灭火系统的绝大多数定额项目属于《重庆市通用安装工程计价定额》(CQAZDE—2018)第九册《消防安装工程》,相关内容参照图1.3.2和图1.3.3。

2)自动喷水灭火系统涉及第九册之外的其他分册

①第一册《机械设备安装工程》;

②第六册《自动化控制仪表安装工程》;

③第八册《工业管道安装工程》;

④第十册《给排水、采暖、燃气安装工程》;

⑤第十一册《刷油、防腐蚀、绝热安装工程》。

3)自动喷水灭火系统涉及第九册的常用定额项目

自动喷水灭火系统涉及第九册的常用定额项目如表3.3.1所示。

表3.3.1

表3.3.1　自动喷水灭火系统涉及第九册的常用定额项目

定额项目	章节编号	定额页码	图片	对应清单				说明
				项目编码	项目名称	项目特征	计量单位	
镀锌钢管(螺纹连接)	A.1.1	9		030901001	水喷淋钢管	1.安装部位 2.材质、规格 3.连接形式 4.钢管镀锌设计要求 5.压力试验及冲洗设计要求 6.管道标识设计要求	m	
				030901002	消火栓钢管			
镀锌钢管(法兰连接)	A.1.2	10		030901001	水喷淋钢管	1.安装部位 2.材质、规格 3.连接形式 4.钢管镀锌设计要求 5.压力试验及冲洗设计要求 6.管道标识设计要求	m	
				030901002	消火栓钢管			
镀锌钢管(沟槽连接)	A.1.3.1	12		030901001	水喷淋钢管	1.安装部位 2.材质、规格 3.连接形式 4.钢管镀锌设计要求 5.压力试验及冲洗设计要求 6.管道标识设计要求	m	沟槽连接的喷淋管道,管件另套定额计价
管件安装	A.1.3.2	13		030901002	消火栓钢管			

续表

定额项目	章节编号	定额页码	图片	对应清单				说明
喷头安装（无吊顶）	A.3.1	16		项目编码	项目名称	项目特征	计量单位	无吊顶，带吸热盘的，吸热盘单独套定额计价
吸热盘安装	A.3.1	17		030901003	水喷淋（雾）喷头	1. 安装部位 2. 材质、型号、规格 3. 连接形式 4. 装饰盘设计要求	个	
喷头安装（有吊顶）	A.3.1	17		项目编码	项目名称	项目特征	计量单位	
				030901003	水喷淋（雾）喷头	1. 安装部位 2. 材质、型号、规格 3. 连接形式 4. 装饰盘设计要求	个	
湿式报警装置安装	A.4.1	18		项目编码	项目名称	项目特征	计量单位	湿式报警装置包括内容详见定额说明
				030901004	报警装置	1. 名称 2. 型号、规格	组	
水流指示器（法兰连接）	A.6.1	21		项目编码	项目名称	项目特征	计量单位	
				030901006	水流指示器	1. 规格、型号 2. 连接形式	个	
水流指示器（马鞍型连接）	A.6.2	22		项目编码	项目名称	项目特征	计量单位	
				030901006	水流指示器	1. 规格、型号 2. 连接形式	个	

续表

定额项目	章节编号	定额页码	图片	对应清单				说明
水流指示器（螺纹连接）	A.6.3	23		项目编码	项目名称	项目特征	计量单位	
				030901006	水流指示器	1.规格、型号 2.连接形式	个	
减压孔板	A.7.1	23		项目编码	项目名称	项目特征	计量单位	
				030901007	减压孔板	1.材质、规格 2.连接形式	个	
末端试水装置	A.8.1	24		项目编码	项目名称	项目特征	计量单位	
				030901008	末端试水装置	1.规格 2.组装形式	组	
电控式消防水炮安装	A.14.1	31		项目编码	项目名称	项目特征	计量单位	
				030901014	消防水炮	1.水炮类型 2.压力等级 3.保护半径	台	
管道支架制作安装	F.1.1	85		项目编码	项目名称	项目特征	计量单位	
				030906001	管道支架制作安装		kg	
预留孔洞	F.5	88		项目编码	项目名称	项目特征	计量单位	
				030906005	预留孔洞		个	

4）自动喷水灭火系统涉及第一册的常用定额项目

自动喷水灭火系统涉及第一册的常用定额项目如表3.3.2所示。

表3.3.2

表 3.3.2　自动喷水灭火系统涉及第一册的常用定额项目

定额项目	章节编号	定额页码	图片	对应清单					说明
				项目编码	项目名称	项目特征		计量单位	定额选择要素是：按水泵型号和质量选择本体安装定额和拆装检查定额
喷淋泵（单级离心泵）	H.1	167	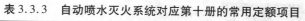	030109001	离心式泵	1. 名称 2. 型号 3. 规格 4. 质量 5. 材质 6. 减振装置形式、数量 7. 灌浆配合比 8. 单机试运转要求		台	
单级离心泵拆装检查	H.18.1	191							
				项目编码	项目名称	项目特征		计量单位	
潜污泵（单级离心泵）	H.1	167		030109001	离心式泵	1. 名称 2. 型号 3. 规格 4. 质量 5. 材质 6. 减振装置形式、数量 7. 灌浆配合比 8. 单机试运转要求		台	
单级离心泵拆装检查	H.18.1	191							

5) 自动喷水灭火系统涉及第十册的常用定额项目

自动喷水灭火系统涉及第十册的常用定额项目如表 3.3.3 所示。

表3.3.3

表 3.3.3　自动喷水灭火系统对应第十册的常用定额项目

定额项目	章节编号	定额页码	图片	对应清单					说明
				项目编码	项目名称	项目特征		计量单位	
变频给水设备安装	F.1.1	319		031006001	变频给水设备	1. 设备名称 2. 型号、规格 3. 水泵主要技术参数 4. 附件名称、规格、数量 5. 减震装置形式		套	

续表

定额项目	章节编号	定额页码	图片	对应清单				说明
				项目编码	项目名称	项目特征	计量单位	
稳压给水设备安装	F.2.1	320		031006002	稳压给水设备	1. 设备名称 2. 型号、规格 3. 水泵主要技术参数 4. 附件名称、规格、数量 5. 减震装置形式	套	
气压罐安装	F.4.1	322		031006004	气压罐	1. 型号、规格 2. 安装方式	台	
水箱	F.13.4	330		031006015	水箱	1. 材质、类型 2. 型号、规格	台	
自动排气阀	C.1.4	189		031003001 031003002 031003003	螺纹阀门 螺纹法兰阀门 焊接法兰阀门	1. 类型 2. 材质 3. 规格、压力等级 4. 连接形式 5. 焊接方法		
法兰阀门	C.3.1	195 196 197		031003001 031003002 031003003	螺纹阀门 螺纹法兰阀门 焊接法兰阀门	1. 类型 2. 材质 3. 规格、压力等级 4. 连接形式 5. 焊接方法		在第十册《给排水、采暖、燃气安装工程》"C管道附件"中，选择对夹式蝶阀的相应规格，并同时选择沟槽式法兰子目配套使用
沟槽法兰安装	C.11.7	244		0310030010	软接头（软管）	1. 材质 2. 规格 3. 连接形式	个（组）	
				031003011	法兰	1. 材质 2. 规格、压力等级 3. 连接形式	副（片）	
				031003012	倒流防止器	1. 材质 2. 型号、规格 3. 连接形式	套	

定额项目	章节编号	定额页码	图片	对应清单				说明
沟槽阀门	C.2.1	191		项目编码	项目名称	项目特征	计量单位	在第十册《给排水、采暖、燃气安装工程》"C管道附件"中，选择沟槽阀门的相应规格，注意卡箍在未计价材料中含量包干
				031003001	螺纹阀门	1. 类型 2. 材质 3. 规格、压力等级 4. 连接形式 5. 焊接方法		
				031003002	螺纹法兰阀门			
				031003003	焊接法兰阀门			
法兰阀门（单个过滤器）	C.3.1	195 196 197		项目编码	项目名称	项目特征	计量单位	单个过滤器采用法兰阀门代用，依据说明定额人工系数为1.2
				031003012	除污器（过滤器）	1. 材质 2. 规格、压力等级 3. 连接形式	组	
橡胶软接头	C.10.1	233		项目编码	项目名称	项目特征	计量单位	
				031003010	软接头（软管）	1. 材质 2. 规格 3. 连接形式	个（组）	
止回阀	C.3.1	195		项目编码	项目名称	项目特征	计量单位	
				031003001	螺纹阀门	1. 类型 2. 材质 3. 规格、压力等级 4. 连接形式 5. 焊接方法		
				031003002	螺纹法兰阀门			
				031003003	焊接法兰阀门			
一般套管制作安装	B.3.1	164		项目编码	项目名称	项目特征	计量单位	
				031002003	套管	1. 名称、类型 2. 材质 3. 规格 4. 填料材质	个	

续表

定额项目	章节编号	定额页码	图片	对应清单					说明
刚性防水套管制作	B.3.5	169 170		项目编码	项目名称	项目特征		计量单位	
				031002003	套管	1.名称、类型 2.材质 3.规格 4.填料材质		个	
刚性防水套管安装	B.3.6	171		项目编码	项目名称	项目特征		计量单位	
				031002003	套管	1.名称、类型 2.材质 3.规格 4.填料材质		个	

6)自动喷水灭火系统涉及第十一册的常用定额项目

自动喷水灭火系统涉及第十一册的常用定额项目如表3.3.4所示。

表3.3.4

表3.3.4　自动喷水灭火系统涉及第十一册的常用定额项目

定额项目	章节编号	定额页码	图片	对应清单				说明
一般钢结构红丹防锈漆	B.3.1.1	39		项目编码	项目名称	项目特征	计量单位	
				031201003	金属结构刷油	1.除锈级别 2.油漆品种 3.结构类型 4.涂刷遍数、漆膜厚度	1.m² 2.kg	
管道刷红丹防锈漆	B.1.1	27		项目编码	项目名称	项目特征	计量单位	
				031201001	管道刷油	1.除锈级别 2.油漆品种 3.涂刷遍数、漆膜厚度 4.标志色方式、品种	1.m² 2.m	

3.3.3 自动喷水灭火系统涉及重庆市 2018 计价定额册、章、计算规则的说明

1)第九册《消防安装工程》

(1)册说明的主要内容

《重庆市通用安装工程计价定额》(CQAZDE—2018)第九册《消防安装工程》册说明的主要内容如下。

说　明

二、本册定额不包括下列内容:

1.阀门、消防水箱、套管,按第十册《给排水、采暖、燃气安装工程》相应定额子目执行。

2.各种消防泵、稳压泵安装,按第一册《机械设备安装工程》相应定额子目执行。

3.不锈钢管、钢管管道安装,按第八册《工业管道安装工程》相应定额子目执行。

4.刷油、防腐蚀、绝热工程,按第十一册《刷油、防腐蚀、绝热安装工程》相应定额子目执行。

5.电缆敷设、桥架安装、配管配线、接线盒、电动机检查接线、防雷接地装置安装,按第四册《电气设备安装工程》相应定额子目执行。

6.各种仪表的安装及带电信号的阀门、水流指示器、压力开关、驱动装置及泄漏报警开关的接线、校线,按第六册《自动化控制仪表安装工程》相应定额子目执行。

7.本定额凡涉及管沟、基坑及井类的土方开挖、回填、运输、垫层、基础、砌筑、地沟盖板预制安装、路面开挖及修复、管道混凝土支墩的项目,按《重庆市房屋建筑与装饰工程计价定额》相应定额子目执行。

三、下列费用可按系数分别计取:

1.脚手架搭拆费按人工费的 5.00% 计算,其中人工工资占 35%。

2.操作高度增加费:本册定额操作高度,均按 5 m 以下编制;安装高度超过 5 m 时,超过部分工程量按定额人工费乘以下表系数。

标高(m 以内)	10	30
超高系数	1.1	1.2

3.超高增加费:指在高度 6 层或 20 m 以上的工业与民用建筑物上进行安装时增加的费用,按下表计算,其中人工工资占 65%。

建筑物檐高(m 以内)	40	60	80	100	120	140	160	180	200
建筑层数(层)	≤12	≤18	≤24	≤30	≤36	≤42	≤48	≤54	≤60
按人工费的百分比(%)	1.83	4.56	8.21	12.78	18.25	23.73	29.20	34.68	40.15

4.在地下室内(含地下车库)、净高小于 1.06 m 楼层、断面小于 4 m² 且大于 2 m² 的隧道或洞内进行安装的工程,定额人工费乘以系数 1.12。

5.在管井内、竖井内、断面小于或等于 2 m² 隧道或洞内、封闭吊顶天棚内进行安装的工程,定额人工费乘以系数 1.15。

6.安装与生产同时进行时,按照定额人工费的 10% 计算。

四、界限划分:

1.消防系统室内外管道以建筑物外墙皮 1.5 m 为界,入口处设阀门者以阀门为界。室外埋地管道安装,按第十册《给排水、采暖、燃气安装工程》中室外给水管道安装相应定额子目执行。

2.厂区范围内的装置、站、罐区的架空消防管道按本册定额相应定额子目执行。

3.与市政给水管道的界限:以与市政给水管道碰头点(井)为界。

(2)"A水自动喷水灭火系统"章说明和计算规则的主要内容

《重庆市通用安装工程计价定额》(CQAZDE—2018)第九册"A水自动喷水灭火系统"章说明和计算规则的主要内容如下。

说 明

一、本章内容包括水喷淋管道、消火栓钢管、水喷淋(雾)喷头、报警装置、水流指示器、温感式水幕装置、减压孔板、末端试水装置、集热罩、室内外消火栓、消防水泵结合器、灭火器、消防水炮等安装。

二、本章适用于一般工业和民用建(构)筑物设置的水灭火系统的管道、各种组件、消火栓、消防水炮等安装。

三、管道安装相关规定:

1.钢管(法兰连接)定额中包括管件及法兰安装,但管件、法兰数量应按设计图纸用量另行计算,螺栓按设计用量加3%损耗计算。

2.若设计或规范要求钢管需要镀锌,其镀锌及场外运输费用另行计算。

3.消火栓管道采用钢管焊接时,定额中包括管件安装,管件依据设计图纸数量及施工方案或者参照本册附录"管道管件数量取定表"另计本身价值。

4.消火栓管道采用钢管(沟槽连接)时,按水喷淋钢管(沟槽连接)相应定额子目执行。

四、有关说明:

1.报警装置安装项目,定额中已包括装配管、泄放试验管及水力警铃出水管安装,水力警铃进水管按图示尺寸执行管道安装相应子目;其他报警装置适用于雨淋、干湿两用及预作用报警装置。

2.水流指示器(马鞍型连接)项目,主材中包括胶圈、U形卡。

3.喷头、报警装置及水流指示器安装定额均按管网系统试压、冲洗合格后安装考虑的,定额中已包括丝堵、临时短管的安装、拆除及摊销。

4.温感式水幕装置安装定额中已包括给水三通至喷头、阀门间的管道、管件、阀门、喷头等全部安装内容,但管道的主材数量按设计管道中心长度另加损耗计算;喷头数量按设计数量另加损耗计算。

5.集热罩安装项目,主材中包括所配备的成品支架。

6.落地组合式消防柜安装,执行室内消火栓相应定额子目,人工费乘以系数1.05。

7.室外消火栓、消防水泵接合器安装,定额中包括法兰接管及弯管底座(消火栓三通)的安装,本身价值另行计算。

8.消防水炮及模拟末端装置项目,定额中仅包括本体安装,不包括型钢底座制作安装和混凝土基础砌筑。型钢底座制作安装按第十册《给排水、采暖、燃气安装工程》设备支架制作安装相应子目执行,混凝土基础按《重庆市房屋建筑与装饰工程计价定额》相应定额子目执行。

9.本章不包括消防系统调试配合费用。

五、本章不包括以下工作内容:

1.阀门、法兰安装,各种套管的制作、安装,按第十册《给排水、采暖、燃气安装工程》相应定额子目执行。泵房间管道安装及管道系统强度试验、严密性试验,按第八册《工业管道安装工程》相应定额子目执行。

2.室外给水管道安装及水箱制作安装,按第十册《给排水、采暖、燃气安装工程》相应定额子目执行。

3.各种消防泵、稳压泵安装及设备二次灌浆,按第一册《机械设备安装工程》相应定额子目执行。

4.各种仪表的安装及带电信号的阀门、水流指示器、压力开关的接线、校线,按第六册《自动化控制装置及仪表安装工程》相应定额子目执行。

　　5.各种设备支架制作安装,按第三册《静置设备与工艺金属结构制作安装工程》相应定额子目执行。

　　6.管道、设备、支架、法兰焊口除锈刷油,按第十一册《刷油、防腐蚀、绝热安装工程》相应定额子目执行。

工程量计算规则

　　一、管道安装,按设计图示管道中心线长度计算。不扣除阀门、管件及各种组件所占长度。

　　二、管件连接,区分规格按设计图示数量以"个"计算。沟槽管件主材费包括卡箍及密封圈。

　　三、喷头、水流指示器、减压孔板、集热罩安装,区分安装部位、方式、规格按设计图示数量以"个"计算。

　　四、报警装置、室内消火栓、室外消火栓、消防水泵接合器安装,按设计图示数量以"组"计算。成套产品包括的内容详见附表。

　　五、末端试水装置安装,区分规格按设计图示数量以"组"计算。

　　六、温感式水幕装置安装,按设计图示数量以"组"计算。

　　七、灭火器安装,区分安装方式按设计图示数量以"具、组"计算。

　　八、消防水炮安装,区分规格按设计图示数量以"台"计算。

　　(3)"F 其他"章说明和计算规则的主要内容

　　《重庆市通用安装工程计价定额》(CQAZDE—2018)第九册"F 其他"章说明和计算规则的主要内容如下。

说　　明

　　一、本章内容包括消防管道支吊架制作安装、空气采样探测器安装、剔槽打洞。

　　二、管道支吊架制作安装定额中包括了支架、吊架及防晃支架。

　　三、机械钻孔项目是按混凝土墙体及混凝土楼板考虑的,厚度系综合取定。如实际墙体厚度超过300 mm,楼板厚度超过220 mm 时,按相应定额子目乘以系数1.2,砖墙及砌体墙钻孔按机械钻孔相应定额子目乘以系数0.4。

工程量计算规则

　　一、管道支吊架按设计或规范要求质量以"kg"计算。

　　二、气体灭火系统管网系统试验,区分贮存装置数量,按设计图示数量以"套"计算。

　　三、空气采样探测器,按设计图示数量以"台"计算。

　　四、机械钻孔项目,区分混凝土楼板及混凝土墙体钻孔,区分钻孔直径,按实际数量以"个"计算。

　　五、剔堵槽沟项目,区分砖结构及混凝土结构,区分截面尺寸,按实际长度以"m"计算。

2)第十册《给排水、采暖、燃气安装工程》

　　《重庆市通用安装工程计价定额》(CQAZDE—2018)第十册"C 管道附件"章说明和计算规则的主要内容如下。

说　明

一、本章内容包括各类阀门、法兰、低压器具、补偿器、计量表、软接头、倒流防止器、塑料排水管消声器、液面计、水位标尺等安装。

二、阀门安装均综合考虑了标准规范要求的强度及严密性试验工作内容。若采用气压试验时,除定额人工外,其他相关消耗量可进行调整。

三、安全阀安装后进行压力调整的,其人工乘以系数2.0。螺纹三通阀安装按螺纹阀门安装项目乘以系数1.3。

四、电磁阀、温控阀安装项目均包括了配合调试工作内容,不再重复计算。

五、对夹式蝶阀安装已含双头螺栓用量,在套用与其连接的法兰安装项目时,应将法兰安装项目中的螺栓用量扣除。浮球阀安装已包括了联杆及浮球的安装。

六、与螺纹阀门配套的连接件,如设计与定额中材质不同时,可按实调整。

七、法兰阀门、法兰式附件安装项目均不包括法兰安装,按本册相应定额子目执行。

八、每副法兰和法兰式附件安装项目中,均包括一个垫片和一副法兰螺栓的材料用量。各种法兰连接用垫片均按石棉橡胶板考虑,如工程要求采用其他材质可按实调整。

九、减压器、疏水器安装均按成组安装考虑,分别依据国家建筑标准设计图集01SS105和05R407编制。疏水器成组安装未包括止回阀安装,若安装止回阀,按本册相应定额子目执行。单独减压器、疏水器安装,按本册相应定额子目执行。

十、除污器成组安装依据国家建筑标准设计图集03R402编制,适用于立式、卧式和旋流式除污器成组安装。单个过滤器安装,按本册相应定额子目执行,人工乘以系数1.2。

十一、普通水表、IC卡水表安装不包括水表前的阀门安装。水表安装定额是按与钢管连接编制的,若与塑料管连接时其人工乘以系数0.6,材料、机械消耗量可按实调整。

十二、水表组成安装是依据国家建筑标准设计图集05S502编制的。法兰水表(带旁通管)成组安装中三通、弯头均按成品管件考虑。

十三、热量表成组安装是依据国家建筑标准设计图集10K509\10R504编制的,如实际组成与此不同,可按本册法兰、阀门等附件相应定额子目执行。

十四、倒流防止器成组安装是根据国家建筑标准设计图集12S108-1编制的,按连接方式不同分为带水表与不带水表安装。

十五、器具成组安装项目已包括标准设计图集中的旁通管安装,旁通连接管所占长度不再另计管道工程量。

十六、器具组成安装均分别依据现行相关标准图集编制的,其中连接管、管件均按钢制管道、管件及附件考虑,如实际采用其他材质组成安装,则按本册相应定额子目执行。器具附件组成如实际与定额不同时,可按本册法兰、阀门等附件相应定额子目执行。

十七、补偿器项目包括方形补偿器制作安装和焊接式、法兰式成品补偿器安装,成品补偿器包括球形、填料式、波纹式补偿器。补偿器安装项目中包括就位前进行预拉(压)工作。

十八、法兰式软接头安装适用于法兰式橡胶及金属挠性接头安装。

十九、塑料排水管消声器安装按成品考虑。

二十、浮标液面计、水位标尺分别依据《采暖通风国家标准图集》N102—3和《全国通用给排水标准图》。

计算规则

一、各种阀门、补偿器、软接头,普通水表、IC卡水表,水锤消除器、塑料排水管消声器安装,区分不同连接方式、公称直径,按设计图示数量以"个"计算。

二、减压器、疏水器、水表、倒流防止器、热量表成组安装,区分不同组成结构、连接方式、公称直径,按设计图示数量以"组"计算。减压器安装,按高压侧的直径以"个"计算。

三、卡紧式软管区分不同管径,按设计图示数量以"根"计算。

四、法兰均区分不同公称直径,按设计图示数量以"副"计算。承插盘法兰短管区分不同连接方式、公称直径,按设计图示数量以"副"计算。

五、浮标液面计、浮标水位标尺区分不同的型号,按设计图示数量以"组"计算。

3)第一册《机械设备安装工程》

《重庆市通用安装工程计价定额》(CQAZDE—2018)第一册"H 泵安装"章说明和计算规则的主要内容如下。

说　明

二、本章包括以下工作内容:

1.泵的安装:包括设备开箱检验、基础处理、垫铁设置、泵设备本体及附件(底座、电动机、联轴器、皮带等)吊装就位、找平找正、垫铁点焊、单机试车、配合检查验收。

2.泵拆装检查:包括设备本体及附件以及第一个阀门以内的管道等拆卸、清洗、检查、刮研、换油、调间隙、找正、找平、找中心、记录、组装复原、配合检查验收。

3.设备本体与本体联体的附件、管道、滤网、润滑冷却装置的清洗、组装。

4.离心式深水泵的泵体吸水管、滤水网安装及扬水管与平面的垂直度测量。

5.联轴器、减震器、减震台、皮带安装。

三、本章不包括以下工作内容,应执行其他章节有关定额或规定:

1.底座、联轴器、键的制作。

2.泵排水管道组对安装。

3.电动机的检查、干燥、配线、调试等。——电气设备安装分册

4.试运转时所需排水的附加工程(如修筑水沟、接排水管等)。

四、高速泵安装按离心式油泵安装子目人工、机械乘以系数1.20;拆装检查时按离心式油泵拆检子目乘以系数2.0。

五、深水泵橡胶轴与连接吸水管的螺栓按设备带有考虑。

六、设备质量计算方法:

1.直联式泵按泵本体、电动机以及底座的总质量计算。

2.非直联式泵按泵本体及底座的总质量计算,不包括电动机质量。

3.离心式深水泵按本体、电动机、底座及吸水管的总质量计算。

工程量计算规则

各类泵区别质量按设计图示数量以"台"计算。

3.3.4　自动喷水灭火系统的其他定额说明

1)自动喷水灭火系统成套产品包括的内容

自动喷水灭火系统成套产品包括的内容如表3.3.5所示。

表3.3.5　自动喷水灭火系统成套产品包括的内容

序号	项目名称	包括内容
1	湿式报警装置	湿式阀、供水压力表、装置压力表、试验阀、泄放试验阀、试验管流量计、过滤器、延时器、水力警铃、报警截止阀、漏斗、压力开关
2	干湿两用报警装置	两用阀、装置截止阀、加速器、加速器压力表、供水压力表、试验阀、泄放阀、泄放试验阀(湿式)、泄放试验阀(干式)、挠性接头、试验管流量计、排气阀、截止阀、漏斗、过滤器、延时器、水力警铃、压力开关
3	电动雨淋报警装置	雨淋阀、压力表、泄放试验阀、流量表、截止阀、注水阀、止回阀、电磁阀、排水阀、应急手动球阀、报警试验阀、漏斗、压力开关、过滤器、水力警铃
4	预作用报警装置	干式报警阀,压力表(2块)、流量表、截止阀、排放阀、注水阀、止回阀、泄放阀、报警试验阀、液压切断阀、气压开关(2个)、试压电磁阀、应急手动试压器、漏斗、过滤器、水力警铃

2)水喷淋镀锌钢管接头零件(丝接)含量表

水喷淋镀锌钢管接头零件(丝接)含量表如表3.3.6所示。

表3.3.6　水喷淋镀锌钢管接头零件(丝接)含量表

材料名称	公称直径(mm 以内)						
	25	32	40	50	70	80	100
	含量(个/m)						
四通		0.002	0.12	0.12	0.12	0.16	0.200
三通	0.01	0.25	0.303	0.25	0.202	0.2	0.050
弯头	0.333	0.01	0.01	0.01	0.008	0.006	0.020
管箍	0.167	0.125	0.125	0.125	0.125	0.125	0.100
异径管箍		0.2	0.03	0.303	0.303	0.25	0.150
小计	0.51	0.587	0.861	0.808	0.756	0.741	0.520

3.3.5 自动喷水灭火系统清单计价理论

1）自动喷水灭火系统清单计价规范

自动喷水灭火系统清单计价，采用的是《通用安装工程工程量计算规范》（GB 50856—2013）附录 J"消防工程"、附录 A"机械设备安装工程"、附录 K"给排水、采暖、燃气工程"、附录 M"刷油、防腐蚀、绝热工程"等相关清单项目。

2）自动喷水灭火系统管道及部件的清单项目

《通用安装工程工程量计算规范》（GB 50856—2013）中，自动喷水灭火系统管道及部件清单项目设置、项目特征描述的内容、计量单位及工程量计算规则，应按表 3.3.7 的规定执行，表中内容摘自该规范第 126 和 127 页。

表 3.3.7　自动喷水灭火系统的清单项目（编码：030901）

项目编码	项目名称	项目特征	计量单位	工程量计算规则	工作内容
030901001	水喷淋钢管	1. 安装部位 2. 材质、规格 3. 连接形式	m	按设计图示管道中心线以长度计算	1. 管道及管件安装 2. 钢管镀锌 3. 压力试验 4. 冲洗 5. 管道标识
030901002	消火栓钢管	4. 钢管镀锌设计要求 5. 压力试验及冲洗设计要求 6. 管道标识设计要求			
030901003	水喷淋（雾）喷头	1. 安装部位 2. 材质、型号、规格 3. 连接形式 4. 装饰盘设计要求	个	按设计图示数量计算	1. 安装 2. 装饰盘安装 3. 严密性试验
030901004	报警装置	1. 名称 2. 型号、规格	组		
030901005	温感式水幕装置	1. 型号、规格 2. 连接形式			1. 安装 2. 电气接线 3. 调试
030901006	水流指示器	1. 规格、型号 2. 连接形式	个		
030901007	减压孔板	1. 材质、规格 2. 连接形式			
030901008	末端试水装置	1. 规格 2. 组装形式	组		
030901009	集热板制作安装	1. 材质 2. 支架形式	个		1. 制作、安装 2. 支架制作、安装

续表

项目编码	项目名称	项目特征	计量单位	工程量计算规则	工作内容
030901014	消防水炮	1. 水炮类型 2. 压力等级 3. 保护半径	台		1. 本体安装 2. 调试

注:1. 水灭火管道工程量计算,不扣除阀门、管件及各种组件所占长度以延长米计算。

2. 水喷淋(雾)喷头安装部位应区分有吊顶、无吊顶。

3. 报警装置适用于湿式报警装置、干湿两用报警装置、电动雨淋报警装置、预作用报警装置等报警装置安装。报警装置安装包括装配管(除水力警铃进水管)的安装,水力警铃进水管并入消防管道工程量。其中:

  (1)湿式报警装置包括内容:湿式阀、蝶阀、装配管、供水压力表、装置压力表、试验阀、泄放试验阀、泄放试验管、试验管流量计、过滤器、延时器、水力警铃、报警截止阀、漏斗、压力开关等。

  (2)干湿两用报警装置包括内容:两用阀、蝶阀、装配管、加速器、加速器压力表、供水压力表、试验阀、泄放试验阀(湿式、干式)、挠性接头、泄放试验管、试验管流量计、排气阀、截止阀、漏斗、过滤器、延时器、水力警铃、压力开关等。

  (3)电动雨淋报警装置包括内容:雨淋阀、蝶阀、装配管、压力表、泄放试验阀、流量表、截止阀、注水阀、止回阀、电磁阀、排水阀、手动应急球阀、报警试验阀、漏斗、压力开关、过滤器、水力警铃等。

  (4)预作用报警装置包括内容:报警阀、控制蝶阀、压力表、流量表、截止阀、排放阀、注水阀、止回阀、泄放阀、报警试验阀、液压切断阀、装配管、供水检验管、气压开关、试压电磁阀、空压机、应急手动试压器、漏斗、过滤器、水力警铃等。

4. 温感式水幕装置,包括给水三通至喷头,阀门间的管道、管件、阀门、喷头等全部内容的安装。

5. 末端试水装置,包括压力表、控制阀等附件安装。末端试水装置安装中不含连接管及排水管安装,其工程量并入消防管道。

6. 室内消火栓,包括消火栓箱、消火栓、水枪、水龙头、水龙带接扣、自救卷盘、挂架、消防按钮;落地消火栓箱包括箱内手提灭火器。

7. 室外消火栓,安装方式分地上式、地下式。地上式消火栓安装包括地上式消火栓、法兰接管、弯管底座;地下式消火栓安装包括地下式消火栓、法兰接管、弯管底座或消火栓三通。

8. 消防水泵接合器,包括法兰接管及弯头安装,接合器井内阀门、弯管底座、标牌等附件安装。

9. 减压孔板若在法兰盘内安装,其法兰计入组价中。

10. 消防水炮:分普通手动水炮、智能控制水炮。

J.6 相关问题及说明

J.6.1 管道界限的划分:

  1. 喷淋系统水灭火管道:室内外界限应以建筑物外墙皮1.5 m为界,入口处设阀门者应以阀门为界;设在高层建筑物内的消防泵间管道应以泵间外墙皮为界。

  2. 消火栓管道:给水管道室内外界限划分应以外墙皮1.5 m为界,入口处设阀门者应以阀门为界。

  3. 与市政给水管道的界限:以与市政给水管道碰头点(井)为界。

J.6.2 消防管道如需进行探伤,应按本规范附录H工业管道工程相关项目编码列项。

J.6.3 消防管道上的阀门、管道及设备支架、套管制作安装,应按本规范附录K给排水、采暖、燃气工程相关项目编码列项。

J.6.4 本章管道及设备除锈、刷油、保温除注明者外,均应按本规范附录 M 刷油、防腐蚀、绝热工程相关项目编码列项。

J.6.5 消防工程措施项目,应按本规范附录 N 措施项目相关项目编码列项。

3) 自动喷水灭火系统水泵的清单项目

《通用安装工程工程量计算规范》(GB 50856—2013)中,自动喷水灭火系统水泵工程量清单项目设置、项目特征描述的内容、计量单位及工程量计算规则,应按表 3.3.8 的规定执行,表中内容摘自该规范附录 A 表 A.9,即第 12 页。

表 3.3.8　自动喷水灭火系统水泵的清单项目(编码:030109)

项目编码	项目名称	项目特征	计量单位	工程量计算规则	工作内容
030109001	离心式泵	1. 名称 2. 型号 3. 规格 4. 质量 5. 材质 6. 减震装置形式,数量 7. 灌浆配合比 8. 单机试运转要求	台	按设计图示数量计算	1. 本体安装 2. 泵拆装检查 3. 电动机安装 4. 二次灌浆 5. 单机试运转 6. 补刷(喷)油漆
030109002	旋涡泵				
030109003	电动往复泵				
030109004	柱塞泵				
030109005	蒸汽往复泵				
030109006	计量泵				
030109007	螺杆泵				
030109008	齿轮油泵				
030109009	真空泵				
030109010	屏蔽泵				
030109011	潜水泵				
030109012	其他泵				

注:直联式泵的质量包括本体、电动机及底座的总质量;非直联式的不包括电动机质量;深井泵的质量包括本体、电动机、底座及设备扬水管的总质量。

4) 自动喷水灭火系统的变频给水设备、稳压给水设备、气压罐、水箱等清单项目

《通用安装工程工程量计算规范》(GB 50856—2013)中,自动喷水灭火系统的变频给水设备、稳压给水设备、气压罐、水箱等工程量清单项目设置、项目特征描述的内容、计量单位及工程量计算规则,应按表 3.3.9 规定执行,表中内容摘自该规范附录 K 表 K.6,即第 135 页。

表3.3.9　自动喷水灭火系统和建筑消防设施变频泵、稳压泵、水箱等清单项目(编码:031006)

项目编码	项目名称	项目特征	计量单位	工程量计算规则	工作内容
031006001	变频给水设备	1.设备名称 2.型号、规格 3.水泵主要技术参数 4.附件名称、规格、数量 5.减震装置形式	套		1.设备安装 2.附件安装 3.调试 4.减震装置制作、安装
031006002	稳压给水设备				
031006003	无负压给水设备				
031006004	气压罐	1.型号、规格 2.安装方式	台		1.安装 2.调试
031006015	水箱	1.材质、类型 2.型号、规格	台	按设计图示数量计算	1.制作 2.安装

注:1. 变频给水设备、稳压给水设备、无负压给水设备安装,说明:

　　1)压力容器包括气压罐、稳压罐、无负压罐;

　　2)水泵包括主泵及备用泵,应注明数量;

　　3)附件包括给水装置中配备的阀门、仪表、软接头,应注明数量,含设备、附件之间管路连接;

　　4)泵组底座安装,不包括基础砌(浇)筑,应按现行国家标准《房屋建筑与装饰工程工程量计算规范》GB 50854 相关项目编码列项;

　　5)控制柜安装及电气接线,调试应按本规范附录D电气设备安装工程相关项目编码列项。

　　2. 地源热泵机组,接管以及接管上的阀门、软接头,减震装置和基础另行计算,应按相关项目编码列项。

5)自动喷水灭火系统的管道附件等清单项目

《通用安装工程工程量计算规范》(GB 50856—2013)中,自动喷水灭火系统的管道附件等工程量清单项目设置、项目特征描述的内容、计量单位及工程量计算规则,应按表3.3.10的规定执行,表中内容摘自该规范附录K表K.3,即第131和132页。

表3.3.10　自动喷水灭火系统的管道附件等清单项目(编码:031003)

项目编码	项目名称	项目特征	计量单位	工程量计算规则	工作内容
031003001	螺纹阀门	1.类型 2.材质 3.规格、压力等级 4.连接形式 5.焊接方法	个		1.安装 2.电气接线 3.调试
031003002	螺纹法兰阀门				
031003003	焊接法兰阀门				

续表

项目编码	项目名称	项目特征	计量单位	工程量计算规则	工作内容
0310030010	软接头 （软管）	1. 材质 2. 规格 3. 连接形式	个 （组）		安装
031003011	法兰	1. 材质 2. 规格、压力等级 3. 连接形式	副 （片）		
031003012	倒流防止器	1. 材质 2. 型号、规格 3. 连接形式	套	按设计图示数量计算	
031003013	水表	1. 安装部位（室内外） 2. 型号、规格 3. 连接形式 4. 附件配置	组 （个）		组装
031003014	热量表	1. 类型 2. 型号、规格 3. 连接形式	块		
031003015	塑料排水管 消声器	1. 规格 2. 连接形式	个		安装
031003016	浮标液面计		组		
031003017	浮漂水位标尺	1. 用途 2. 规格	套		

注:1. 法兰阀门安装包括法兰连接,不得另计。阀门安装如仅为一侧法兰连接时,应在项目特征中描述。
　　2. 塑料阀门连接形式需注明热熔连接、粘接、热风焊接等方式。
　　3. 减压器规格按高压侧管道规格描述。
　　4. 减压器、疏水器、倒流防止器等项目包括组成与安装工作内容,项目特征应根据设计要求描述附件配置情况,或根据××图集或××施工图做法描述。

6) 自动喷水灭火系统的管道支架和预留孔洞等清单项目

《通用安装工程工程量计算规范》（GB 50856—2013）中,自动喷水灭火系统的管道支架和预留孔洞等工程量清单项目设置、项目特征描述的内容、计量单位及工程量计算规则,应按表 3.3.11 的规定执行。

表 3.3.11　自动喷水灭火系统的管道支架和预留孔洞等清单项目

	编码	清单项	单位
1	030906001	管道支架制作安装	kg
2	030906002	空气采样探测器安装	m
3	030906003	剔堵槽、沟	个/台/m
4	030906004	机械钻孔	个
5	030906005	预留孔洞	个
6	030906006	堵洞	个

7)自动喷水灭火系统刷油工程和防腐工程清单项目

《通用安装工程工程量计算规范》(GB 50856—2013)中,自动喷水灭火系统刷油、防腐工程量清单项目设置、项目特征描述的内容、计量单位及工程量计算规则,应按表 3.3.12 的规定执行,表中内容摘自该规范附录 M 表 M.1 和表 M.2。

表 3.3.12　自动喷水灭火系统刷油、防腐等清单项目

项目编码	项目名称	项目特征	计量单位	工程量计算规则	工作内容
031201001	管道刷油	1. 除锈级别 2. 油漆品种 3. 涂刷遍数、漆膜厚度 4. 标志色方式、品种	1. m² 2. m	1. 以平方米计量,按设计图示表面积尺寸以面积计算 2. 以米计量,按设计图示尺寸以长度计算	
031201002	设备与矩形管道刷油				
031201003	金属结构刷油	1. 除锈级别 2. 油漆品种 3. 结构类型 4. 涂刷遍数、漆膜厚度	1. m² 2. kg	1. 以平方米计量,按设计图示表面积尺寸以面积计算 2. 以千克计量,按金属结构的理论质量计算	1. 除锈 2. 调配、涂刷
031201004	铸铁管、暖气片刷油	1. 除锈级别 2. 油漆品种 3. 涂刷遍数、漆膜厚度	1. m² 2. m	1. 以平方米计量,按设计图示表面积尺寸以面积计算 2. 以米计量,按设计图示尺寸以长度计算	

习　题

1. 单项选择题

(1)《重庆市通用安装工程计价定额》(CQAZDE—2018)第九册计价定额项目内容显示,螺纹连接的喷淋系统镀锌钢管计价定额项目下未计价材料内容包括(　　　)。

　A. 镀锌钢管及镀锌钢管接头零件　　　　　　B. 镀锌钢管

C. 镀锌钢管接头零件　　　　　　　　　　　　　D. 镀锌钢管、管件及支架

（2）《重庆市通用安装工程计价定额》（CQAZDE—2018）第九册计价定额项目内容显示，沟槽连接的喷淋系统镀锌钢管计价定额项目下未计价材料内容包括（　　　）。

A. 镀锌钢管及管件　　　　　　　　　　　　　　　B. 镀锌钢管

C. 镀锌钢管接头零件　　　　　　　　　　　　　D. 镀锌钢管、管件及支架

（3）依据《重庆市通用安装工程计价定额》（CQAZDE—2018）第九册的规定，沟槽管件连接，区分规格按设计图示数量以"个"计算，主材费除了沟槽管件外，还包括（　　　）。

A. 支架　　　　　　　B. 卡箍和支架　　　　　　C. 卡箍　　　　　　D. 卡箍和密封圈

（4）依据《重庆市通用安装工程计价定额》（CQAZDE—2018）第九册的规定，钢管（法兰连接）定额中包括法兰及管件安装，但（　　　）数量应按设计图纸用量另行计算，螺栓按设计用量加3%损耗计算。

A. 管件、法兰及支架　　B. 管件　　　　　　　　C. 管件、法兰　　　　D. 法兰

（5）依据《重庆市通用安装工程计价定额》（CQAZDE—2018）的规定，消防泵房间管道及管道系统强度试验、严密性试验，按（　　　）相应定额子目执行。

A. 第九册"A1 水喷淋钢管"　　　　　　　　　　　　B. 第十册"A 给排水管道"

C. 第八册《工业管道安装工程》　　　　　　　　D. 第七册《通风空调安装工程》

（6）"刚性防水套管制作安装"归属于《重庆市通用安装工程计价定额》（CQAZDE—2018）（　　　）相应定额项目。

A. 第十册"B 支架及其他"　　　　　　　　　　　B. 第十册"C 管道附件"

C. 第十册"D 卫生洁具"　　　　　　　　　　　　D. 第八册"G 其他项目制作安装"

（7）依据《重庆市通用安装工程计价定额》（CQAZDE—2018）第九册的规定，在管井内、竖井内、断面小于或等于2 m^2 的隧道或洞内、封闭吊顶天棚内进行安装的工程，定额人工费乘以系数（　　　）。

A. 1. 25　　　　　　　B. 1. 15　　　　　　　　C. 1. 12　　　　　　D. 1. 2

（8）依据《重庆市通用安装工程计价定额》（CQAZDE—2018）第九册的规定，在地下室内（含地下车库）、净高小于1. 06 m 楼层、断面小于4 m^2 且大于2 m^2 的隧道或洞内进行安装的工程，定额人工费乘以系数（　　　）。

A. 1. 25　　　　　　　B. 1. 15　　　　　　　　C. 1. 12　　　　　　D. 1. 2

（9）依据《重庆市通用安装工程计价定额》（CQAZDE—2018）第九册的规定，安装高度超过5 m 时，应计取（　　　），超过部分工程量按定额人工费乘以相应系数。

A. 超高增加费　　　　B. 脚手架费　　　　　　C. 技术措施费　　　D. 操作高度增加费

（10）依据《重庆市通用安装工程计价定额》（CQAZDE—2018）第九册的规定，在高度6层或20 m 以上的工业与民用建筑上进行安装时增加的费用称为（　　　）。

A. 措施费　　　　　　B. 超高增加费　　　　　　C. 操作高度增加费　　D. 安全风险费

（11）依据《重庆市通用安装工程计价定额》（CQAZDE—2018）第九册的规定，消防泵、稳压泵按（　　　）相应定额子目执行。

A. 第四册《电气设备安装工程》　　　　　　　　B. 第十册《给排水、采暖、燃气安装工程》

C. 第一册《机械设备安装工程》　　　　　　　　D. 第九册《消防安装工程》

(12)依据《重庆市通用安装工程计价定额》(CQAZDE—2018)第九册的规定,不锈钢管、铜管按( )相应定额子目执行。

A.第十册《给排水、采暖、燃气安装工程》　　B.第八册《工业管道安装工程》

C.第九册《消防安装工程》　　D.第六册《自动化控制仪表安装工程》

(13)依据《重庆市通用安装工程计价定额》(CQAZDE—2018)第九册的规定,各种设备支架制作安装按( )相应定额子目执行。

A.第十册《给排水、采暖、燃气安装工程》

B.第九册《消防安装工程》

C.第一册《机械设备安装工程》

D.第三册《静置设备与工艺金属结构制作安装工程》

2.多项选择题

(1)依据《重庆市通用安装工程计价定额》(CQAZDE—2018)第九册的规定,报警装置安装项目,定额子目中已包括( )安装。

A.水力警铃进水管　　B.水力警铃出水管

C.泄放试验管　　D.临时短管

E.装配管

(2)依据《重庆市通用安装工程计价定额》(CQAZDE—2018)第九册的规定,喷头、报警装置及水流指示器安装定额均按管网系统试压、冲洗合格后安装考虑的,定额中已包括( )的安装、拆除及摊销。

A.丝堵　　B.管件

C.支架　　D.临时短管

E.压力表

(3)依据《重庆市通用安装工程计价定额》(CQAZDE—2018)第九册的规定,水流指示器(马鞍型连接)项目,主材中包括( )。

A.管件　　B.胶圈

C.U形卡　　D.临时短管

E.活接头

(4)依据《重庆市通用安装工程计价定额》(CQAZDE—2018)第九册的规定,以下消防工程安装项目( )按第十册《给排水、采暖、燃气安装工程》相应定额子目执行。

A.阀门　　B.管道支架制作安装

C.消防水箱　　D.套管

E.预留孔洞

3.4 自动喷水灭火系统投标预算书编制

本书所称的投标预算书,是指符合编制招标控制价质量标准的"投标基础性预算书"。它是实际投标业务中"决标价"的基础文件。投标预算书的编制由建立预算文件体系和编制投标预算书两大环节构成。清单计价方式使用的主要文件类型是招标工程量清单和投标预算书(或招标控制价),它们均是建立在"预算文件体系"上的。

3.4.1　建立预算文件体系

以建设某医院一期工程(一个建设项目)为例,采用已知"招标工程量清单"(见本书配套教学资源包),建立预算文件体系。

1)建立预算文件体系

(1)预算文件体系的概念

预算文件体系是指预算文件按照基本建设项目划分的规则,从建设项目起至子分部工程止的构成关系,如表 3.4.1 所示。

表 3.4.1　预算文件体系

项目划分	软件新建工程命名	图示
建设项目	某医院一期工程	
单项工程	某高层医院	
单位工程	建筑安装工程	
分部工程	消防工程	
子分部工程	自动喷水灭火系统	

(2)建立预算文件夹

建立预算文件夹是指从建设项目起至完善工程信息止的相应操作流程,具体操作如表 3.4.2所示。

表3.4.2　建立预算文件夹

步骤	工作	图标	工具→命令	说明
1	打开软件	Glodon广达 云计价平台 GCCP5.0	广联达计价软件→云计价平台GCCP5.0	
2	登录	离线使用	登录方式→离线使用	
3	新建招投标项目	新建　最 新建概算项目 新建招投标项目	新建→新建招投标项目(重庆)	点重庆
4	新建投标项目	投 新建投标项目	新建投标项目→建设项目名称:某医院一期工程	
5	新建单项工程	新建单项工程	新建单项工程→单项工程名称:某高层医院+消防工程(✓)	
6	修改单位工程	工程名称 某医院一期工程 某高层医院 消防工程	修改当前工程→单位工程名称:建筑安装工程	点空白处
7	完善信息	请输入工程信息及特征 某医院一期工程 某高层医院 建筑安装工程	工程信息及特征(全部填写)	
8	编制说明	造价分析　项目信息　取费设置　人材 项目信息　　　预览 造价一览 编制说明	编制说明→编辑→预览	
9	保存文件	💾 🔙	保存→桌面文件夹/文件名:消防工程(自动喷水灭火系统)	
10	建立分部工程与子分部工程	类别　名称 整个项目 部　消防工程 部　自动喷水灭火系统 项　自动提示:请输入清单简称	分部工程→子分部工程→消防工程→自动喷水灭火系统	

2)广联达计价软件的使用方式

广联达计价软件有两种登录方式,具体操作可参照1.4.1节中的相应内容。

3.4.2 编制投标预算书

在已经建立的预算文件体系上,以某高层医院(单项工程)为例,采用已知的"招标工程量"清单(见本书配套的教学资源包),编制投标预算书(或招标控制价)。

1)投标预算书编制的假设条件

①本工程是一栋12层楼的高层建筑,项目所在地是市区;

②承包合同约定人工按市场价100元/工日调整;

③设备材料采用承包商全部供应方式,所有的设备均暂不计价,湿式报警装置均按1 500元/套(含税价)暂估,进项税率按13%计算,折算系数为$1/(1+13\%)\approx0.885$,其他未计价材料暂不计价;

④暂列金额为30 000元(含消防工程检测费),总承包服务费率按11.32%选取;

⑤计税方式采用增值税一般计税法。

2)导入工程量数据

导入工程量数据是编制投标预算书的基础工作,具体操作参照表1.4.3进行。

3)套用计价定额

套用计价定额是编制投标预算书的基本工作之一,具体操作如表3.4.3所示。

表3.4.3 套用计价定额

步骤	工作	图标	工具→命令	说明
1	复制名称	编辑[名称] 水喷淋钢管:热浸镀锌无缝钢管Φ159*10	分部分项→Ctrl + C	
2	选择定额	□ 030901001001 项 ··· 定	分部分项→鼠标双击(定)工具栏符号(···)	
3	修改材料	编辑[名称] 热浸镀锌无缝钢管Φ159*10	未计价材料→Ctrl + V	修改后宜习惯性点击空格
4	逐项重复以上操作步骤			
5	逐项检查工程量表达式	QDL	分部分项→工程量表达式→(定)QDL	此软件必须执行的程序

续表

步骤	工作	图标	工具——命令	说明
6	补充人材机	补充 云存档　清单　子目　人材机	补充→人材机→类别→插入	区分:设备或未计价材料
7	操作高度增加(子目)	标准换算	分部分项→(超高项目)标准换算→人工→(调整)系数	
8	超高调整系数	标准换算	分部分项→调价→换算内容"勾选"	其他:四项系数为0
9	地下层调整系数	调价	分部分项→调价→系数调整→人工	

4)各项费用计取

各项费用计取既包括计价定额规定的综合系数,也包括费用定额规定的取费,具体操作参照表 1.4.5 进行。

5)人材机调价

人材机调价主要是针对人工单价调整和计取设备单价、未计价材料单价,具体操作参照表 1.4.6 进行。

6)导出报表

选择报表的依据、选择报表的种类、报表导出等具体内容,请参照 1.4.2 节的相应内容。

实训任务

请独立完成本书配套的某高层住宅楼施工图 2~28 层自动喷水灭火系统投标预算书的编制。

3.5　自动喷水灭火系统 BIM 建模实务

3.5.1　自动喷水灭火系统 BIM 建模前应知

1)以 CAD 为基础建立 BIM 模型

详见本书"1.5.1　火灾自动报警系统 BIM 建模前应知"中的相应内容。

2）BIM（建筑信息模型）建模的常用软件

详见本书"1.5.1 火灾自动报警系统BIM建模前应知"中的相应内容。

3）建模操作前已知的"三张表"

建模前请下载以下三张参数表（见本书配套教学资源包）作为后续学习的基础：

①自动喷水灭火系统"BIM建模楼层设置参数表"（详见电子文件表3.3.5.1）；

②自动喷水灭火系统"BIM建模系统编号设置参数表"（详见电子文件表3.3.5.2）；

③自动喷水灭火系统"BIM建模构件属性定义参数表"（详见电子文件表3.3.5.3）。

3.5.2 自动喷水灭火系统鲁班BIM建模

下面以某高层医院自动喷水灭火系统为例进行介绍。

1）新建子分部工程文件夹

打开鲁班安装（2019V21）软件，依据"BIM建模楼层设置参数表"，建立子分部工程文件夹，确定相关专业，这是建模的第一步。本节的专业选择是"消防"，具体操作参照表1.5.1进行。

2）选择基点

①同一单项工程选择同一个基点。某高层医院是以⑥轴和①轴相交消防电梯井内壁转角处为基点，如图1.5.1所示。

②本工程第一次需要放置CAD图纸的楼层，如表3.5.1所示。

表3.5.1 第一次需要放置CAD图纸的楼层

序号	施工图参数			模型参数			备注
	楼层表述	绝对标高（m）	相对标高（mm）	层高（mm）	楼层表述	标高（mm）	层高（mm）	
1	负2层消防平面图	258.10	-8 700.00	4 800	-2	-8 700.00	4 800	
2	负-1层给排水平面图	262.90	-3 900.00	3 900	-1	-3 900.00	3 900	
3	1层消防平面图	266.80	0.00	4 500	1	0.00	4 500	
4	2层消防平面图	266.80	4 500.00	4 500	2	4 500.00	4 500	
5	3层给排水平面图	275.80	13 500.00	3 900	4	13 500.00	3 900	
6	4~7层给排水平面图	279.70	17 400.00	3 600	5	17 400.00	3 600	

续表

序号	施工图参数				模型参数			备注
	楼层表述	绝对标高（m）	相对标高（mm）	层高（mm）	楼层表述	标高（mm）	层高（mm）	
7	8 层给排水平面图	294.10	31 800.00	3 600	9	31 800.00	3 600	
8	11~12 层消防平面图	304.90	42 600.00	3 600	12	42 600.00	3 600	
9	屋顶层给排水平面图	312.10	49 800.00	4 500	14	49 800.00	4 500	

3）导入 CAD 施工图

导入 CAD 施工图的方法详见本书 1.5.1 节"3）导入 CAD 施工图"的相应内容。

4）系统编号管理

系统编号是建模过程中一个非常重要的参数，也是今后模型使用时分类提取汇总数据的基础。依据"BIM 建模系统编号设置参数表"，设立系统编号的操作具体参照表 1.5.5 进行。

5）设备（水泵）和喷头的转化及属性定义

因为自动喷水灭火设备（水泵）常常设置在地下层的最底层，所以从负 2 层起分层进行转化。其他楼层的"点状设备"和"平面管网"等转化、属性定义、管网布置等的操作程序和方法与负 2 层极其相似，不再重复表述。

（1）设备（水泵）和喷头的转化

对于点状设备，常使用 CAD 转化的方式，在建立模型的同时完成其构件属性定义，具体操作如表 3.5.2 所示。

表 3.5.2　设备（水泵）和喷头的转化

步骤	工作	图标	工具→命令	说明
1	水泵转化	CAD转化(D)	CAD 转化→转化设备	
2	转化设备	转化设备	转化设备→批量转化设备	
3	批量转化设备	批量转化设备　图例选择	批量转化设备→构件设置	构件设置：消防设备→水泵

步骤	工作	图标	工具→命令	说明
4	提取二维	提取二维	提取二维→选择构件→指定插入点	
5	选择三维	选择三维	选择三维→选择图形	
6	更正名称	构件设置 消防设备 ⌄ 水泵 ⌄ 离心式泵：立式恒压 ⌄	更正名称→在构件属性定义表中选择	复制＋粘贴法
7	标高设置	标高设置 -700	标高设置（依据安装部位）	
8	转化范围	转化范围 选择当前 ⌄	转化范围→当前楼层	
9	转化	转化	转化→记事本	列表中需要检查成功否
10	喷头转化	CAD转化(D)	CAD 转化→转化设备	
11	转化设备	转化设备	转化设备→批量转化设备	
12	批量转化设备	批量转化设备 图例选择	批量转化设备→构件设置	构件设置：喷头→水喷头
13	提取二维	提取二维	提取二维→选择构件→指定插入点	
14	选择三维	选择三维	选择三维→选择图形	
15	更正名称	构件设置 喷头 ⌄ 水喷头 ⌄ 水喷淋喷头：玻璃球 ⌄	更正名称→在构件属性定义表中选择	复制＋粘贴法

续表

步骤	工作	图标	工具→命令	说明
16	标高设置	标高设置 **4100**	标高设置(依据安装部位)	
17	转化范围	转化范围 当前楼层	转化范围→当前楼层	
18	转化	转化	转化→记事本	列表中需要检查成功否

(2)已转换设备的属性定义

对于已经成功转换的设备(构件),需要到属性定义工具中进行参数的设置,具体操作如表3.5.3所示。

表3.5.3　设备(构件)的属性定义

步骤	工作	图标	工具→命令	说明
1	属性定义	**属性(D)**	属性→属性定义	
2	选择构件	属性定义 喷头 管网 消火栓 消防设备 构件列表 规 水泵	属性定义→消防设备→水泵→构件	
3	修改参数	属性 值	属性→值	
4	删除原构件		选择构件后单击鼠标右键选择删除命令	原有的构件(删除)
5	选择构件	属性定义 喷头 管网 消火栓 构件 水喷头	属性定义→喷头→水喷头→构件	
6	修改参数	属性 值	属性→值	
7	删除原构件		选择构件后单击鼠标右键选择删除命令	原有的构件(删除)

6)构件的属性定义(非转化类构件属性定义)

管道、阀门法兰、附件(含末端试水装置、湿式报警阀、水流指示器、套管、仪器仪表)、零星构件(含管道支架、管道沟槽)需要到属性定义工具中进行参数的设置,具体操作如表 3.5.4 所示。

表 3.5.4　构件的属性定义

步骤	工作	图标	工具→命令	说明
1	属性定义	属性(D)	属性→属性定义	
2	管道	属性定义 喷头 管网 消火栓 构件 喷淋管	管网→喷淋管→构件	
3	重新命名或添加		单击鼠标右键→重命名	
4	修改参数	属性　值	属性→值→修改图形参数	
5	阀门法兰	阀门法兰	阀门法兰→阀门→法兰	
6	重复步骤 3 和步骤 4			
7	附件	附件	附件→系统组件→套管→仪器仪表	
8	重复步骤 3 和步骤 4			
9	零星构件	零星构件	附件→管道支架→管道沟槽	
10	重复步骤 3 和步骤 4			

7)平面管网系统的布置

(1)平面管网的布置

自动喷水灭火系统平面管网的布置,通常采用"CAD 转化"命令的方法。局部未能顺利转化的管道,可采用"管网/任意布管道或垂直立管"命令进行补充绘制;消防泵房的管道应单独设置"系统编号"并绘制,具体操作如表 3.5.5 所示。

表 3.5.5　自动喷水灭火系统平面管网的布置

步骤	工作	图标	工具→命令	说明
1	选择转化命令	转化喷淋	CAD 转化→转化喷淋	

续表

步骤	工作	图标	工具→命令	说明
2	转化喷淋管	转化喷淋管 转化类型 ◉水喷头管网 ○气体喷头管网 转化方式 ◉根据管径标注转化 ○根据危险等级转化	转化喷淋管→转化类型(水喷头管道)→转化方式(根据管径标注转化)	
3	选择图层	选择水管网转化图层 转化范围 最大合并距离(mm) 整个图形 800 选择管线 选择管径标注	选择水管网转化图层→选择管线(提取管线)→选择管径标注(提取标注)	
4	转化设置	喷淋管转化设置 管道类别:喷淋管 系统编号:PL-1 喷淋管材质:镀锌钢管 ☑喷淋头系统编号随隧 ☑依管径范围区分材质 短立管材质:镀锌钢管 材质类别 范围 管径(mm) 短立管管径:DN25 镀锌钢管 < 100 ☑自动生成短立管 无缝钢管 > 100 水平管标高(mm):2800	喷淋管转化设置→喷淋管材质(依管径范围区分材质)→自动生成短立管→水平管标高	
5	CAD 文件褪色	⬜▭ ➡ CAD褪色	CAD 转化→CAD 褪色	
6	CAD 文件恢复	⬜▭ ⬅ 褪色恢复	CAD 转化→褪色恢复	
7	删除	✕ 删除	工具→删除	
8	水平管敷设	管网 1 ━ 任意布管道 →0	管网→任意布管道	采用系统编号区分管井内、外
9	垂直管敷设	管网 1 ━ 任意布管道 →0 ⬚ 选择布管道 ←1 ▮ 垂直立管 ↑2	管网→垂直立管	

（2）平面管网附件和管道支架的布置

平面管网布置后才能布置其附件（含末端试水装置、湿式报警阀、水流指示器、套管、仪器仪表）和零星构件（含管道支架、管道沟槽），具体操作如表 3.5.6 所示。

表 3.5.6　管道附件和零星构件的布置

步骤	工作	图标	工具→命令	说明
1	布置阀门	附件 4　阀门法兰 →0	附件→阀门法兰/构件	采用系统编号区分管井内、外
2	布置系统组件	附件 4　阀门法兰 →0　生成水法兰 ←1　系统组件 ↑2	附件→系统组件/构件（末端试水装置、湿式报警阀、水流指示器）	采用系统编号区分管井内、外
3	布置水平套管	附件 4　阀门法兰 →0　生成水法兰 ←1　系统组件 ↑2　水平套管 ↓3	附件→水平套管	
4	布置压力表	仪器仪表 ✎6	附件→仪器仪表	
5	布置支架	零星构件 7　任意支架 →0	零星构件→任意支架	

（3）标准楼层的复制粘贴

依据自动喷水灭火系统"BIM 建模楼层设置参数表"可知，按照平面标准层 1、平面标准层 2、平面标准层 3 布置后，其他楼层均可采用整体复制粘贴的方法得到，具体操作可参照表 1.5.14 进行。

8）配水干管的布置

（1）配水干管管道的布置

本例工程的配水干管有四樘，分别是编号 ZPL-1 从负 2 层水平配水干管至管井通向 2 层的管井内配水立管，编号 ZPL-2 从负 2 层水平配水干管至管井通向 7 层的管井内配水立管，编号 ZPL-3 从负 2 层水平配水干管至管井通向 12 层的管井内配水立管，编号 ZPL-0 从室外水泵接合器连接至屋顶消防水箱的消防增压配水管网。管井内管网的系统编号和管井外管网的系统编号必须严格区分，具体操作如表 3.5.7 所示。

表 3.5.7　配水干管管道的布置

步骤	工作	图标	工具→命令	说明
1	布置立管	管网 1 ━任意布管道 →0 选择布管道 ←1 垂直立管 ↑2	管网→垂直立管→构件	采用系统编号区分管井内、外
2	布置管井内水平管	管网 1 ━任意布管道 →0	管网→任意布管道→构件	
3	布置管井外水平管	管网 1 ━任意布管道 →0	管网→任意布管道→构件	

(2)配水干管设备、附件、零星构件的布置

配水干管上的设备主要是水泵接合器(可采用 CAD 转化),附件主要是套管,零星构件涉及支架和管道沟槽,具体操作如表 3.5.8 所示。

表 3.5.8　配水干管设备、附件、零星构件的布置

步骤	工作	图标	工具→命令	说明
1	转化设备	构件设置 消防设备 ⌄ 其它设备 ⌄ 水泵接合器[1] ⌄	CAD 转化→转化设备	参照表 3.5.2 和表 3.5.3
2	布置阀门	附件 4 ━阀门法兰 →0	附件→阀门法兰→构件	参照表 3.5.6
3	布置支架	零星构件 7 ━任意支架 →0	零星构件→任意支架	参照表 3.5.6
4	布置管沟	管道沟槽 ↓3	零星构件→管道沟槽	

9)汇总计算与形成工程量表

(1)汇总计算和形成系统表并导出

以上建模步骤完成以后,宜对照施工图再次进行检查,确认无误后即可进行工程量计算,形成系统表并导出工程量报表,具体操作可参照表 1.5.19 进行。

(2)工程量表的整理及形成

通过建模获得的工程量是不全面、不规范的,不可以直接使用,还必须按照《通用安装工

程工程量计算规范》（GB 50856—2013）和《重庆市通用安装工程计价定额》（CQAZDE—2018）对工程预（结）算编制立项与工程量计算的要求，对其进行整理，具体操作如表 3.5.9 所示。

表 3.5.9　工程量表的整理及形成

步骤	工作	图标	工具→命令	说明
1	另建工程量表	📄 自动喷水灭火系统地下层工程量表 (示例... 📄 自动喷水灭火系统地上层工程量表 (示例...	另存为工程量表	区分地上层和地下层
2	更改表名	查找和选择▾	查找→替换	
3	合并数据区分部位		将两份表复制粘贴为工程量表并备注地下层的项目	
4	合并相同项	=F10+F13	单击鼠标右键→隐藏（相同项）	数量合计到第一行
5	修正名称		修改不宜在软件中准确命名的项目	
6	增加项目		增加如预留孔洞等未建模的项目	
7	隐藏不计项目		单击鼠标右键→隐藏（相同项）	
8	重新编排序号		隐藏与编排序号宜同步进行	

3.5.3　自动喷水灭火系统广联达 BIM 建模

下面以某高层医院自动喷水灭火系统为例进行介绍。

1）工程设置（模块）的应用

参照本书 1.5.3 节的相关内容进行，工程专业选择"消防"，文件名为"自动喷水灭火系统"。

2）绘图输入（模块）的应用

（1）构件定义

构件定义是依据"BIM 建模系统编号设置参数表"和"BIM 建模构件属性定义参数表"，通过新建构件命令进行。其中，消防设备包括消防水泵（消火栓泵）、喷淋水泵、消防水泵接合器、消防水箱、稳压罐;喷头和阀门法兰均是单独的种类;管道附件包括水流指示器、湿式报警阀、压力表、倒流防止器;零星构件包括套管、预留孔洞等;管道需要区分喷淋灭火系统、消火栓灭火系统、火灾自动报警系统的不同系统类型,具体操作如表 3.5.10 所示。

表 3.5.10　构件定义

步骤	工作	图标	工具→命令	说明
1	新建设备	新建	构件列表→消防设备→新建/类型/标高/系统类型	
2	复制设备	复制	构件列表→消防设备→复制/类型/标高/系统类型	以下同类增加方式的操作相同
3	新建喷头	新建	构件列表→喷头→新建/类型/标高/系统类型	
4	新建阀门法兰	新建	构件列表→阀门法兰→新建/类型/规格型号/系统类型	
5	新建管道附件	新建	构件列表→管道附件→新建/类型/规格型号/系统类型	
6	新建套管	新建	构件列表→零星构件→新建/类型/套管类型/材质/规格型号/系统类型/套管长度/标高	
7	新建管道	新建	构件列表→管道→新建/系统类型/系统编号/材质/管径规格/起点标高/终点标高/连接方式	

(2)设备提量

对于 CAD 施工图已有的设备,可通过"设备提量"进行建模,具体操作如表 3.5.11 所示。

表 3.5.11　设备提量

步骤	工作	图标	工具→命令	说明
1	选择类型	消防　消火栓(消)(H)　喷头(消)(T)　消防设备(消)(S)	导航栏→消防→消防设备	
2	设备提量	设备提量	绘制→识别→设备提量(必须逐个识别)→选择范围	

步骤	工作	图标	工具→命令	说明
3	重复		按照本表步骤 2 选择不同设备	
4	检查(点位)	CAD图亮度	绘制→CAD 亮度(调整)	建议亮度:30%
5	计算量	计算式	绘制→检查/显示→计算式	

（3）喷头提量

对于喷头,可通过"设备提量"进行建模,具体操作如表 3.5.12 所示。

表 3.5.12　设备提量

步骤	工作	图标	工具→命令	说明
1	选择类型	消防 消火栓(消)(H) 喷头(消)(T)	导航栏→消防→喷头	
2	喷头提量	⊗设备提量	绘制→识别→设备提量(必须逐个识别)→选择范围	
3	检查(点位)	CAD图亮度	绘制→CAD 亮度(调整)	建议亮度:30%
4	计算量	计算式	绘制→检查/显示→计算式	

（4）喷淋平面管道连接

喷淋平面管道的连接既要采用"喷淋提量"的方法,也要采用"直线"绘制的方法,具体操作如表 3.5.13 所示。

表 3.5.13　喷淋平面管道连接

步骤	工作	图标	工具→命令	说明
1	类型选择	消防 消火栓(消)(H) 喷头(消)(T) 消防设备(消)(S) 管道(消)(G)	导航栏→消防→管道	
2	关闭其他管道	CAD图层 显示指定图层　隐藏指定图层	视图→界面显示→CAD 图层→隐藏指定(消火栓系统等)图层	

续表

步骤	工作	图标	工具→命令	说明
3	喷淋提量	■ZP■ **喷淋提量**	绘制→识别→喷淋提量→生成图元→ 识别完毕(关闭)	
4	打开其他管道	**CAD图层** 显示指定图层　隐藏指定图层 开/关　颜色　　　名称 □　▷　已提取的CAD图层 ☑　▷　CAD原始图层	视图→界面显示→CAD 图层→CAD 原 始图层	
5	未识别管道连接	**直线**	绘制→绘图→直线	
6	计算量	🖩 **计算式**	绘制→检查/显示→计算式	

(5)阀门法兰和管道附件的布置

阀门法兰和管道附件布置的具体操作如表 3.5.14 所示。

表 3.5.14　阀门法兰和管道附件的布置

步骤	工作	图标	工具→命令	说明
1	选择类型	🔧 阀门法兰(消)(F)	导航栏→消防→阀门法兰	
2	阀门法兰	⊗设备提量	绘制→识别→设备提量(必须逐个识 别)→选择范围	
3	选择类型	⊢管道附件(消)(A)	导航栏→消防→管道附件	
4	管道附件	⊗设备提量	绘制→识别→设备提量(必须逐个识 别)→选择范围	
5	检查(点位)	**CAD图亮度**	绘制→CAD 亮度(调整)	建议亮度: 30%
6	计算量	🖩 **计算式**	绘制→检查/显示→计算式	

(6)复制至其他层

对于具有相同布置关系的标准层,可将已完成的图元复制到另一个标准层,具体操作参照表 1.5.26 进行。

（7）配水干管和水平套管的布置

配水干管的布置有四樘，分别是编号 ZPL-1 从负 2 层水平配水干管至管井通向 2 层的管井内配水立管，编号 ZPL-2 从负 2 层水平配水干管至管井通向 7 层的管井内配水立管，编号 ZPL-3 从负 2 层水平配水干管至管井通向 12 层的管井内配水立管，编号 ZPL-0 从室外水泵接合器连接至屋顶消防水箱的消防增压配水管网。管井内管网的系统编号和管井外管网的系统编号必须严格区分。水平套管主要涉及管道穿建筑物室内墙体和外墙，具体操作如表 3.5.15 所示。

表 3.5.15　配水干管和水平套管的布置

步骤	工作	图标	工具→命令	说明
1	类型选择	消防 消火栓(消)(H) 喷头(消)(T) 消防设备(消)(S) 管道(消)(G)	导航栏→消防→管道	
2	布置立管	布置立管	绘制→绘图→布置立管	需要区分管井内、外
3	删除转换管	复制到其它层 · 移动 删除　　拉伸 复制　　镜像 通用编辑 ▾	绘制→通用编辑→删除	
4	布置管井内水平管	直线	绘制→绘图→直线	
5	布置管井外水平管	直线	绘制→绘图→直线	
6	类型选择	零星构件(消)(K)	导航栏→消防→零星构件	
7	布置套管	点	绘制→绘图→点	

3)表格输入(模块)的应用

对于穿楼板套管、与套管有关联的预留孔洞、支架等可以依据一定规则计算获得的构件,可以采用类似手工计量的方法,添加在工程量中,具体操作如表3.5.16所示。

表3.5.16　表格输入(模块)的应用

步骤	工作	图标	工具→命令	说明
1	工程量	表格输入	工程量→表格输入	
2	添加构件	表格输入 ⊞ 添加 ▾	表格输入→添加→管道附件/名称、类型、材质、规格型号、系统类型	
3	表达式	手工量表达式(单位:套/台/个/m)	表格输入→手工量表达式	

4)汇总计算与形成工程量表

(1)汇总计算和形成系统表并导出

以上建模步骤完成以后,宜对照施工图再次进行工程量检查,确认无误后即可进行工程量报表的导出,具体操作参照表1.5.30进行。

(2)工程量表的整理及形成

通过建模获得的工程量是不全面、不规范的,不可以直接使用,还必须按照《通用安装工程工程量计算规范》(GB 50856—2013)和《重庆市通用安装工程计价定额》(CQAZDE—2018)对工程预(结)算编制立项与工程量计算的要求,对其进行整理,具体操作参考表1.5.20进行。

实训任务

请独立完成本书配套的某高层住宅楼施工图吊层范围自动喷水灭火系统鲁班BIM建模实训。

3.6　自动喷水灭火系统识图实践

识读自动喷水灭火系统(也称为喷淋系统)施工图,需要配合本例工程的建筑施工图和结构施工图进行。识图实践的目的是让学生在已经进行建模算量的基础上,加深对识读施工图程序及要点的掌握,以能否理解自动喷水灭火系统BIM模型的三张参数表及编制方法为目标,达到读懂施工图的目的。

下面以某高层医院施工图(CAD图见本书配套教学资源包)为例进行识读。

3.6.1　目录及设计说明识读

1)识读图纸目录的基本信息

从自动喷水灭火系统的图纸目录(图 3.6.1)中,可以了解本工程建筑总层数为 14 层,其中地上有 12 层,地下有 2 层;4~7 层为建筑的标准层;屋顶层仍然有自动喷水灭火系统的内容。

图 纸 目 录				
顺序	图幅	图纸编号	图纸名称	备注
01	A1	水施-01	设计与施工总说明	
02	A0	水施-02	材料表　图例表	
04	A0	水施-04	负 2 层消防平面图	
07	A0	水施-07	1 层消防平面图	
09	A1	水施-09	2 层消防平面图	
11	A1	水施-11	3 层给排水平面图	
12	A1	水施-12	4~7 层给排水平面图	
13	A1	水施-13	8 层给排水平面图	
14	A1	水施-14	9 层给排水平面图	
15	A1	水施-15	10 层给排水平面图	
17	A1	水施-17	11~12 层消防平面图	
18	A1	水施-18	屋面给排水平面图	
23	A1	水施-23	喷淋系统图	
28	A1	水施-28	消防泵房大样图	

图 3.6.1　自动喷水灭火系统的图纸目录

除了识读本专业的施工图外,还需要结合建筑图纸来获得层高等数据,如图 1.6.2 至图 1.6.5 所示,其中 2 层的层高达 9 000 mm 且有夹层。多功能厅的建筑立(剖)面具有自己的特点,如图 1.6.6 所示。

识读建筑平面图的设计总说明,获得装修的特殊信息。需特别关注"顶棚"的做法,明确哪些部位设置了"吊顶"。

通过以上识读,有助于理解"BIM 建模楼层设置参数表"的信息,详见本书配套教学资源包中的电子文件表 3.3.5.1。

2)读施工图设计总说明

①读工程概况,了解建筑各功能区域的总体概况,参照图 1.6.7。

②读自动喷水灭火系统的设计说明,理解其工作原理和系统构成,如图 3.6.2 所示。

5. 自动喷水灭火系统

1)本工程设自动喷水灭火系统,以中危险级Ⅱ级设计,灭火时间为 1 h,喷水强度为 8 L/(min·m²),作用面积为 160 m²,最不利喷头压力为 0.05 MPa,通过最不利作用面积计算,系统设计流量为 29.5 L/s,用水量取 108 m³。

2)地下 -2F 设 2 台自动喷水泵,一用一备,互为备用。

水泵运行情况应显示于消防中心和水泵房的控制盘上。

3)自动喷水系统平时管网压力由屋顶消防水箱维持;火灾时,喷头动作,水流指示器动作向消防中心显示着火区域位置,此时湿式报警阀处的压力开关动作自动启动喷水泵,并向消防中心报警。

4)地下库房采用 68 ℃ 易熔合金喷头,其余有吊顶的房间采用装饰型 68 ℃ 玻璃球喷头。

5)室外设两套地下式水泵结合器,与自动喷水泵出水管相连。

图 3.6.2 自动喷水灭火系统的设计说明

③读自动喷水灭火系统的施工说明,理解其工艺要求,如图 3.6.3 所示。

二、施工说明

(一)管材:本工程所选用管材均应符合国家相关规定的要求。管道公称压力应满足管道试验压力的要求。

2. 消防给水管道:

1)消火栓给水管道用热浸镀锌钢管,法兰或沟槽连接,阀门及需拆卸部位采用法兰连接。

2)自动喷水管采用内外壁热浸镀锌钢管,丝扣或沟槽式接口。

3)气体灭火系统所用管材由业主招标选定的消防专业承包商确定,且须符合国家有关规范和规程的要求。

4)室外埋地消防管采用"钢丝网骨架塑料(聚乙烯)复合管"电熔连接,执行标准 CJ/T 189—2004。

(二)器材:

所有器材工作压力应与管线所在系统压力相匹配,材质应与所在管线一致或优于所在管线。

2. 止回阀:生活给水泵、消防水泵出水管上均安装防水锤消声止回阀,其他部位均为普通止回阀。

3. 减压阀:生活给水系统及消火栓给水系统上均采用可调先导式减压阀。安装减压阀前全部管道必须冲洗干净。除注明外均水平安装,阀体呼吸孔朝下。

4. 持压泄压阀:整定压力应比所在系统工作压力高 0.1 MPa,采用全铜或球墨铸铁,除注明外均水平安装,阀体呼吸孔朝下。

5. 水泵接合器:采用地上式,详国标 99S203。

6. 末端试水装置:依次由 Y-60 压力表、DN25 试水阀、Y-60 压力表、试水接头(K=80)组成。末端试水装置的排水必须采用排水漏斗或其他明排水方式。

7. 屋顶消防水箱、所有净水水箱、水景均衡水箱:均采用 SUS444 耐氯不锈钢拼装式。

11. 倒流防止器:水平安装,带自动泄水阀,自动泄水阀排水口须高出地面 300 mm。

图 3.6.3 自动喷水灭火系统的施工说明

④读自动喷水灭火系统的支架等设计说明,理解其与建筑物的关系,如图 3.6.4 所示。

6.管道支架:

1)管道支架或管卡应固定在楼板上或承重结构上。

2)水泵房内采用减震吊架及支架。

3)钢管水平安装支架间距,按《建筑给水排水及采暖工程施工质量验收规范》GB 50242—2002 的规定施工。

8.自动喷水管道的吊架与喷头之间的距离应不小于300 mm,距末墙喷头距离不大于750 mm,吊架应位于相邻喷头间的管段上,当喷头间距不大于3.6 m时,可设1个,小于1.8 m允许隔段设置。

10.管道连接:

5)自动喷水灭火系统管道变径时,应采用异径管连接,不得采用补芯。

11.阀门安装时应将手柄留在易于操作处。暗装在管井、吊顶内的管道,凡设阀门及检查口处均应设检修门,检修门做法详建施图。

5.消火栓管刷樟丹二道,红色调和漆二道;自动喷水管刷樟丹二道,红色黄环调和漆二道。

5.本图所注管道标高:给水、热水、消防、压力排水管等压力管指管中心;污水、废水、雨水、溢水、泄水管等重力流管道和无水流的通气管指管内底。

图3.6.4 自动喷水灭火系统支架等的设计说明

3.6.2 识读自动喷水灭火系统主要设备材料表

识读自动喷水灭火系统的主要设备材料表,有助于理解"BIM 建模构件属性定义参数表"(详见本书配套教学资源包中的电子文件表3.3.5.3)的信息。

归属于自动喷水灭火系统的主要设备材料如图3.6.5 所示。

设备材料一览表

序号	名称	规格型号		单位	数量	备注
2	水流指示器	SLZ150/100		个	按实	
3	装饰型喷头	ZSTD15A/57		个	按实	
4	型玻璃闭式喷头	ZST15/68		个	按实	
6	闸阀	DN150/DN100	PN=2.0 MPa	个	按实	
7	信号闸阀	DN150/DN100	PN=2.0 MPa	个	按实	
8	截止阀	DN40/DN25/DN20	PN=2.0 MPa	个	按实	
9	止回阀	DN150/DN100	PN=2.0 MPa	个	按实	
10	湿式自动报警阀	ZSF DN150型		套	3	
11	浮球阀	DN150	PN=1.0 MPa	个	2	
		DN50	PN=1.0 MPa	个		
19	水泵结合器	DN150		个	5	
21	消防水池	512 m³		座	1	
22	钢管	DN250~DN80	PN=1.6 MPa	米		
26	消防自动排气阀	DN25	PN=1.6 MPa	台	按实	
28	屋顶消防水箱	18 m³/d 3000×4000×2500		座	1	玻璃钢水箱

图3.6.5 自动喷水灭火系统的主要设备材料

3.6.3 识读自动喷水灭火系统图

自动喷水灭火系统的系统图一般可按照水源供给、楼层分区的划分规则进行识读,这样有助于理解"BIM 建模系统编号设置参数表"(详见本书配套教学资源包中的电子文件表3.3.5.2)的信息。

1)自动喷水灭火系统的加压供水

自动喷水灭火系统的加压供水可以分成两个区域来理解:一是负 2 层的水泵加压、水泵接合器、消防湿式报警阀组供水子系统;二是屋顶层的消防水箱和消防增压稳压设备供水子系统,具体如图 3.6.6 和图 3.6.7 所示。

①水泵加压供水子系统:自动喷水灭火系统立式恒压切线消防泵(也称为喷淋水泵)设置在负 2 层的水泵房内,取水水源是其近旁的消防水池;消防泵采用一用一备的方案;消防泵的进水管顺水流设置了过滤器、进水闸阀、橡胶软接头、异径管,出水管顺水流设置了异径管、橡胶软接头、消声止回阀、出水闸阀、放空阀、压力表组,连接至湿式报警阀组;泵房内水平回水管设有泄压阀。

②湿式报警阀组供水子系统:负 2 层湿式报警阀组进水端设置了电动阀。

③水泵接合器供水子系统:为便于消防车加压供水,负 1 层室外设置了喷淋水泵接合器。

④消防水箱和消防增压稳压设备子系统:在屋顶层设置了消防水箱作为应急水源,并配套设置了带气压罐的消防增压稳压设备;消防水箱的出水管一路直接连接编号为 ZPL-0 的连通管,另一路经过消防增压稳压设备加压后连接编号为 ZPL-0 的连通管;编号为 ZPL-0 的连通管采用竖向立管连接到负 2 层消防水泵房内的水泵加压供水子系统和湿式报警阀组。

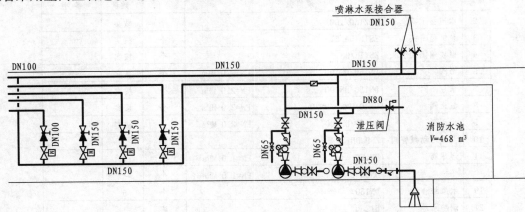

地下泵房设备及主要材料表

序号	名称	型号参数	单位	数量	备注
1	立式恒压切线消防泵	XBD-8.4/20-100 L Q=0~30 L/s H=84 转速2970 r/min 电机功率45 kW	套	2	消火栓泵一用一备
2	立式恒压切线消防泵	XBD-9.2/30-125 L Q=0~30 L/s H=92 转速2970 r/min 电机功率45 kW	套	2	喷淋泵一用一备

图 3.6.6 负 2 层加压供水子系统

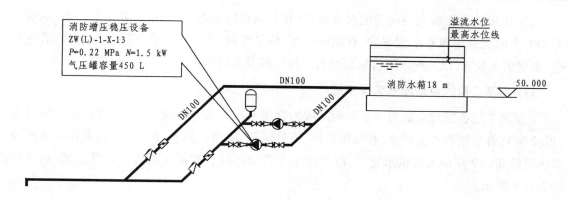

图 3.6.7　屋顶层加压供水子系统

2）负 2 层至 2 层区域的自动喷水灭火系统

负 2 层至 2 层区域的自动喷水灭火系统可分为各平面子系统和 1 层多功能厅的大空间智能灭火装置两类子系统，具体如图 3.6.8 所示。

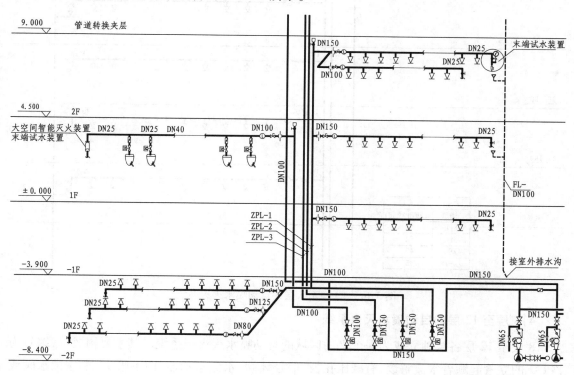

图 3.6.8　负 2 层至 2 层区域的自动喷水灭火系统

①负 2 层至 2 层区域各平面的自动喷水灭火系统。其包含负 2 层平面、负 1 层平面、1 层平面、2 层平面共 4 个平面子系统。其主要构成：从编号为 ZPL-1 的立管起顺着水流解读，有减压孔板、信号蝶阀、水流指示器、向上喷头或向下喷头、末端试水阀或本区域最高的 2 层的末端试水装置，以及配水干管顶部的自动排气阀及入口截止阀。

②1层多功能厅的大空间智能灭火装置(也称为消防水炮)子系统。其主要构成:从编号为 ZPL-4 的立管起顺着水流解读,有减压孔板、信号蝶阀、水流指示器、蝶阀、电动阀、消防水炮、末端试水装置,以及配水干管顶部的自动排气阀及入口截止阀。

3)3 层至 7 层的自动喷水灭火系统

3 层至 7 层各层独立成为一个平面区域的自动喷水灭火子系统。其主要构成:从编号为 ZPL-2 的立管起顺着水流解读,有减压孔板、信号蝶阀、水流指示器、向下喷头、末端试水阀或本区域最高的 7 层的末端试水装置,以及配水干管顶部的自动排气阀及入口截止阀,具体如图 3.6.9 所示。

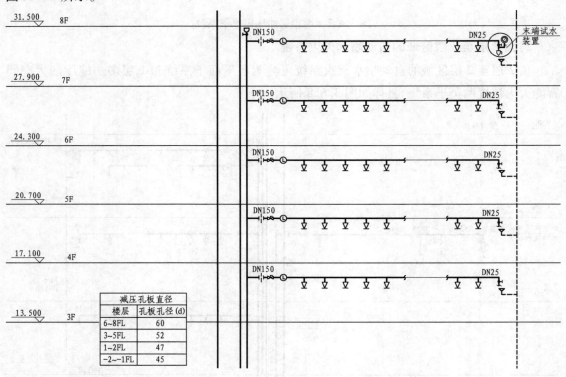

图 3.6.9　3 层至 7 层的自动喷水灭火系统

4)8 层至 12 层的自动喷水灭火系统

8 层至 12 层各层独立成为一个平面区域的自动喷水灭火子系统。其主要构成:从编号为 ZPL-3 的立管起顺着水流解读,有减压孔板、信号蝶阀、水流指示器、向下喷头、末端试水阀或本区域最高的 12 层的末端试水装置,以及配水干管顶部的自动排气阀及入口截止阀,具体如图 3.6.10 所示。

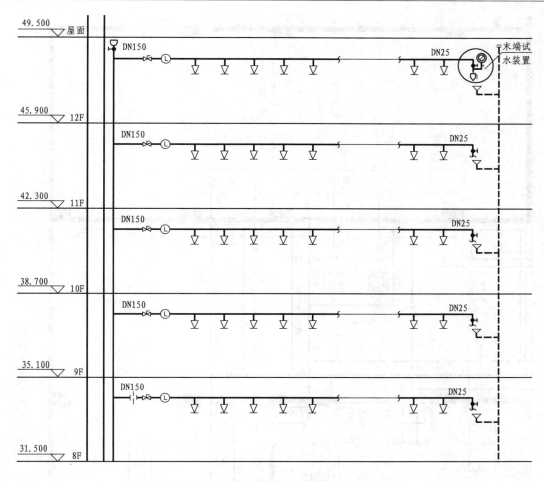

图 3.6.10　8 层至 12 层的自动喷水灭火系统

3.6.4　识读自动喷水灭火系统平面图

1）识读负 2 层的自动喷水灭火系统平面图

负 2 层的自动喷水灭火系统在本例施工图表述于负 2 层消防平面图上。该平面图主要反映了自动喷水灭火系统（即喷淋系统）、消火栓系统、S 形气溶胶自动灭火装置三大灭火体系。

负 2 层自动喷水灭火系统平面布置主要由建筑物内的消防泵房平面布置、向上通道水井平面布置、分区信号蝶阀和水流指示器平面布置、分区末端试水阀平面布置，以及建筑物外的水泵接合器平面布置构成。

（1）消防泵房平面布置图

消防泵房平面布置图如图 3.6.11 所示，位于消防水池⑬—⑭/⑧—⑪轴区域，消防水池左侧是消防泵房，消防泵房内安装有消火栓泵组（编号 1）和喷淋泵组（编号 2），靠⑬/⑥—⑪轴水池壁安装有湿式报警阀组，⑫/⑪轴柱旁是编号为 ZPL-0 配水干管向上连接的通道。

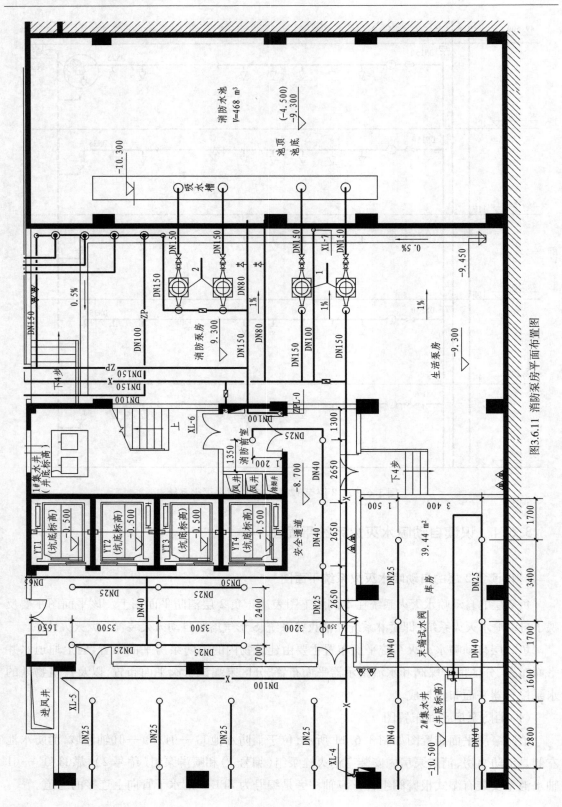

图3.6.11 消防泵房平面布置图

（2）向上通道水井平面布置图

编号为 ZPL-1，ZPL-2，ZPL-3 配水干管向上连接的通道位于⑦/Ⓓ—Ⓔ轴的水井内；编号为 ZPL-4 配水干管向上连接的通道位于④/Ⓗ轴柱旁边，具体如图 3.6.12 和图 3.6.13 所示。

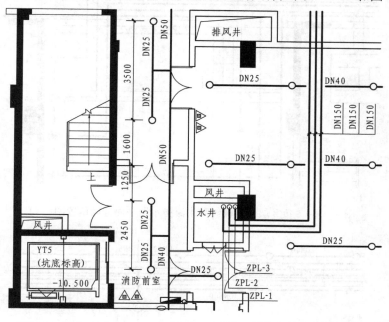

图 3.6.12　向上通道水井平面布置图

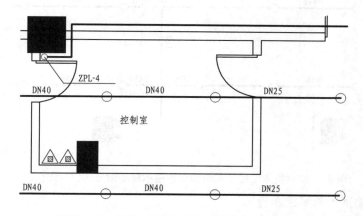

图 3.6.13　ZPL-4 配水干管向上通道平面布置图

（3）分区信号蝶阀和水流指示器平面布置

在靠⑬/Ⓗ—Ⓙ轴、⑨/Ⓗ—Ⓙ轴、⑥/Ⓗ—Ⓙ轴三处，分别设置了分区减压孔板、信号蝶阀和水流指示器，将负 2 层的自动喷水灭火系统划分为 3 个不同区域，具体如图 3.6.14、图 3.6.15、图 3.6.16 所示。

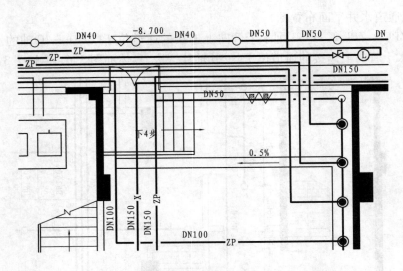

图3.6.14　负2层信号蝶阀和水流指示器平面分区位置图(一)

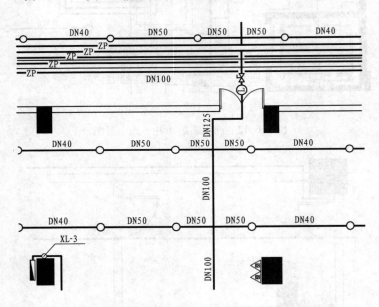

图3.6.15　负2层信号蝶阀和水流指示器平面分区位置图(二)

(4)分区末端试水阀平面布置

在靠⑦/Ⓚ—Ⓛ轴、⑩—⑪/Ⓑ—Ⓒ轴2#集水井、②/Ⓒ轴三处,分别设置了3个平面不同分区的末端试水阀,具体如图3.6.17、图3.6.18、图3.6.19所示。

(5)建筑物外的水泵接合器平面布置图

建筑物外的水泵接合器平面布置图如图3.6.20所示,由图可知:喷淋水泵接合器2台安装于负2层室外,穿柔性防水套管进入室内。

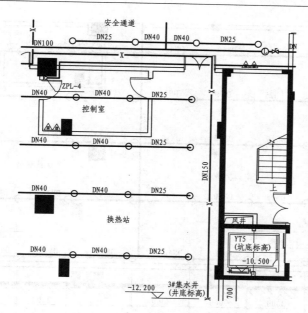

图 3.6.16　负 2 层信号蝶阀和水流指示器平面分区位置图(三)

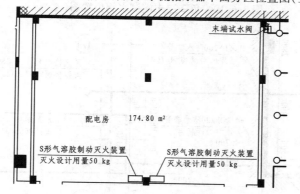

图 3.6.17　负 2 层末端试水阀位置图(一)

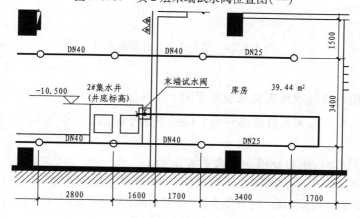

图 3.6.18　负 2 层末端试水阀位置图(二)

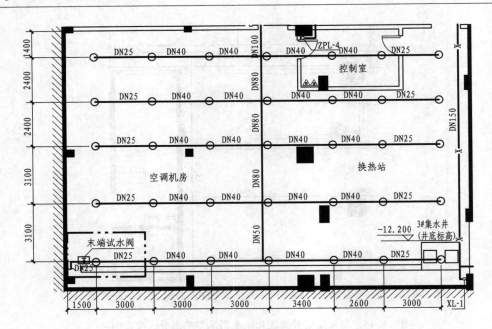

图 3.6.19　负 2 层末端试水阀位置图（三）

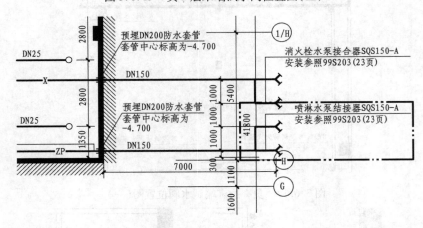

图 3.6.20　室外水泵接合器布置图

2)识读负 1 层的自动喷水灭火系统平面图

负 1 层的自动喷水灭火系统表达在负 1 层给排水平面图上,由多功能厅和住院大楼两个区域构成。

(1)负 1 层多功能厅的自动喷水灭火系统布置

如图 3.6.21 所示,由图可知:配水干管布置于③/⑥轴柱旁;从配水干管起顺着水流解读,有减压孔板、信号蝶阀、水流指示器、向下喷头、末端试水阀;末端试水阀布置于①/⑥轴柱旁。

(2)负 1 层住院大楼区域的自动喷水灭火系统布置

如图 3.6.22 和图 3.6.23 所示,由图可知:配水干管位于⑦/⑩—⑥轴的水井内;从配水

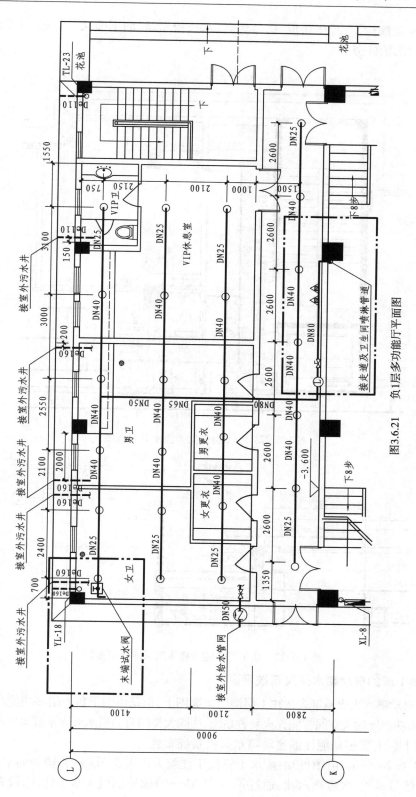

图3.6.21 负1层多功能厅平面图

干管起顺着水流解读,有减压孔板、信号蝶阀、水流指示器、向下喷头、末端试水阀;末端试水阀布置于 ⑭/Ⓕ轴柱旁。

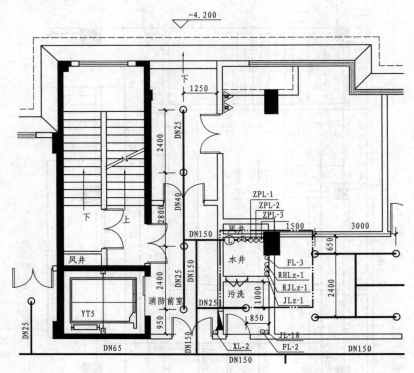

图 3.6.22　负 1 层住院大楼水井平面图

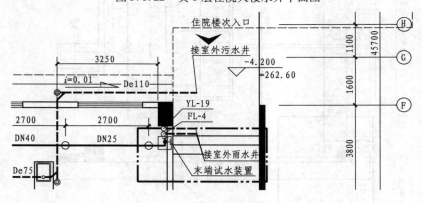

图 3.6.23　负 1 层住院大楼末端试水阀平面图

3)识读 1 层的自动喷水灭火系统平面图

1 层的自动喷水灭火系统表达在 1 层消防平面图上,也是由引下负 1 层多功能厅的自动喷水灭火系统、多功能厅的大空间智能灭火装置系统、住院大楼的自动喷水灭火系统 3 个区域构成。

(1)引下负 1 层多功能厅的自动喷水灭火系统布置

如图 3.6.24 所示,由图可知:配水干管位于住院大楼内⑦/Ⓓ—Ⓔ轴处的水井内,设置了减压孔板、信号蝶阀、水流指示器,通过④—⑤/Ⓒ—Ⓓ轴墙面引入多功能厅,设置了 2 个波纹补偿器进行管道连接,从布置于③/⑥轴柱旁引下去负 1 层。

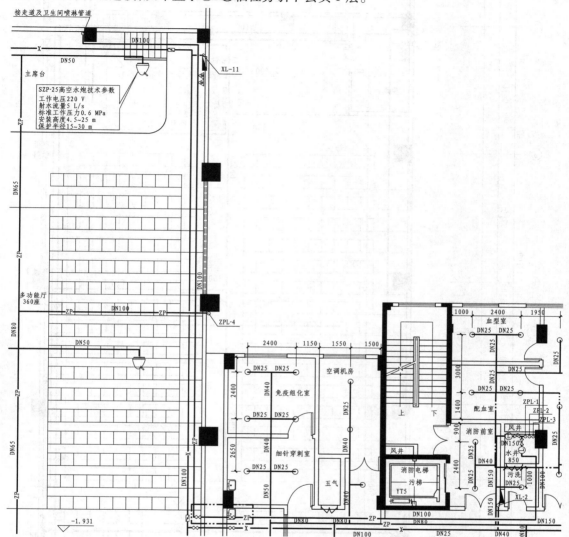

图 3.6.24　引下负 1 层多功能厅的自动喷水灭火系统布置平面图

(2)1 层多功能厅的大空间智能灭火装置系统布置

如图 3.6.25 所示,由图可知:编号为 ZPL-4 的配水干管从④/⑭轴柱旁边引过来,大厅设置了 6 个 SZP-25 高空水炮,末端试水装置设置在①/⑧轴柱旁。

(3)1 层住院大楼的自动喷水灭火系统布置

配水干管位于⑦/⑩—⑪轴处的水井内,参照图 3.6.24 所示;从配水干管起顺着水流解读,有减压孔板、信号蝶阀、水流指示器、向下喷头、末端试水;末端试水阀布置于⑭/⑪轴柱旁,参照图 3.6.23 所示。

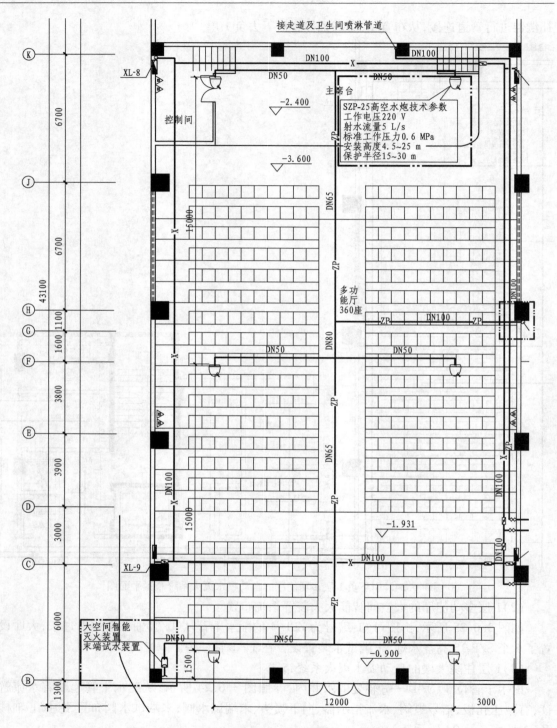

图 3.6.25 1 层多功能厅的大空间智能灭火装置平面图

4)识读 2 层的自动喷水灭火系统平面图

2 层的自动喷水灭火系统表达在 2 层消防平面图上,由住院大楼的自动喷水灭火系统一个区域构成。配水干管位于⑦/①—⑤轴处的水井内,如图 3.6.26 所示;从配水干管起顺着水流解读,有减压孔板、信号蝶阀、水流指示器、向下喷头、末端试水装置,配水干管井内立管顶部设置了截止阀和自动排气阀;末端试水装置布置于⑭/⑤轴柱旁,如图 3.6.27 所示。

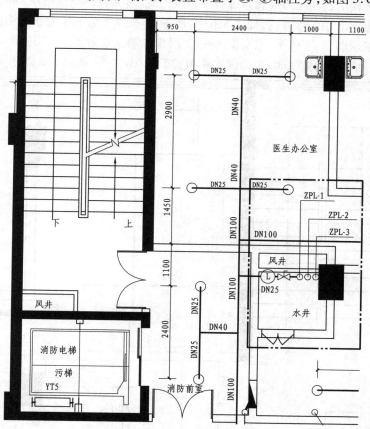

图 3.6.26　2 层住院大楼水井平面图

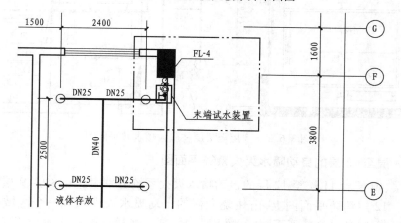

图 3.6.27　2 层住院大楼末端试水装置平面图

5)识读3层至7层的自动喷水灭火系统平面图

3层和4层至7层的自动喷水灭火系统分别表达在3层给排水平面图和4~7层给排水平面图上,由住院大楼的自动喷水灭火系统一个区域构成。它们具备"标准层"的特征。各层的配水干管位于⑦/①—Ⓔ轴的水井内,如图3.6.28所示;从配水干管起顺着水流解读,有减压孔板、信号蝶阀、水流指示器、向下喷头、末端试水阀(7层是末端试水装置),7层的配水干管井内立管顶部设置了截止阀和自动排气阀;末端试水阀布置于⑭/Ⓑ柱旁,如图3.6.29所示。

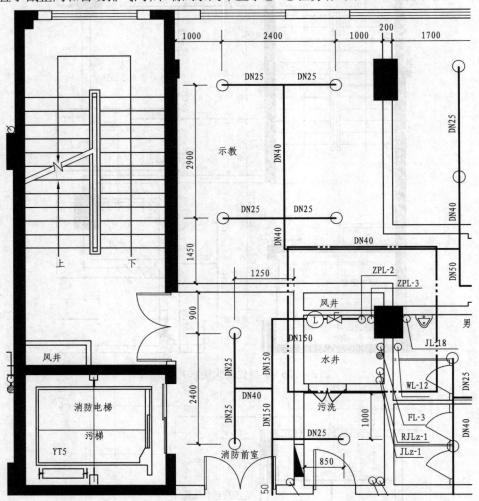

图3.6.28 3层至7层住院大楼水井平面图

6)识读8层至12层的自动喷水灭火系统平面图

8层、9层、10层和11层至12层的自动喷水灭火系统分别表达在8层、9层、10层给排水平面图和11~12层消防平面图上,由住院大楼的自动喷水灭火系统一个区域构成。8层至10层、11层至12层各自具备了不同"标准层"的特征。各层的配水干管位于⑦/① ~ Ⓔ轴的水井内,如图3.6.30所示;从配水干管起顺着水流解读,有信号蝶阀、水流指示器、向下喷头、末端试水阀(12层是末端试水装置),仅8层在信号蝶阀前有减压孔板,12层的配水干管井内

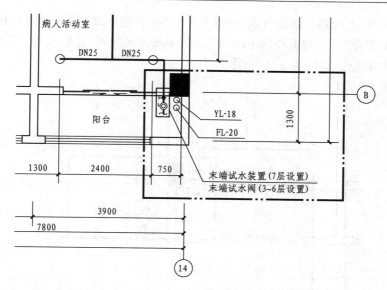

图3.6.29 3层至7层住院大楼末端试水阀平面图

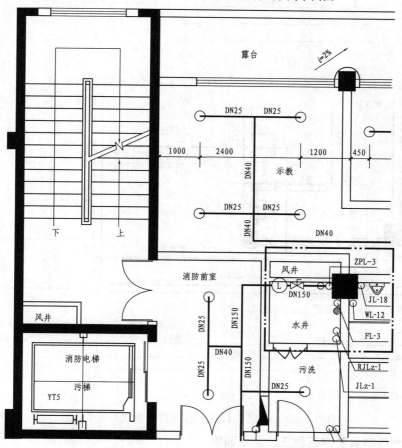

图3.6.30 8层至12层住院大楼水井平面图

立管顶部设置了截止阀和自动排气阀;8 层至 10 层的末端试水阀布置于⑬/⑧轴柱旁,如图 3.6.31所示;11 层至 12 层的末端试水阀(12 层是末端试水装置,且放水管应引到 11 层阳台)布置于⑫~⑬/⑧柱旁,如图 3.6.32 所示。

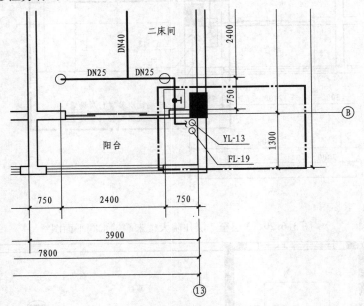

图 3.6.31 8 层至 10 层住院大楼末端试水阀平面图

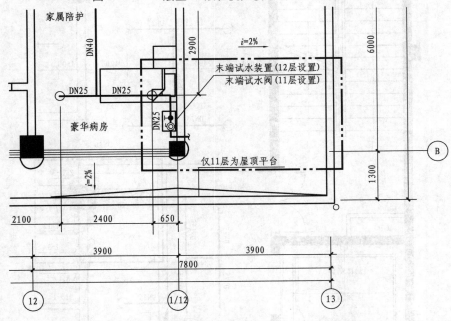

图 3.6.32 11 层至 12 层住院大楼末端试水阀平面图

7)屋顶水箱和消防增压稳压设备平面图

屋顶水箱和消防增压稳压设备表达在屋顶层给排水平面图上。消防水箱布置在⑧—⑨/

Ⓓ—Ⓔ轴,消防增压稳压设备布置在消防水箱近旁的⑧—⑨/Ⓒ—Ⓓ轴,引向负 2 层的编号 ZPL-0 配水立管位于⑫/Ⓓ轴柱旁,具体如图 3.6.33 所示。

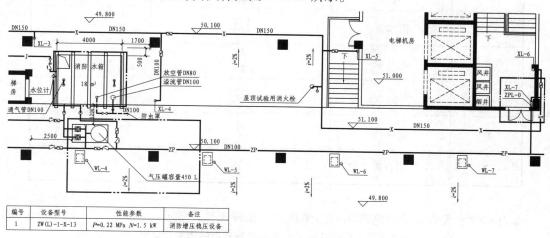

编号	设备型号	性能参数	备注
1	ZW(L)-1-X-13	P=0.22 MPa N=1.5 kW	消防增压稳压设备

图 3.6.33　屋顶水箱和消防增压稳压设备平面图

识图实践

识读某高层住宅 A 楼施工图的自动喷水灭火系统,并整理出"BIM 建模三张表"。

3.7　自动喷水灭火系统识图理论

理解自动喷水灭火系统的构成,是识读自动喷水灭火系统施工图的前提。下面结合相关标准、图集,对自动喷水灭火系统的识图理论进行系统学习。

3.7.1　自动喷水灭火系统的图例及含义

依据国家标准《建筑给水排水制图标准》(GB/T 50106—2010)的规定,自动喷水灭火系统施工图上常用的图例及其含义如下。

①自动喷水灭火系统设备和仪器仪表常用的图例及含义如表 3.7.1 所示。

表 3.7.1　自动喷水灭火系统设备和仪器仪表常用的图例及含义

序号	名称	图例	备注
1	卧式水泵	平面　　系统	—
2	立式水泵	平面　　系统	—

续表

序号	名称	图例	备注
3	潜水泵		—
4	定量泵		—
5	管道泵		—
6	温度计		—
7	压力表		—

②自动喷水灭火系统设施常用的图例及含义如表3.7.2所示。

表3.7.2　自动喷水灭火系统设施常用的图例及含义

序号	名称	图例	备注
1	水泵接合器		—
2	自动喷洒头（开式）	平面　　　系统	—
3	自动喷洒头（闭式）	平面　　　系统	下喷
4	自动喷洒头（闭式）	平面　　　系统	上喷
5	自动喷洒头（闭式）	平面　　　系统	上下喷
6	预作用报警阀	平面　　　系统	—
7	雨淋阀	平面　　　系统	—
8	信号闸阀		—

续表

序号	名称	图例	备注
9	侧墙式 自动喷洒头	平面　　　系统	—
10	水喷雾喷头	平面　　　系统	—
11	直立型水幕喷头	平面　　　系统	—
12	下垂型水幕喷头	平面　　　系统	—
13	干式报警阀	平面　　　系统	—
14	湿式报警阀	平面　　　系统	—
15	信号蝶阀		—
16	消防炮	平面　　　系统	—
17	水流指示器		—
18	水力警铃		—
19	末端试水装置	平面　　　系统	—

③自动喷水灭火系统管道附件常用的图例及含义如表 3.7.3 所示。

表 3.7.3　自动喷水灭火系统管道附件常用的图例及含义

序号	名称	图例	备注
1	管道伸缩器		—
2	方形伸缩器		—
3	刚性防水套管		—
4	柔性防水套管		—
5	波纹管		—
6	可曲挠橡胶接头	单球　　　双球	—
7	管道固定支架		—
8	减压孔板		—
9	Y 形除污器		—
10	倒流防止器		—

④自动喷水灭火系统管道常用的图例及含义如表 3.7.4 所示。

表 3.7.4　自动喷水灭火系统管道常用的图例及含义

序号	名称	图例	备注
1	消火栓给水管	—— XH ——	—
2	自动喷水灭火给水管	—— ZP ——	—
3	雨淋灭火给水管	—— YL ——	—
4	水幕灭火给水管	—— SM ——	—
5	水炮灭火给水管	—— SP ——	—

⑤自动喷水灭火系统管道连接常用的图例及含义如表 3.7.5 所示。

表3.7.5　自动喷水灭火系统管道连接常用的图例及含义

序号	名称	图例	备注
1	法兰连接		—
2	活接头		—
3	弯折管	高　低　　低　高	—
4	管道丁字上接	高／低	—
5	管道丁字下接	高／低	—
6	管道交叉	低／高	在下面和后面的管道应断开

⑥自动喷水灭火系统管道阀门常用的图例及含义如表3.7.6所示。

表3.7.6　自动喷水灭火系统管道阀门常用的图例及含义

序号	名称	图例	备注
1	闸阀		—
2	截止阀		—
3	蝶阀		—
4	电动闸阀		—
5	电动蝶阀		—
6	减压阀		左侧为高压端
7	旋塞阀	平面　　系统	—
8	底阀	平面　　系统	—
9	球阀		—

续表

序号	名称	图例	备注
10	电磁阀		—
11	止回阀		—
12	消声止回阀		—
13	持压阀		—
14	泄压阀		—
15	弹簧安全阀		左侧为通用
16	自动排气阀	平面　　系统	—
17	吸水喇叭口	平面　　系统	—

3.7.2　自动喷水灭火系统的典型节点大样

　　在标准图集《自动喷水与水喷雾灭火设施安装》(04S206)中,涉及湿式系统、湿式报警阀组、喷头布置、减压孔板安装、末端试水装置安装、排气阀大样、卡箍式管道连接示意等做法。现将常用内容摘录如下,如表3.7.7所示。

表3.7.7

表3.7.7　自动喷水灭火系统安装常用内容(摘录)

序号	名称	页码	摘要
1	湿式系统示意图	6	湿式系统的组成和报警阀组的构成元件
2	ZSFZ 系列湿式报警阀组安装图(一)	8	(仅设进水阀)湿式报警阀组正视图和侧视图
3	ZSFZ 系列湿式报警阀组主要部件、安装尺寸表(一)	9	(仅设进水阀)湿式报警阀组参数表
4	ZSFZ 系列湿式报警阀组安装图(二)	10	(设进出水阀)湿式报警阀组正视图和侧视图

3.7.3 室内固定消防炮的典型节点大样

在标准图集《室内固定消防炮选用及安装》(08S208)中,涉及消防水炮系统、各类消防水炮控制、消防炮安装等做法。现将常用内容摘录如下,如表3.7.8所示。

表3.7.8

表 3.7.8　室内固定消防炮安装常用内容(摘录)

序号	名称	页码	摘要
1	总说明	4	消防炮的命名
2	总说明	6	消防水炮的不同类型

续表

序号	名称	页码	摘要
3	消防水炮系统示意图	9	消防水炮、电动阀、信号阀的基本组成
4	手轮式手动消防水炮外形尺寸	17	手轮式手动消防水炮
5	电动式消防水炮、两用炮外形尺寸	18	电动式消防水炮
6	带喷雾液压源电动式消防水炮外形尺寸	19	带喷雾液压源电动式消防水炮
7	电动式消防泡沫炮、两用炮外形尺寸	20	电动式消防泡沫炮
8	液动式消防水炮、两用炮外形尺寸	21	液动式消防水炮
9	液动式消防泡沫炮、两用炮外形尺寸	22	液动式消防泡沫炮
10	消防炮在平台上安装图（一）	76	消防炮与混凝土内预埋钢板现场焊接方式安装
11	消防炮在平台上安装图（二）	77	消防炮与混凝土内预埋钢板法兰连接方式安装
12	消防炮在平台上安装图（三）	78	消防炮与钢平台现场焊接方式安装
13	消防炮在平台上安装图（四）	79	消防炮与钢平台法兰连接安装
14	消防炮在平台上安装图（五）	80	消防炮安装在管口法兰上
15	消防炮在砌体墙上安装图	81	消防炮在砖墙上悬臂安装
16	消防炮在混凝土墙上安装图（一）	82	消防炮在混凝土墙上留洞悬臂安装
17	消防炮在混凝土墙上安装图（二）	83	消防炮在混凝土墙上预留钢板悬壁安装
18	消防炮在混凝土墙上安装图（三）	84	消防炮在混凝土墙上预留钢板支撑架安装
19	消防炮在基础上安装图	85	消防炮在基础上预留钢板安装

3.7.4　消防专用水泵的典型节点大样

在标准图集《消防专用水泵选用及安装》（04S204）中，涉及消防水泵管路系统、立式恒压切线消防泵性能和安装等做法。现将常用内容摘录如下，如表3.7.9所示。

表3.7.9

表3.7.9　消防专用水泵安装常用内容（摘录）

序号	名称	页码	摘要
1	消防水泵管路系统基本图式（一）	9	高度方向有空间的消防水泵管路系统
2	消防水泵管路系统基本图式（二）	10	高度方向无空间的消防水泵管路系统
3	消防水泵吸水管布置方式	11	从市政管网吸水和消防水池五种方式吸水布置

续表

序号	名称	页码	摘要
4	消防水泵自灌式吸水对水池最低水位的要求（图示）	12	卧式水泵和不同密封方式立式水泵的不同要求
5	XBD-SLH 系列立式恒压切线消防泵性能参数表（一）	30	额定流量小于等于 30 L/s 的消防泵性能参数表
6	XBD-SLH 系列立式恒压切线消防泵性能参数表（二）	31	额定流量大于等于 30 L/s 的消防泵性能参数表
7	XBD-SLH 系列立式恒压切线消防泵性能参数表（三）	32	额定流量大于等于 50 L/s 的消防泵性能参数表
8	XBD-SLH 系列立式恒压切线消防泵外形及安装图（无隔振、有隔振）	33	立式恒压切线消防泵外形及安装图
9	XBD-SLH 系列立式恒压切线消防泵外形及安装尺寸表（一）	34	额定流量小于等于 30 L/s 的消防泵外形及安装尺寸表
10	XBD-SLH 系列立式恒压切线消防泵外形及安装尺寸表（二）	35	额定流量大于等于 30 L/s 的消防泵外形及安装尺寸表
11	XBD-SLH 系列立式恒压切线消防泵外形及安装尺寸表（三）	36	额定流量大于等于 50 L/s 的消防泵外形及安装尺寸表
12	卧式、立式多线单出口、双出口消防泵说明	37	多级消防泵的型号意义

3.7.5　消防给水稳压设备的典型节点大样

在标准图集《消防给水稳压设备选用与安装》（17S205）中，涉及消防给水稳压设备的立式和卧式系统及安装、设备基础等做法。现将常用内容摘录如下，如表 3.7.10 所示。

表3.7.10

表 3.7.10　消防给水稳压设备安装常用内容（摘录）

序号	名称	页码	摘要
1	总说明 7	4	设备型号标记
2	总说明 13	7	本图集设备采用一体化组合系列整体支座支承
3	立式增压稳压设备组安装图（甲）	13	ADL 甲型立式稳压装置安装图

续表

序号	名称	页码	摘要
4	立式增压稳压设备组安装图(乙)	14	ADL 乙型立式稳压装置安装图
5	卧式增压稳压设备组安装图(甲)	18	ADL 甲型卧式稳压装置安装图
6	卧式增压稳压设备组安装图(乙)	19	ADL 乙型卧式稳压装置安装图
7	SR 立式稳压装置安装图	23	SR 立式稳压装置安装图
8	箱泵一体化消防稳压供水单机组	27	WXB-12 箱泵一体化消防稳压供水机组
9	箱泵一体化消防稳压供水双机组	28	WXB-18 箱泵一体化消防稳压供水机组(两)
10	消防给水稳压设备基础图	38	消防给水稳压设备基础图

3.7.6 矩形给水箱的典型节点大样

在标准图集《矩形给水箱》(12S101)中,涉及装配式给水箱外形及参数、水箱液位计安装、水池或水箱浮球阀的安装等做法。现将常用内容摘录如下,如表3.7.11 所示。

表3.7.11

表 3.7.11　矩形给水箱常用内容(摘录)

序号	名称	页码	摘要
1	装配式 SMC 给水箱外形图	57	玻璃纤维增强塑料(SMC)组装水箱
2	装配式 SMC 给水箱选用表	58	公称容积 1 ~ 225 m^3
3	装配式 SMC 给水箱标准板	59	500 mm × 500 mm 和 1 000 mm × 1 000 mm 单板
4	装配式 SMC 给水箱基础图	60	槽钢底座和混凝土条形基础
5	水箱配管及附件组装图	64	水箱配管及附件组装
6	磁耦合液位计安装	96	磁耦合液位计
7	玻璃管液位计安装	97	玻璃管液位计
8	浮球阀安装及水箱有效容积示意图	98	浮球阀安装及水箱水位
9	液压式水位控制阀安装及水箱有效容积示意图	99	液压式水位控制阀安装及水箱水位
10	液压式水位控制阀安装尺寸表	100	液压式水位控制阀安装尺寸

3.7.7 小型潜水排污泵的典型节点大样

在标准图集《小型潜水排污泵选用及安装》（08S305）中，涉及不同系列的潜水排污泵安装外形图、单泵或双泵潜水排污泵安装等做法。现将常用内容摘录如下，如表3.7.12所示。

表3.7.12

表3.7.12 小型潜水排污泵安装常用内容（摘录）

序号	名称	页码	摘要
1	JYWQ系列自动搅匀潜水排污泵外形图	6	JYWQ系列自动搅匀潜水排污泵型号含义
2	Flygt C、M型潜水排污泵安装外形图	11	Flygt C、M型潜水排污泵型号含义
3	Flygt N型潜水排污泵安装外形图	12	Flygt N型潜水排污泵型号含义
4	潜水排污泵单泵软管连接移动式安装（钢盖板）	17	潜水排污泵单泵软管连接（钢盖板）
5	潜水排污泵单泵软管连接移动式安装（钢筋混凝土盖板）	18	潜水排污泵单泵软管连接（钢筋混凝土盖板）
6	JYWQ系列自动搅匀潜水排污泵单泵硬管连接固定式安装（钢盖板）	21	自动搅匀潜水排污泵单泵硬管连接（钢盖板）
7	JYWQ系列自动搅匀潜水排污泵单泵硬管连接固定式安装（钢筋混凝土盖板）	22	自动搅匀潜水排污泵单泵硬管连接（钢筋混凝土盖板）
8	JYWQ系列自动搅匀潜水排污泵双泵硬管连接固定式安装（钢盖板）	24	自动搅匀潜水排污泵双泵硬管连接（钢盖板）
9	JYWQ系列自动搅匀潜水排污泵双泵硬管连接固定式安装（钢筋混凝土盖板）	25	自动搅匀潜水排污泵双泵硬管连接（钢筋混凝土盖板）
10	潜水排污泵单泵固定自耦式安装	28	潜水排污泵单泵固定自耦式安装
11	潜水排污泵双泵固定自耦式安装	30	潜水排污泵双泵固定自耦式安装

自动喷水灭火系统除了本节介绍的内容以外，还会涉及标准图集《弹簧压力表安装图》（R901）、《防水套管》（02S404）、《室内管道支架及吊架》（03S402）的使用，已经在《建筑管道工程预（结）算》和《建筑电气工程预（结）算》的其他章节进行了介绍，此处不再赘述。

3.8 自动喷水灭火系统手工计量

自动喷水灭火系统手工计量是一项传统工作，随着BIM建模技术的推广，手工计量在造价活动中所占的份额会大大减少，但近期不会消失。因此，学习者有必要了解手工计量的相关知识，掌握基本的操作技能。

3.8.1 工程造价手工计量方式概述

1)工程造价手工计量方式

详见本书 1.8.1 节中的相应内容。

2)安装工程造价工程量手工计算表

手工计量宜采用规范的计算表格,如表 3.8.1 所示。

表 3.8.1 安装工程造价工程量手工计算表(示例)

工程名称:某高层医院(示例)　　　　　　　　　　　　　　　子分部工程名称:自动喷水灭火系统

项目序号	部位序号	编号/部位	项目名称/计算式	系数	单位	工程量	备注
1			离心式泵:立式恒压切线消防泵 XBD-8.4/20-100 L,$Q=30$ L/s,$H=84$,转速 2 970 r/min,电机功率 45 kW		台	2	
	①	负 2 层消防泵房	2		台	2	
			地脚螺栓孔灌浆(一台设备的体积≤0.03 m³)		m³	0.040	
	①	负 2 层消防泵房	(0.1×0.1×0.5)×4×2		m³	0.040	
			设备底座与基础间灌浆(一台设备的体积≤0.03 m³)		m³	0.040	
	①	负 2 层消防泵房	0.05×0.05/2×(0.22+0.14)×4×2		m³	0.040	
2			水箱:屋顶组装式消防玻璃钢水箱,18 m³/d,3 000×4 000×2 500		台	1	
	①	屋顶层	1		个	1	
3			设备支架:水箱底座槽钢 10#制作安装		kg	340.24	
	①	屋顶层	[3×2+4×(3/0.5+1)]×10.007		kg	340.24	
4			稳压给水设备:(现场组装)消防增压稳压设备 ZW(L)-1-X-13,$P=0.22$ MPa,$N=1.5$ kW,气压罐容积 450 L		套	1	
	①	屋顶层	稳压给水设备安装(1.5 t 以内)1		台	1	
	①	屋顶层	气压罐安装(罐体直径 1 000 mm 以内)1		台	1	
	①	屋顶层	设备减振台座安装(台座质量 0.2 t 以内,甲型)1		座	1	

3.8.2 安装工程手工计量的要求

1) 以科学的识图程序为前提

（1）安装工程识图的主要程序

详见本书 1.8.2 节中的相应内容。

（2）识读系统图和平面图的技巧

①宜以"流向"为主线，确定系统的起点。

② 通常应先理清自动喷水灭火系统的供水来源，分别以消防泵房、室外水泵接合器、屋顶水箱为起点，随着"水流方向"引至湿式报警阀。

③供水来源清楚后，再以"湿式报警阀"为起点，分不同的系统，随着"水流方向"引到喷头、末端试水阀或末端试水装置。一定不能忽视在系统图中表达的各系统立管顶部的自动排气阀及其前面的截止阀。

2) 立项的技巧

①对应施工图的设备材料表和系统图，顺着"流向"逐一确定"计数型"的清单项目，按照"清单名称:定额类型 + 设备材料名称及型号或编号和规格（项目特征）"的方式，表达在计算书中。

②对应施工图的系统图和设备材料表，顺着"流向"逐一确定"计量型"的清单项目，按照"清单名称:定额类型 + 设备材料名称及型号或编号和规格（项目特征）"的方式，表达在计算书中。

③依据工艺要求，确定与建筑物发生关系的（类如支架和套管等）附属的清单项目，按照"清单名称:定额类型 + 设备材料名称及型号或编号和规格（项目特征）"的方式，表达在计算书中。

④依据工艺要求，确定特定工艺（类如刷油和预留孔洞等）的清单项目，按照"清单名称:定额类型 + 设备材料名称及型号或编号和规格（项目特征）"的方式，表达在计算书中。

3) 计量的技巧

①依据已经确立清单项目的顺序依次进行计量。

②区分不同楼层作为部位的第一层级关系。

③在同一个楼层中，区分不同的功能区域作为部位的第二层级关系，统计"计数型"数据，并同时备注"功能区名称"。

④在同一个楼层中，区分"不同回路顺流测量"作为部位的第二层级关系，统计"计量型"数据，一般宜将同一功能区域的数据作为一组数据集记录在计算表中，并同时备注功能区名称。

⑤采用具有汇总统计功能的计量软件。

3.8.3　自动喷水灭火系统在 BIM 建模后的手工计量

1) 针对不宜在 BIM 建模中表达的项目

采用 BIM 技术建模,从提高工作效率的角度出发,并不需要建立工程造价涉及的所有定额子目,因此需要采用手工计量的方式补充必要的项目。自动喷水灭火系统常见的需要采用手工计量的项目如下:

①与法兰类阀门配套的法兰项目;

②与一般套管对应的混凝土楼板或混凝土墙面的预留孔洞项目;

③管道支架或设备支架质量的换算;

④管道支架或设备支架的油漆项目;

⑤管道的防腐蚀或刷油项目。

2) 特殊部位的立项及核算

①设备项目的地脚螺栓孔灌浆、设备底座与基础间灌浆定额子目的立项及核算;

②屋顶水箱底座的立项及核算;

③屋顶消防增压稳压设备(也称气压罐)应注意是整体吊装,还是分段组装,其立项及核算的定额子目是完全不同的。

3.9　自动喷水灭火系统招标工程量清单编制

本节以某高层医院已经形成的 BIM 模型工程量表为基础,按照《通用安装工程工程量计算规范》(GB 50856—2013)和《重庆市建设工程费用定额》(CQFYDE—2018)的规定,编制自动喷水灭火系统招标工程量清单。

3.9.1　建立预算文件体系

建立预算文件体系是招标工程量清单编制的基础工作,操作程序可参照 1.4.1 节中的相应内容,主要区别是新建项目时应选择"新建招标项目"。

3.9.2　编制工程量清单

1) 建立分部和子分部,添加清单项目

建立清单项目就是依据"自动喷水灭火系统工程量表"的数据,按照《通用安装工程工程量计算规范》(GB 50856—2013)的规定,进行相应的编制工作。具体操作可分成以下两个阶段:

（1）添加项目及工程量

添加项目及工程量的具体操作如表 3.9.1 所示。

表 3.9.1　添加项目及工程量

步骤	工作	图标	工具→命令	说明
1	建立分部	类别 名称 整个项目 部 消防工程 项 自动提示：请输入清单简称	下拉菜单→安装工程→消防工程	
2	建立子分部	类别 名称 整个项目 部 消防工程 部 自动喷水灭火系统 项 自动提示：请输入清单简称	单击鼠标右键增加子分部→录入"自动喷水灭火系统"	
3	添加项目	查询	查询→查询清单	
4	选择离心式泵项目	查询 清单指引 清单 定额 人材 工程量清单项目计量规范(2013-重庆) 搜索 〉 建筑工程 〉 仿古建筑工程 ∨ 安装工程 　∨ 机械设备安装工程 　　切削设备安装 　　锻压设备安装 　　铸造设备安装 　　起重设备安装 　　起重机轨道安装 　　输送设备安装 　　电梯安装 　　风机安装 　　泵安装 　　压缩机安装	查询→清单→安装工程→机械设备安装工程→泵安装→项目	
5	修改名称	编辑[名称]　✕ 离心式泵：立式恒压切线消防泵XBD-8.4/20-100L，Q=0～30L/S，H=84，转速2970r/min，电机功率45kW。	名称→选中→复制→粘贴（表格数据）	
6	修改工程量	编辑工程量表达式 2	工程量表达式→选中→复制→粘贴（表格数据）	

续表

步骤	工作	图标	工具→命令	说明
7	选择水箱项目	查询 清单指引 清单 定额 人材机 工程量清单项目计量规范(2013-重庆) 搜索 > 热力设备安装工程 > 静置设备与工艺金属结构… > 电气设备安装工程 > 建筑智能化工程 > 自动化控制仪表安装工程 > 通风空调工程 > 工业管道工程 > 消防工程 ∨ 给排水、采暖、燃气工程 　给排水、采暖、燃气管道 　支架及其他 　管道附件 　卫生器具 　供暖器具 　采暖、给排水设备 　燃气器具及其他	查询→清单→安装工程→给排水、采暖、燃气工程→采暖、给排水设备→项目	
8	修改名称	编辑[名称] 水箱:屋顶组装式消防玻璃钢水箱,18m3/d,3000*4000*2500	名称→选中→复制→粘贴(表格数据)	
9	选择设备支架项目	查询 清单指引 清单 定额 人材机 工程量清单项目计量规范(2013-重庆) 搜索 > 仿古建筑工程 ∨ 安装工程 > 机械设备安装工程 > 热力设备安装工程 > 静置设备与工艺金属结构… > 电气设备安装工程 > 建筑智能化工程 > 自动化控制仪表安装工程 > 通风空调工程 > 工业管道工程 > 消防工程 ∨ 给排水、采暖、燃气工程 　给排水、采暖、燃气管道 　支架及其他 　管道附件	查询→清单→安装工程→给排水、采暖、燃气工程→采暖、给排水设备→项目	
10	修改名称	编辑[名称] 设备支吊架:水箱底座槽钢10#制作安装	名称→选中→复制→粘贴(表格数据)	
11	修改工程量	编辑工程量表达式 340.24	工程量表达式→选中→复制→粘贴(表格数据)	
12	选择其他项目		参照以上步骤进行	

（2）编辑项目特征和工作内容

编辑项目特征和工作内容的具体操作如表3.9.2所示。

表3.9.2 编辑项目特征和工作内容

步骤	工作	图标	工具→命令	说明
1	选择特征命令	换算信息　安装费用　**特征及内容**　工程量明细 　特征　　特征值　　输出 1 名称 2 型号 3 规格	名称→特征及内容	
2	编制项目特征	换算信息　安装费用　**特征及内容**　工程量明细 　特征　　特征值　　输出 1 名称　立式恒压切线消防泵 ☑ 2 型号　XBD-8.4/20-100L ☑ 3 规格　Q=0～30L/S，H=84，转速 　　2970r/min，电机功率45kW ☑ 4 质量 5 材质 6 减振底座形式、数量 7 灌浆配合比　地脚螺栓孔灌浆、设备底座 　　与基础间灌浆 ☑ 8 单机试运转要求　合格 ☑ 9 泵拆装检查要求	特征值→名称/型号/规格/灌浆配合比/单机试运转要求	
3	编制工作内容	工作内容　　输出 1 本体安装 ☑ **2 泵拆装检查** □ 3 电动机安装 ☑ 4 二次灌浆 ☑ 5 单机试运转 ☑ 6 补刷（喷）油漆 ☑	特征值→输出（选择）	
4	逐项重复以上操作			
5	清单排序	清单排序 ○ 重排流水码 ● 清单排序 ○ 保存清单顺序	整理清单→清单排序	

2）导出报表

（1）选择报表的依据

依据《重庆市建设工程费用定额》（CQFYDE—2018）的规定，选择相应的表格，见图1.9.1。

（2）选择报表的种类

工程量清单通常用于招标人组织编制招标控制价和投标人依据此编制投标预算书，其使用的格式应符合《重庆市建设工程费用定额》（CQFYDE—2018）的规定，不选择表-20"承包人提供主要材料和工程设备一览表(适用于价格指数差额调整法)",如图3.9.1所示。

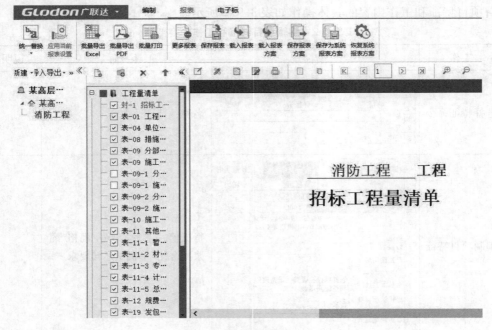

图3.9.1　选择报表的种类

(3)报表的导出

报表导出到桌面的招标工程量清单文件夹,批量导出报表的命令见图1.9.3。

实训任务

请独立完成本书配套的某高层住宅楼施工图吊层范围的自动喷水灭火系统招标工程量清单的编制。

3.10　**自动喷水灭火系统 BIM 建模实训**

BIM 建模实训是在已经完成本章前述内容的学习后,本着强化 BIM 建模技能而安排的一个环节。它是将学习者从以前逆向学习法的思路,引向承担实际业务的顺向工作法必需的过程,它能较好地适应现行教学体系中的课程设计环节。

3.10.1　BIM 建模实训的目的与任务

1)BIM 建模实训的目的

BIM 建模实训的目的是让学习者从"逆向学习"转变为"顺向工作",具体要求详见本书1.10.1节中的相应内容。

2）BIM 建模实训的任务

将顺向工作法中难度较大的"立项与计量"环节作为实训任务，见图 1.10.3。

3.10.2　BIM 建模实训的要求

1）BIM 建模实训的工作程序

BIM 建模实训的工作程序见图 1.10.4。

2）整理基础数据的结果

整理基础数据就是需要形成三张参数表，见图 1.10.5。

3）形成的工程量表需要达到的质量要求

形成的工程量表的数据质量，应符合《通用安装工程工程量计算规范》（GB 50856—2013）项目特征描述的要求，并满足《重庆市通用安装工程计价定额》（CQAZDE—2018）计价定额子目的需要。

在时间允许的条件下，宜通过编制"招标工程量表"进行验证。

3.10.3　自动喷水灭火系统 BIM 建模实训的关注点

1）采用某高层住宅楼工程进行实训

为达到既能检验学习效果，又不过多占用学生在校时间的目的，本实训任务按以下原则展开：

①仅选择 B 栋的地下 3 层湿式报警阀组、2～28 层的图示范围进行实训；

②依据施工图布置的方式展开实训，不校正设计失误。

2）实训前提示

①地下 3 层湿式报警阀组布置在 B 栋⑯—⑳/ⓒ—ⓙ轴水井内，距地 1.2 m 安装；

②统一选择 B 栋①轴和Ⓐ轴交点为基点。

参考文献

[1] 中华人民共和国住房和城乡建设部.建筑工程施工质量验收统一标准:GB 50300—2013[S].北京:中国建筑工业出版社,2014.

[2] 中华人民共和国住房和城乡建设部.建筑设计防火规范:GB 50016—2014,2018 年版[S].北京:中国计划出版社,2018.

[3] 中华人民共和国公安部.火灾自动报警系统设计规范:GB 50116—2013[S].北京:中国计划出版社,2014.

[4] 中华人民共和国住房和城乡建设部.火灾自动报警系统施工及验收标准:GB 50166—2019[S].北京:中国计划出版社,2020.

[5] 中华人民共和国住房和城乡建设部.通风与空调工程施工质量验收规范:GB/T 50243—2016[S].北京:中国计划出版社,2017.

[6] 中华人民共和国公安部.建筑防烟排烟系统技术标准:GB 51251—2017[S].北京:中国计划出版社,2018.

[7] 中华人民共和国公安部.自动喷水灭火系统设计规范:GB 50084—2017[S].北京:中国计划出版社,2017.

[8] 中华人民共和国公安部.自动喷水灭火系统施工及验收规范:GB 50261—2017[S].北京:中国计划出版社,2017.

[9] 中华人民共和国住房和城乡建设部.给水排水管道工程施工及验收规范:GB 50268—2008[S].北京:中国建筑工业出版社,2009.

[10] 中华人民共和国建设部.气体灭火系统施工及验收规范:GB 50263—2007[S].北京:中国计划出版社,2007.

[11] 中华人民共和国公安部.泡沫灭火系统施工及验收规范:GB 50281—2006[S].北京:中国计划出版社,2006.

[12] 中国机械工业联合会.机械设备安装工程施工及验收通用规范:GB 50231—2009[S].北京:中国计划出版社,2009.

[13] 公安部沈阳消防研究所,中国建筑标准设计研究院.《火灾自动报警系统设计规范》图示:14X505-1[S].北京:中国计划出版社,2014.

[14] 中国建筑标准设计研究院.火灾报警及消防控制:04X501[S].北京:中国计划出版社,2006.

[15] 中国建筑标准设计研究院.封闭式母线及桥架安装(2004 年合订本):D701-1～3[S].北京:中国计划出版社,2009.

［16］中国建筑标准设计研究院.室内管线安装（2004年合订本）：D301-1～3［S］.北京：中国计划出版社,2009.

［17］中国建筑标准设计研究院.通风机安装（2012年合订本）：K101-1～4［S］.北京：中国计划出版社,2013.

［18］中国建筑标准设计研究院.建筑防排烟系统设计和设备附件选用与安装（2007年合订本）：K103-1～2［S］.北京：中国计划出版社,2008.

［19］中国建筑标准设计研究院.金属、非金属风管支吊架（含抗震支吊架）：19K112［S］.北京：中国计划出版社,2018.

［20］中国建筑标准设计研究院.矩形给水箱：12S101［S］.北京：中国计划出版社,2012.

［21］中国建筑标准设计研究院.消防专用水泵选用及安装：04S204［S］.北京：中国计划出版社,2007.

［22］中国建筑标准设计研究院.小型潜水排污泵选用及安装：08S305［S］.北京：中国计划出版社,2009.

［23］中国建筑标准设计研究院.自动喷水与水喷雾灭火设施安装：04S206［S］.北京：中国计划出版社,2008.

［24］中国建筑标准设计研究院.室内固定消防炮选择及安装：08S208［S］.北京：中国计划出版社,2009.

［25］中国建筑标准设计研究院.消防水泵接合器安装：99S203［S］.北京：中国计划出版社,2000.

［26］中国建筑标准设计研究院.倒流防止器选用及安装：12S108-1［S］.北京：中国计划出版社,2012.

［27］中国建筑标准设计研究院.防水套管：02S404［S］.北京：中国计划出版社,2007.

［28］中国建筑标准设计研究院.钢制管件：02S403［S］.北京：中国计划出版社,2009.

［29］中国建筑标准设计研究院.室内管道支架及吊架：03S402［S］.北京：中国计划出版社,2007.

［30］中国建筑标准设计研究院.室外给水管道附属构筑物：05S502［S］.北京：中国计划出版社,2006.

［31］中华人民共和国住房和城乡建设部.建设工程工程量清单计价规范：GB 50500-2013［S］.北京：中国计划出版社,2013.

［32］中华人民共和国住房和城乡建设部.通用安装工程工程量计算规范：GB 50856—2013［S］.北京：中国计划出版社,2013.

［33］中华人民共和国住房和城乡建设部.房屋建筑与装饰工程工程量计算规范：GB 50854—2013［S］.北京：中国计划出版社,2013.

［34］重庆市建设工程造价管理总站.重庆市建设工程费用定额：CQFYDE—2018［S］.重庆：重庆大学出版社,2018.

［35］重庆市建设工程造价管理总站.重庆市通用安装工程计价定额：CQAZDE—2018［S］.重庆：重庆大学出版社,2018.